Baubetriebswesen und Bauverfahrenstechnik

Reihe herausgegeben von

Peter Jehle, Technische Universität Dresden, Dresden, Deutschland

Jens Otto, Technische Universität Dresden, Dresden, Deutschland

Die Schriftenreihe gibt aktuelle Forschungsarbeiten des Instituts Baubetriebswesen der TU Dresden wieder, liefert einen Beitrag zur Verbreitung praxisrelevanter Entwicklungen und gibt damit wichtige Anstöße auch für daran angrenzende Wissensgebiete.

Die Baubranche ist geprägt von auftragsindividuellen Bauvorhaben und unterscheidet sich von der stationären Industrie insbesondere durch die Herstellung von ausgesprochen individuellen Produkten an permanent wechselnden Orten mit sich ständig ändernden Akteuren wie Auftraggebern, Bauunternehmen, Bauhandwerkern, Behörden oder Lieferanten. Für eine effiziente Projektabwicklung unter Beachtung ökonomischer und ökologischer Kriterien kommt den Fachbereichen des Baubetriebswesens und der Bauverfahrenstechnik eine besonders bedeutende Rolle zu. Dies gilt besonders vor dem Hintergrund der Forderungen nach Wirtschaftlichkeit, der Übereinstimmung mit den normativen und technischen Standards sowie der Verantwortung gegenüber eines wachsenden Umweltbewusstseins und der Nachhaltigkeit von Bauinvestitionen.

In der Reihe werden Ergebnisse aus der eigenen Forschung der Herausgeber, Beiträge zu Marktveränderungen sowie Berichte über aktuelle Branchenentwicklungen veröffentlicht. Darüber hinaus werden auch Werke externer Autoren aufgenommen, sofern diese das Profil der Reihe ergänzen. Der Leser erhält mit der Schriftenreihe den Zugriff auf das aktuelle Wissen und fundierte Lösungsansätze für kommende Herausforderungen im Bauwesen.

Weitere Bände in der Reihe http://www.springer.com/series/16521

Martin Krause

Baubetriebliche Optimierung des vollwandigen Beton-3D-Drucks

Martin Krause
Dresden, Deutschland

Die vorliegende Arbeit der Schriftenreihe Baubetriebswesen und Bauverfahrenstechnik wurde durch die Fakultät Bauingenieurwesen der Technischen Universität Dresden im Juli 2020 als Dissertationsschrift angenommen und am 02.12.2020 in Dresden verteidigt.

ISSN 2662-9003 ISSN 2662-9011 (electronic)
Baubetriebswesen und Bauverfahrenstechnik
ISBN 978-3-658-33416-1 ISBN 978-3-658-33417-8 (eBook)
https://doi.org/10.1007/978-3-658-33417-8

Die Deutsche Nationalbibliothek verzeichnet diese Publikation in der Deutschen Nationalbibliografie; detaillierte bibliografische Daten sind im Internet über http://dnb.d-nb.de abrufbar.

Planung/Lektorat: Stefanie Eggert
Springer Vieweg ist ein Imprint der eingetragenen Gesellschaft Springer Fachmedien Wiesbaden GmbH und ist ein Teil von Springer Nature.
Die Anschrift der Gesellschaft ist: Abraham-Lincoln-Str. 46, 65189 Wiesbaden, Germany

Geleitwort der Herausgeber

Additive Fertigungsverfahren sind in der stationären Industrie etablierte Produktionsmethoden. Im Rahmen der aktuellen Entwicklungen bei der Digitalisierung und Automatisierung von Planungs- und Ausführungsprozessen im Bauwesen stellt sich die Frage, ob additive Fertigungsverfahren auch für die Herstellung baulicher Anlagen nutzbar sind. Konkret geht es dabei auch um die praxisnahe Anwendung von Beton-3D-Druckverfahren auf der Baustelle oder im Fertigteilwerk.

Das weltweite Interesse an diesen Forschungsarbeiten hat zu einer Vielzahl an aktiven Akteuren an Universitäten und in Industrieunternehmen geführt, die insbesondere in der letzten Zeit zu einer rasanten Entwicklung verschiedener Technologien beigetragen haben. Neben betonspezifischen und maschinentechnischen Aspekten spielen dabei vor allem auch baubetriebliche Fragestellungen der Bauverfahrenstechnik und Logistik eine zentrale Rolle. An dieser Stelle setzt die Arbeit von Herrn Dr. Martin Krause an. Sie hat zum Ziel, die diesen baubetrieblichen Fragestellungen zugrunde liegenden Sachverhalte aufzuarbeiten und Möglichkeiten der optimierten Umsetzung des Beton-3D-Drucks wissenschaftlich fundiert nachzuweisen. Die Arbeit betrachtet dabei ausschließlich 3D-Druckverfahren für die Herstellung unbewehrter wandartiger Bauteile aus Beton und fokussiert Grundsatzfragen der digitalen Prozesskette, der Druckpfadoptimierung und der druckzeitbeeinflussenden Prozessparameter.

Herr Dr. Martin Krause betreut als wissenschaftlicher Mitarbeiter an unserem Institut seit mehreren Jahren sehr engagiert verschiedene Forschungsprojekte zum Beton-3D-Druck, hat die Entwicklungen aus baubetrieblicher Sicht signifikant vorangetrieben und den bisherigen Kenntnisstand zu vorgenannten Forschungsarbeiten in der hier gegenständlichen Promotionsarbeit zusammengefasst. In diesem Kontext kann die Arbeit als erste substantiierte Veröffentlichung dieser Art und in diesem Umfang gewertet werden. Es bleibt daher zu hoffen, dass dieser Band eine weite Verbreitung findet und die Inhalte Grundlage und Motivation der zukünftigen Entwicklungen sind.

Dresden   Prof. Dr.-Ing. Peter Jehle
Mai 2021   Prof. Dr.-Ing. Jens Otto

Vorwort des Verfassers

Die Bauindustrie gilt im Kontext der Einführung von Innovationen als eher konservative Branche. Bauprozesse sind nach wie vor von einer handwerklichen Unikatfertigung direkt auf der Baustelle geprägt und gelten als arbeits-, zeit- und kostenintensiv. Der Automatisierungsgrad im Bauwesen ist verhältnismäßig niedrig. Verglichen mit den Fertigungsprozessen der stationären Industrie, bei denen die technologischen Randbedingungen weitgehend unveränderlich sind, unterliegen Bauprozesse im komplexen Baustellenumfeld ständig wechselnden Anforderungen. Bauprozesse zu automatisieren, mit denen Unikatobjekte im Großmaßstab erstellt werden können, ist daher als deutlich diffiziler anzusehen. Die Digitalisierung wird zukünftig dazu führen, dass auch die höchst anspruchsvollen Randbedingungen auf einer Baustelle digital bewältigt werden können. Mit Hochdruck wird aktuell daran geforscht, 3D-Druckverfahren mit Beton für die Bauindustrie bis zur Einsatzreife weiter zu entwickeln. Eine wirtschaftliche Anwendung von Beton-3D-Druckverfahren könnte die aktuelle Baupraxis grundlegend verändern. Die Verfahren haben das Potenzial, die Herstellung von Betonbauteilen effizienter, schneller, kostengünstiger und planbarer gegenüber konventionellen Bauverfahren zu realisieren.

Um den Beton-3D-Druck prozesssicher umzusetzen, ist ein ausgereiftes Datenmanagement erforderlich. Das Herzstück der Datenprozesskette, ausgehend von BIM-Daten bis hin zu den notwendigen Maschinensteuerungsdaten, bildet eine Slicing-Software. Mit den aktuell verfügbaren Softwarelösungen ist diese Datenüberführung stark fehlerbehaftet oder gar nicht realisierbar. Die vorliegende Arbeit enthält verfahrensspezifische Randbedingungen und Lösungsansätze für den vollwandigen Beton-3D-Druck sowie eine Methodik und IT-Software zur baubetrieblichen Optimierung des Druckpfades. Darüber hinaus werden die druckzeitbeeinflussenden Prozessparameter analysiert und Empfehlungen zur

Festlegung der relevanten Prozessparameter formuliert. Die Arbeit kann damit als Basis zur verfahrensspezifischen Weiterentwicklung einer Slicing-Software dienen.

Ich bin sehr dankbar, dass ich mich in den zurückliegenden Jahren im Rahmen meiner Tätigkeit am Institut für Baubetriebswesen der TU Dresden mit dieser höchst aussichtsreichen Bautechnologie intensiv beschäftigen, den Fortschritt der weltweiten Wissenschaft mitverfolgen und meinen Entwicklungsanteil beitragen konnte. Besonders bedanke ich mich bei meinem Doktorvater Herrn Univ.-Prof. Dr.-Ing. Dipl.-Wirt.-Ing. Jens Otto, der mich während der Bearbeitung stets gefördert und in zahlreichen Diskussionen fachlich unterstützt hat. Ich danke auch Herrn Prof. Dr.-Ing. Rainer Schach, der mir in meinen Anfangsjahren am Institut die notwendige Zielstrebigkeit und Genauigkeit des wissenschaftlichen Arbeitens vermittelt hat. Mein Dank gilt weiterhin Herrn Univ.-Prof. Dr.-Ing. Frank Will von der TU Dresden und Herrn Univ.-Prof. Dr.-Ing. Konrad Nübel von der TU München für ihre Bereitschaft der Begutachtung dieser Arbeit.

Meinen Kolleginnen und Kollegen vom Institut für Baubetriebswesen danke ich vor allem dafür, dass auch mühsamste Arbeitstage erhellend, fröhlich und kurzweilig waren. Schließlich danke ich meiner Familie und ganz besonders meiner Frau Claudia und meinen Kindern, Hermine und Leonie, die mir Rückhalt und die notwendige Geduld gegeben haben, um diese Arbeit zu schreiben.

Dresden   Martin Krause
Mai 2021

Inhaltsverzeichnis

Abkürzungsverzeichnis

3DCP	3D Concrete Printing
3DP	Three Dimensional Printing
3DPC	3D Printing Concrete
3MF	3D-Manufacturing-File
ABP	Autobetonpumpe
AM	Additive Manufacturing
AMF	Additive Manufacturing File
AW	Zeit-Aufwandswert
B	Breite
BBSR	Bundesministeriums für Bau, Stadt- und Raumforschung
BG	Berufsgenossenschaft
BGF	Brutto-Grundfläche
BIM	Building Information Modeling
BMBF	Bundesministerium für Bildung und Forschung
CAD	Computer-aided-design
CAM	Computer-aided-manufacturing
CC	Contour Crafting
CONPrint3D®	Concrete ON-site 3D-Printing
CP	Concrete Printing
CPP	Chinese Postman Problem
DA	Druckabschnitt
DB	Druckbereich
DFG	Deutsche Forschungsgesellschaft
DGUV	Deutsche gesetzliche Unfallversicherung
digiCON^2	Digital Concrete Construction
DIN	Deutsches Institut für Normung

DLR	Deutsches Zentrum für Luft- und Raumfahrt e. V.
DVT	Digitale Volumentomographie
EDV	Elektronische Datenverarbeitung
EKT	Einzelkosten der Teilleistung
ESA	European Space Agency
FBX	Filmbox
FDM^{TM}	Fused Deposition Modeling^{TM}
FFF	Fused Filament Fabrication
FLM	Fused Layer Modeling
FS	Formungssystem
FuE	Forschung und Entwicklung
HG	Hauptgruppe
IAAC	Institute for Advanced Architecture of Catalonia
IAI	International Alliance of Interoperability
IFC	Industry Foundation Classes
IGES	Initial Graphics Exchange Specification
IT	Informationstechnik
JT	Jupiter Tesselation
JVA	Justizvollzugsanstalt
L	Länge
LCVD	Laser Chemical Vapor Deposition
LM	Layer Manufacturing
MIT	Massachusetts Institute of Technology
MPG	Medizin-Produkte-Gesetz
NASA	National Aeronautics and Space Administration
OBJ	Wavefront-Object
OK	Oberkante
OR	Operations Research
R	Reichweite
RAB	Regeln zum Arbeitsschutz auf Baustellen
RVT	Revit-Dateiformat
SC3DP	Shotcrete 3D Printing
SiGe	Sicherheit und Gesundheitsschutz
SL	Stereolithographie
SLC	Slice-Dateiformat
STEP	Standard for the Exchange of model data
STL	Standard Transformation Language oder auch Standard Tesselation Language
STLB-Bau	Standardleistungsbuch-Bau

TGA	Technische Gebäudeausrüstung
TK	Tabellenkalkulation
TM	Trademark
TSP	Traveling Salesman Problem
TU	Technische Universität
TUD-BM	Technische Universität Dresden, Stiftungsprofessur für Baumaschinen
TUD-IBB	Technische Universität Dresden, Institut für Baubetriebswesen
TUD-IfB	Technische Universität Dresden, Institut für Baustoffe
UK	Unterkante
UP	Unterprogramm
UV	Unfallversicherung
UVT	Unfallversicherungsträger
VA	Vollarbeiter
VAE	Vereinigte Arabische Emirate
VDI	Verein Deutscher Ingenieure e. V.
VRML	Virtual Reality Modeling Language
WAAM	Wire Arc Additive Manufacturing
WASP	World's Advanced Saving Project

Symbolverzeichnis

a_B	gleichmäßige Beschleunigung
a_V	gleichmäßige Verzögerung
v	Geschwindigkeit
v_D	Druckgeschwindigkeit
v_F	Fluggeschwindigkeit
λ_s	Wärmeleitzahl
$\sum$	Summe
$\prod$	Faktor
∞	unendlich
grad (n)	Knotengrad des Knotens n
h	Höhe
h_{AS}	Höhe einer Ausgleichsschicht
h_{DB}	Höhe eines Druckbereichs
$h_{Öff}$	Höhe einer Öffnung
h_{Rest}	Resthöhe
h_S	Höhe einer gedruckten Schicht
h_{Sturz}	Höhe eines Sturzes
h_W	Höhe der Wand
K	Kreis
l_{Einb}	Einbindelänge
l_{Ol}	Überbindemaß
$l_{Öff}$	Länge einer Öffnung
l_{Sturz}	Länge eines Sturzes
l_W	Wandlänge
n	natürliche Zahl
s	Weg

s_B	Weg der gleichmäßig beschleunigten Bewegung
s_G	Weg der gleichförmigen Bewegung
s_V	Weg der gleichmäßig verzögerten Bewegungs
s_i	Kantenlänge
S	Schichtanzahl
$S_{Öff}$	Schichtanzahl bei einer Öffnung
S_{Sturz}	Schichtanzahl bei einem Sturz
t	Zeit, hier Gesamtdruckzeit
t_{AE}	Zeit für Anschluss an Endpunkt
t_B	Zeit der gleichmäßig beschleunigten Bewegung
t_{BD}	Zeit der gleichmäßig beschleunigten Druckbewegung
t_{BE}	Zeit beim Druckbeginn
t_{BF}	Zeit der gleichmäßig beschleunigten Flugbewegung
t_{Brutto}	Brutto-Gesamtdruckzeit
t_D	Druckzeit (mit Betonausgabe)
t_E	Zeit für eine Ecke
t_F	Flugzeit (ohne Betonausgabe)
t_{FE}	Zeit für ein freies Ende
t_{Fix}	fixe Zeit bei Öffnungen
t_G	Zeit der gleichförmigen Bewegung
t_{GD}	Zeit der gleichförmigen Druckbewegung
t_{GF}	Zeit der gleichförmigen Flugbewegung
t_{Kg}	Zeit für Kreuzung mit gerader Fortsetzung
t_{Kr}	Zeit für Kreuzung mit rechtwinkliger Fortsetzung
t_{Max}	maximale Zeitgrenze der Betonerhärtung
t_{Min}	minimale Zeitgrenze der Betonerhärtung
t_{Netto}	Netto-Gesamtdruckzeit
t_{OB}	Gesamtdruckzeit ohne Bauwerksöffnung
$t_Ö$	Zeit für eine Öffnung
$t_{Öff}$	Zeit für eine Schicht einer Öffnung
t_{Print}	Druckzeitintervall der Betonerhärtung
t_S	Zeit zur Erstellung einer Schicht
t_{ST}	Zeit für eine Störstelle
t_{Sturz}	Zeit für einen Sturz
t_{SW}	Zeit für einen Schichtwechsel
t_{Tg}	Zeit für T-Verbindung mit gerader Fortsetzung
t_{Tr}	Zeit für T-Verbindung mit rechtwinkliger Fortsetzung
t_V	Zeit der gleichmäßig verzögerten Bewegung
t_{Var}	variable Zeit bei Öffnungen

t_{VD}	Zeit der gleichmäßig verzögerten Druckbewegung
t_{VF}	Zeit der gleichmäßig verzögerten Flugbewegung
V_Z	Verzweigungsgrad
w/z	Wasser-Zement-Wert

Abbildungsverzeichnis

Tabellenverzeichnis

Formelverzeichnis

Einleitung 1

1.1 Einführung

Bei den additiven Fertigungsverfahren, im allgemeinen Sprachgebrauch als 3D-Druckverfahren bezeichnet, wird der Werkstoff zur Herstellung eines Bauteils schichtenweise hinzugefügt. Der Prozess ist geprägt von einem hohen Automatisierungsgrad und wird oft mit einem natürlichen Wachstumsprozess verglichen. Mit diesem Schichtbauprinzip können geometrisch hochkomplexe Strukturen erschaffen werden, die mit üblichen Herstellungsverfahren nicht oder nur unter dem Einsatz hoher Kosten realisierbar sind. Der 3D-Druck hat bereits in den anspruchsvollsten Anwendungsfeldern, wie der Medizin- oder Luftfahrttechnik, zu einer Steigerung der Arbeitsproduktivität geführt. Vor allem Einzelteile oder stark individualisierte Produkte können kostengünstiger gefertigt werden. Darüber hinaus bewirkt der präzise und schichtenweise Aufbau, dass wesentlich weniger Material verbraucht wird und nahezu keine Abfälle entstehen. Beide Aspekte, die Arbeitsproduktivität und die Ressourceneffizienz, werden im Bauwesen stets sehr kritisch beurteilt. In diesem Zusammenhang wird weltweit daran geforscht, 3D-Druckverfahren für das Bauwesen zu entwickeln. Durch die innovative Technologie sollen die Bauabläufe produktiver, effizienter und planbarer werden. Bisher ist die Baubranche von einer handwerklichen Unikatfertigung geprägt. Automatisierte Verfahren konnten bislang, bedingt durch die hohen technologischen Anforderungen der Bauprozesse, noch nicht erfolgreich umgesetzt werden. Aktuell findet ein digitaler Umbruch im Bauwesen statt, der dazu führen kann, dass die höchst anspruchsvollen Randbedingungen auf einer Baustelle vollmaschinell beherrschbar werden. Ein weit verbreiteter Ansatz des

M. Krause, *Baubetriebliche Optimierung des vollwandigen Beton-3D-Drucks*, Baubetriebswesen und Bauverfahrenstechnik, https://doi.org/10.1007/978-3-658-33417-8_1

3D-Drucks im Bauwesen ist es, fertig gemischten Beton aus einem Druckkopf auszubringen. Am Ende des Druckkopfes befindet sich eine Druckdüse, die den Beton ausformt. Der Vorgang wird Extrusion genannt. Die ausgeformten Stränge des schnell erstarrenden Betons werden geometrisch präzise abgelegt und sukzessive übereinandergeschichtet. Die Betonbauteile werden so vollautomatisch Schicht für Schicht erzeugt. Diese Verfahren werden allgemein unter dem Begriff Beton-3D-Druck geführt.

Bei der Mehrzahl der weltweiten Forschungsaktivitäten im Beton-3D-Druck werden die Betonwände durch An- und Aufeinanderschichten von dünnen Betonsträngen in Breiten bis maximal 5,0 cm erzeugt. Der endgültige Wandquerschnitt mit üblichen Wandbreiten von ca. 25,0 cm wird durch mehrmaliges Abfahren der Wandlänge hergestellt. Diese Arbeit fokussiert hingegen den Beton-3D-Druck, bei dem massive Betonwände in einem Zug mit voll ausgefülltem Wandquerschnitt gedruckt werden. Die Herstellung von 3D-gedruckten Betonwänden in voller Wandbreite wird im Rahmen dieser Arbeit als vollwandiger Beton-3D-Druck bezeichnet. Als Beispiel dient das an der TU Dresden entwickelte Beton-3D-Druckverfahren CONPrint3D®. Die TU Dresden ist mit dem innovativen Bauverfahren in der weltweiten Spitzenforschung des Beton-3D-Drucks vertreten. Die Entwicklungsarbeiten laufen seit 2014 und wurden bereits durch mehrere Forschungsförderungen unterstützt. CONPrint3D® besitzt Alleinstellungsmerkmale, die diese Technologie wirtschaftlich, sicher und marktfähig machen. Eine modifizierte Autobetonpumpe (ABP) mit integriertem Druckkopf bildet die gerätetechnische Basis des neuartigen Bauverfahrens. In einem ersten Entwicklungsschritt soll CONPrint3D® den traditionellen Mauerwerksbau ersetzen. Dabei sind signifikante Einsparungen hinsichtlich der Bauzeit und der Baukosten möglich.[1]

Diese Arbeit trägt dazu bei, die komplexen Randbedingungen zur Umsetzung des vollwandigen Beton-3D-Drucks zu bestimmen und in einem automatisierbaren Gesamtprozess zu integrieren. Nachfolgend werden die Problemstellung, Ziele und Abgrenzung sowie der Aufbau der Arbeit näher beschrieben.

1.2 Problemstellung

Die zunehmende Digitalisierung führt zu neuen Ansätzen in der Planung, der Kommunikation und der Koordinierung von Bauabläufen. Building Information

---

[1]Otto et al. 2020.

Modeling (BIM) wird sich zukünftig als allumfassende Methodik in allen Lebens-
zyklusphasen eines Bauwerks etablieren. Mit BIM ergibt sich die Perspektive,
alle erforderlichen Daten für den Beton-3D-Druck zu bündeln und anschließend gefiltert weiter zu verarbeiten. Um den Beton-3D-Druck umzusetzen, muss
das Druckgerät über speziell aufbereitete Datenstrukturen angesteuert werden
und über ein ausgereiftes Datenmanagement verfügen. Als Basis wird ein BIM-
Gebäudemodell dienen, das sowohl geo-metrische als auch materialspezifische
Informationen enthält. Die für den Beton-3D-Druckprozess notwendigen Daten
sollen aus dem BIM-Modell extrahiert und anschließend über eine durchgängige
digitale Prozesskette in Maschinensteuerungsdaten umgewandelt werden. Bei den
kleinformatigen, additiven Fertigungsverfahren sind bereits etablierte Datenpro-
zessketten vorhanden, die zur Generierung hinreichend guter Steuerungsdaten
genutzt werden. Diese sind allerdings beim großformatigen Beton-3D-Druck
nur bedingt anwendbar. Insbesondere sind die aktuell auf dem Markt verfügbaren Softwarelösungen für das „Slicing" bei der Anwendung des vollwandigen
Beton-3D-Drucks unbrauchbar.[2] Das Slicing ist der Schlüsselprozess der Daten-
verarbeitung. Es umfasst u. a. die 3D-Struktur in druckbare Schichten zu zerlegen,
wesentliche Eingangsdaten des Druckprozesses, wie z. B. die Schichthöhe oder
die Druck- und Fluggeschwindigkeit festzulegen sowie die Druckreihenfolge
zu definieren. Um den vollwandigen Beton-3D-Druck prozesssicher und wirtschaftlich umzusetzen, ist es notwendig, eine angepasste Slicing-Software zu
entwickeln. Ziel des Slicings ist es, einen wirtschaftlich optimierten Druckprozess
unter Beachtung aller Randbedingungen des Verfahrens zu garantieren.

Die Baukosten des Beton-3D-Drucks hängen stark von der realisierbaren Ausführungszeit ab. Erste zeitliche Berechnungen zu CONPrint3D® ergaben, dass der
Bauprozess gegenüber traditionellen Mauerwerksarbeiten deutlich schneller sein
wird.[3] Dadurch und aufgrund der hohen Automatisierung werden die Lohnkosten
verhältnismäßig niedrig sein. Für das Druckgerät sind allerdings hohe Investi-
tionskosten einzuplanen. Diese schlagen sich kalkulatorisch in Form von hohen
Gerätekosten für die Vorhaltung dieser Baumaschine nieder. Zur Maximierung der
Wirtschaftlichkeit ist es folglich von besonderer Bedeutung, die Ausführungszeit
des Beton-3D-Drucks über eine baubetrieblich optimierte, dreidimensionale Pro-
zessplanung bestmöglich zu minimieren. Begrifflich wird diese höchst spezifische
3D-Prozessplanung im Rahmen dieser Arbeit als 3D-Druckstrategie bezeichnet.
Sie beinhaltet die strategisch optimierte Vorgehensweise zur dreidimensionalen
Fertigung von Bauteilen oder ganzen Gebäuden.

---

[2]Krause und Otto 2019, S. 176.
[3]Schach et al. 2017, S. 362.

Die baubetriebliche Optimierung ist von den spezifischen Randbedingungen des Verfahrens (z. B. Betontechnologie, Baumaschinen- und Bauverfahrenstechnik) und des zu erstellenden Bauobjektes (z. B. Geometrie, Baukonstruktion und Umgebungsverhältnisse) abhängig. Außerdem soll der Beton-3D-Druck möglichst schnell und damit kostengünstig sein. Bedingt durch die im Bauwesen typische Unikatbauweise liegt eine besondere Schwierigkeit in der Generierung eines wirtschaftlich optimierten Druckpfades. Dieser enthält die endgültige Druckreihenfolge und ist unter Beachtung aller vorgenannten Randbedingungen festzulegen.

Eine dezidierte Untersuchung der Optimierung von Beton-3D-Druckverfahren mit wirtschaftlichem Fokus ist weltweit bisher nicht erfolgt. Die Veröffentlichungen fokussieren überwiegend die betontechnologischen und maschinellen Forschungsschwerpunkte.

1.3   Ziele und Abgrenzung der Arbeit

Im Rahmen der Arbeit wird eine wissenschaftliche Untersuchung zur baubetrieblichen Optimierung des vollwandigen Beton-3D-Drucks durchgeführt. Dazu werden drei Schwerpunkte definiert:

1) Verfahrensspezifische Randbedingungen und geeignete Lösungsstrategien,
2) Druckpfadoptimierung nach Methoden des Operations Research (OR),
3) Analyse druckzeitbeeinflussender Prozessparameter.

Schwerpunkt 1) der Arbeit zielt zunächst darauf ab, die verfahrensspezifischen Randbedingungen des vollwandigen Beton-3D-Drucks übersichtlich und vollumfänglich darzustellen. Darüber hinaus werden geeignete Lösungsstrategien für den Umgang mit diesen Randbedingungen entwickelt.

Schwerpunkt 2) fokussiert die wirtschaftliche Optimierung des Druckpfades unter Anwendung von OR-Methoden. Ziel ist es, einen Lösungsalgorithmus zu entwickeln, der für jeden beliebigen Grundrissgraphen den optimierten Druckpfad generiert.

Schwerpunkt 3) wird im Rahmen einer zeitlichen Simulationsstudie anhand eines realitätsnahen Modells untersucht. In einer analytisch-mathematischen Simulationsstudie werden druckzeitbeeinflussende Prozessparameter identifiziert, deren Einfluss auf die Ausführungszeit analysiert und hinsichtlich ihrer Sensitivität geprüft. Die Ergebnisse aus Schwerpunkt 3) werden es ermöglichen, die Wirkzusammenhänge der maßgebenden Prozessparameter belastbar einzuschätzen und deren Einfluss auf die Ausführungszeit zu bewerten.

Diese drei Schwerpunkte liefern umfassende Erkenntnisse zur baubetrieblichen Optimierung des vollwandigen Beton-3D-Drucks. In späteren wissenschaftlichen Arbeiten können diese Erkenntnisse weiterführend genutzt werden, um beispielsweise eine angepasste Slicing-Software für vollwandige Beton-3D-Druckverfahren zu entwickeln. Die Untersuchung ermöglicht weiterhin die Ableitung von Implikationen für weitere Forschungsarbeiten und die praktische Anwendung des Beton-3D-Drucks, speziell des CONPrint3D®-Verfahrens.

1.4 Aufbau der Arbeit

Die Arbeit gliedert sich in 8 Kapitel. In Kapitel 1 wurde zunächst eine Einführung in die Thematik und die Arbeit gegeben. Dabei wurden die Problemstellung sowie die Ziele und Abgrenzung der Arbeit beschrieben.

Kapitel 2 gibt einen Überblick über die Grundlagen der additiven Fertigungsverfahren. Einleitend werden Begriffe definiert und die Einordnung der additiven Fertigung in die Gesamtheit der Fertigungsverfahren beschrieben. Danach werden angewandte 3D-Druckverfahren in einem Überblick dargestellt und Entwicklungspotenziale in ausgewählten Branchen aufgezeigt. Anschließend werden die Grundprinzipien der additiven Fertigung näher beschrieben. Dabei wird im Speziellen auf die digitale Prozesskette bei 3D-Druckverfahren eingegangen.

Kapitel 3 beschreibt die Anwendung der additiven Fertigungsverfahren im Bauwesen. Zunächst werden die weitreichenden Potenziale des Beton-3D-Drucks aufgezeigt. Als wirtschaftlich besonders aussichtsreich gelten die anschließend näher fokussierten, extrusionsbasierten 3D-Druckverfahren mit Beton. Die weltweiten Forschungs- und Entwicklungsaktivitäten (FuE) werden dabei ausführlich beschrieben. Im Speziellen wird auf die unterschiedlichen Druckstrategien zur Erzeugung von Wandbauteilen eingegangen. Abschließend wird das Verfahren CONPrint3D® der TU Dresden vorgestellt.

Kapitel 4 thematisiert den digitalen Datenfluss bei extrusionsbasierten Beton-3D-Druckverfahren. Dabei wird der Status Quo der digitalen Prozesskette von der Planung bis hin zur Generierung der Maschinensteuerungsdaten analysiert. Es wird deutlich, dass die bestehende Prozesskette bei der Anwendung für den Beton-3D-Druck nicht durchgängig und fehleranfällig ist. Im weiteren Verlauf des Kapitels werden mögliche BIM-Exportdateiformate und Modifizierungen der Datenprozesskette aufgezeigt.

Kapitel 5 befasst sich mit der baubetrieblichen Optimierung des vollwandigen Beton-3D-Drucks. Dazu werden die verfahrensspezifischen Randbedingungen

hinsichtlich der sechs Hauptpunkte Baukonstruktion, Maschinentechnik, Betontechnologie, Bauverfahrenstechnik, Umweltbedingungen und Druckzeitminierung
untersucht sowie Lösungsstrategien unter Beachtung der verfahrensbedingten
Besonderheiten und Restriktionen erarbeitet.

Kapitel 6 fokussiert die Entwicklung eines Lösungsalgorithmus zur wirtschaftlichen Optimierung des Druckpfades. Dazu werden zunächst Grundlagen der
Graphentheorie vermittelt und der Bezug zu bekannten Optimierungsproblemen
hergestellt. Zur Lösung des netzwerkorientierten Optimierungsproblems werden verschiedene Methoden des Operations Research kombiniert. Dabei werden
geeignete Eröffnungs- und Verbesserungsheuristiken beschrieben und ausgewählt.
Der endgültige Lösungsalgorithmus wurde zu einer IT-Softwareanwendung weiterentwickelt. Abschließend werden der Programmaufbau sowie die Anwendung
und Funktionalität der IT-Software erläutert.

In Kapitel 7 wird eine umfassende Simulationsstudie zur Analyse druckzeitbeeinflussender Prozessparameter durchgeführt. Zunächst wird das Simulationsmodell näher erläutert. Dabei werden die Methodik, das Beispielprojekt sowie
das zeitliche Berechnungsmodell beschrieben und die maßgebenden Prozessparameter untersucht. Im Rahmen der Simulationsstudie werden unterschiedliche
Simulationsaufgaben definiert und untersucht. Insbesondere werden die druckzeitbeeinflussenden Prozessparameter einer Sensitivitätsanalyse unterzogen. Anhand
des Beispielprojektes werden darüber hinaus modellbasierte Zeit-Aufwandswerte
berechnet. Abschließend wird eine Vorgehensweise zur vereinfachten Berechnung
von Gesamtdruckzeiten für neue Grundrisse vorgestellt.

In Kapitel 8 werden die Ergebnisse der Arbeit in einer Schlussbetrachtung
zusammengefasst. Abschließend wird ein Ausblick gegeben, in dem mögliche
Anknüpfungspunkte für weitere wissenschaftliche Arbeiten spezifiziert werden.

Grundlagen der additiven Fertigung 2

2.1 Begriffe und Einordnung als Fertigungsverfahren

Die Begriffsvielfalt im Bereich der additiven Fertigungsverfahren ist sehr ausgeprägt. Die steigende Anzahl neu entwickelter Herstellungsverfahren trägt dazu bei, dass die Begriffslandschaft stetig erweitert wird. Im allgemeinen Sprachgebrauch setzt sich zunehmend der Begriff „3D-Druck" (im Englischen: „3D Printing") als Oberbegriff der zahlreichen Fertigungsverfahren durch und ersetzt damit sukzessive andere Benennungen. Die Bezeichnung „Additive Fertigung" ist im Allgemeinen aussagekräftiger und mit Richtlinie VDI 3405: „Additive Fertigungsverfahren – Grundlagen, Begriffe, Verfahrensbeschreibungen" auch ein genormter Begriff. Additiv bedeutet schichtweise. Als Additive Fertigungsverfahren werden alle Herstellungsverfahren bezeichnet, die Bauteile durch Aneinanderfügen von Volumenelementen schichtweise erzeugen. Synonyme der Additiven Fertigung sind die „Generative Fertigung" und im Englischen „Additive Manufacturing (AM)".[1] In vorliegender Arbeit wird die additive Fertigung als generische Bezeichnung genutzt.

Die deutsche Norm DIN 8580: „Fertigungsverfahren – Begriffe, Einteilung" kategorisiert die Gesamtheit der Fertigungsverfahren in sechs Hauptgruppen und zahlreiche Untergruppen. Die Norm eignet sich, insbesondere durch die Kleinteiligkeit, nur bedingt dazu, die additiven Fertigungsverfahren systematisch abzugrenzen. Allenfalls könnte die additive Fertigung in Hauptgruppe 1, dem „Urformen", zugeordnet werden, da feste Körper aus einem formlosen

---

[1] VDI 3405, S. 3.

Stoff durch „Schaffen eines Zusammenhaltes" gefertigt werden.[2] Einige additive Fertigungsverfahren könnten wiederum in ausgewählte Untergruppen der Hauptgruppe 4 eingeordnet werden, z. B. in die Untergruppe „4.1.1 Auflegen, Aufsetzen, Schichten" oder „4.6.2 Schmelzverbindungsschweißen". In der Literatur wird die Auffassung vertreten, dass eine Erweiterung der DIN 8580 um eine zusätzliche Hauptgruppe für die additiven Fertigungsverfahren erforderlich ist.[3] Um die additive Fertigung als Herstellungsverfahren kategorisch abzugrenzen, muss eine allgemeinere Unterscheidung vorgenommen werden. Übergeordnet können Fertigungsverfahren an der Erzeugung der Geometrie in subtraktive, formative und additive Fertigungsverfahren unterschieden werden. Traditionell wurden Endprodukte in der Regel subtraktiv, also mittels Materialabtrag (z. B. durch Fräsen, Schleifen oder Drehen) oder formativ, also mittels Umformung (z. B. durch Schmieden, Walzen oder Tiefziehen) erzeugt. Bei der additiven Fertigung hingegen werden Volumenelemente aneinandergefügt. In der Regel erfolgt dies schichtweise mit einem hohen Automatisierungsgrad. Der präzise und schichtenweise Aufbau bei additiven Fertigungsverfahren bewirkt, dass wesentlich weniger Material verbraucht wird und nahezu keine Abfälle entstehen. Der Prozess wird oft mit einem natürlichen Wachstumsprozess verglichen. Durch das Schichtbauprinzip können geometrisch hochkomplexe Strukturen erschaffen werden, die mit den üblichen Herstellverfahren nicht oder nur schwer realisierbar sind.[4] Je kleiner die aneinandergefügten Volumenelemente sind, desto höher ist die erzielbare geometrische Auflösung. Darüber hinaus wird die additive Fertigung durch einen hohen Automatisierungsgrad charakterisiert. So wird beispielsweise eine Mauerwerkswand prinzipiell im Schichtbauprinzip hergestellt, jedoch fällt der Mauerwerksbau aufgrund fehlender Automatisierung und der Nutzung subtraktiver Teilprozesse nicht in die Rubrik der additiven Fertigung.

In der Praxis werden häufig generische Begriffe, Produktnamen und Herstellerbezeichnungen vermischt. Dies führt aktuell zu einer unübersichtlichen Begriffsvielfalt, die verwirrend ist. Um die additiven Fertigungsverfahren zu strukturieren, ist es sinnvoll, zunächst in die Ebenen Technologie und Anwendung zu unterscheiden. Unter Technologie ist dabei die Lehre der methodischen Prinzipien und Wirkungsweisen zu verstehen. Die Anwendung beschreibt die praktische Umsetzung der Technologie. In Abbildung 2.1 wird eine Übersicht zu generischen Begriffen der Technologie und Anwendung der additiven Fertigung gezeigt.

---

[2]DIN 8580, S. 4.
[3]Meindl 2006, S. 11.
[4]VDI Statusreport 2014, S. 4.

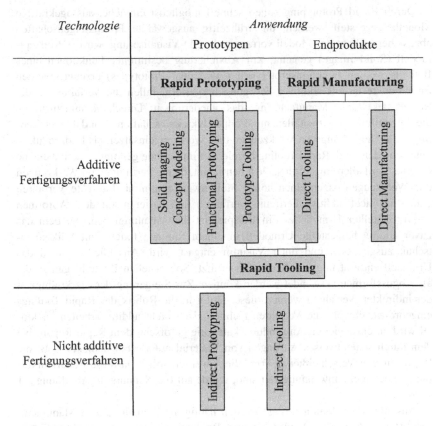

Abbildung 2.1 Begriffe zur Technologie und Anwendung der additiven Fertigung[5]

Die Literatur unterscheidet dabei die Anwendung in drei Kategorien:

- die Herstellung von Funktionsprototypen und Konzeptmodellen (Rapid Prototyping),
- die Fertigung von Endprodukten (Rapid Manufacturing) sowie
- die Herstellung von Werkzeugen und Werkzeugeinsätzen (Rapid Tooling).[6]

---

[5]In Anlehnung an Gebhardt 2016, Bild 1.7, S. 7.

[6]In dieser Arbeit werden die englischen Verfahrensbezeichnungen verwendet. In der Literatur sind teilweise Begriffe zu finden, die wörtlich vom Englischen ins Deutsche übersetzt wurden.

Durch Rapid Prototyping sollen schnell möglichst einfache, aussagekräftige Modelle hergestellt werden, um frühzeitig ausgewählte Produkteigenschaften abzusichern. Dient das Modell vorrangig der 3D-Visualiserung, wird es Konzeptmodell (Solid Image) genannt. Zur Absicherung bestimmter Funktionen eines Bauteils werden Funktionsprototypen (Functional Prototypes) erzeugt. Werden Endprodukte mittels additiver Fertigung hergestellt, fallen die Verfahren in die Rubrik des Rapid Manufacturing, das wiederum in Direct Manufacturing – die Herstellung von Bauteilen mit Endprodukteigenschaften – und Direct Tooling – die Herstellung von Werkzeugen und Werkzeugeinsätzen als Endprodukt – unterschieden wird. Rapid Tooling bezeichnet im Grunde genommen keine eigene Gruppe, wird allerdings oft losgelöst betrachtet, da die Fertigung von Werkzeugen und Werkzeugeinsätzen einen hohen Stellenwert einnimmt. Indirekte Verfahren gelten als nicht additive Fertigungsverfahren und basieren auf dem Abformen additiv erstellter Urmodelle. Ein Beispiel ist das Vakuumgießen, bei dem das zuvor additiv hergestellte Urmodell in einem Rahmen fixiert, mit Silikonkautschuk ausgegossen und unter Vakuum entgast wird. Anschließend wird das Urmodell entfernt und in einem Ofen erhitzt. So entstehen Bauteilnegative, die als Abgussformen verwendet werden können. Zur Steigerung der Marktfähigkeit der indirekten Verfahren werden diese häufig in die Rubrik des Rapid Toolings eingeordnet, obwohl die Verfahren technologisch nicht additiv arbeiten.[7] Aktuell wird an einer vierten Anwendungskategorie geforscht, dem Rapid Repair, bei dem durch schichtweises Auftragen von Material auf Bestandsobjekte z. B. die Reparatur von Verschleißteilen ermöglicht werden soll.[8] Da diese Reparaturverfahren noch nicht anwendungsreif sind, wurde auf die Nennung in Abbildung 2.1 verzichtet.

Anstelle von „Manufacturing" werden häufig die Begriffe „Layer Manufacturing" (LM), „Fabrication" oder seltener „Production" verwendet. Darüber hinaus gibt es in der Literatur eine Vielzahl von Oberbegriffen, Abkürzungen (in der Regel bestehend aus drei bis vier Buchstaben[9]) sowie Verfahrensbezeichnungen, die den Anspruch erheben, als generischer Begriff zu gelten. In der Folge werden vor allem in der Praxis die exakten Begriffe nicht konsequent verwendet. Zunehmend wird „3D-Druck" als generischer Begriff im allgemeinen Sprachgebrauch anerkannt und genutzt.[10] So wird auch der eigentliche Herstellprozess bei additiven Verfahren als „drucken" bezeichnet. Ein weiterer wichtiger Begriff

---

[7]Gebhardt 2016, S. 6–11.
[8]Lachmayer et al. 2016, S. 57 ff.
[9]Eine Auswahl an Abkürzungen ist VDI 3405, S. 5 zu entnehmen.
[10]Lachmayer et al. 2016, S. 12.

im Zusammenhang mit der additiven Fertigung ist das „Slicing", zu Deutsch: „Schichten". Das Slicing ist der Schlüsselprozess der digitalen Prozesskette, bei dem das 3D-Objekt in druckbare Einzelschichten geteilt wird. Darüber hinaus beinhaltet das Slicing weitere Einzelprozesse, die im Abschnitt 2.4.2 genauer beschrieben werden.

2.2 Additive Fertigungsverfahren

2.2.1 Historischer Ursprung

Der Ursprung additiver Fertigungsverfahren geht auf Experimente in den späten 1960er Jahren am Battelle Memorial Institute in Columbus, Ohio, zurück. Es gelang erstmals, flüssiges Photopolymerharz mit Hilfe von Lichtenergie durch zwei Laserstrahlen zu verfestigen. In der Folge dauerte es mehr als 20 Jahre, bis Charles W. Hall, der Mitbegründer des Unternehmens 3D Systems, den technologischen Durchbruch erreichte und im Jahr 1987 den „Stereolithography Aparatus" am Markt einführte. Bei der Stereolithographie (SL) wird ein lichtempfindliches Photopolymer, z. B. Kunst- oder Epoxidharz, mit Hilfe von UV-Licht durch einen Laserstrahl lokal ausgehärtet. Seither entwickeln sich die additiven Fertigungsverfahren sehr rasant weiter. Etablierte Verfahren werden stetig verbessert und die Entwicklung neuer additiver Verfahren schreitet unaufhaltsam voran.

2.2.2 Verfahrenstechnische Hauptgruppen additiver Fertigung

Verfahrenstechnisch bietet sich eine Unterscheidung in zwei Hauptgruppen an:

1. Verfahren selektiver Festigung und
2. anlagernde Verfahren.[11]

   Bei den selektiv festigenden Verfahren werden Teilbereiche eines Ausgangsstoffes durch präzises Einbringen einer zweiten Komponente verfestigt. In Abbildung 2.2 wird das Vorgehen bei Verfahren der selektiven Festigung schematisch dargestellt.

---

[11]Henke 2016, S. 12 ff.

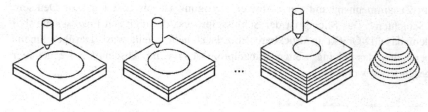

Abbildung 2.2 Prinzipschema der selektiven Festigung[12]

Als Ausgangsstoffe liegen z. B. flüssige, gasförmige oder Feststoffpartikel in Druckebene vor. Durch präzises Einbringen von Lichtenergie oder eines chemischen Binders wird das Ausgangsmaterial lokal verfestigt. Dies geschieht in der Regel mit Hilfe eines Druckkopfes mit einer oder mehrerer Druckdüsen.[13] So entstehen in der Druckebene lose und verfestigte Partikel. Anschließend wird entweder die Druckebene abgesenkt oder der Druckkopf angehoben und der Vorgang schichtweise wiederholt. Das ungefestigte Material verbleibt während des Aufbauprozesses im Druckraum, sodass es bis zum Erhärtungsende eine stützende Funktion übernehmen kann. So wird es ermöglicht, Überhänge oder Brücken zu realisieren. Abschließend muss das ungefestigte Material in geeigneter Weise entfernt werden. Bei einigen Verfahren ist eine Nachbearbeitung (Post-Process) erforderlich.

Anlagernde Verfahren operieren nach der Methodik des präzisen Anfügens von Volumenelementen. In Abbildung 2.3 wird ein Prinzipschema der anlagernden Verfahren gezeigt.

Die anlagernden Verfahren ähneln einem natürlichen Wachstumsprozess. Dabei werden i. d. R. kleine Materialmengen kontinuierlich in Strängen hinzugefügt und mit bereits gedruckten Teilen des Werkstücks verschmolzen oder verklebt. Bei den anlagernden Verfahren wird der Ausgangsstoff zunächst durch Erhitzen oder Anmischen in eine verarbeitbare Viskosität überführt. Anschließend wird das Material im Druckkopf zum Werkstück gefördert. Die Materialstränge werden danach in der Regel über eine Druckdüse gezielt zum Werkstück hinzugefügt. Der Verbund zwischen den Materialsträngen wird durch Verschmelzung oder

---

[12]Henke 2016, S. 15, mit freundlicher Genehmigung von Dr.- Ing. Klaudius Henke.

[13]In der Literatur werden bei den additiven Verfahren die Begriffe Druckdüse und Druckkopf teilweise vermischt. In vorliegender Arbeit wird die Materialausbringöffnung als „Druckdüse" bezeichnet. Der Druckkopf ist die maschinelle Gesamteinheit, die häufig an einem – mit Schrittmotoren in x-, y- und z-Ebene beweglichen – Portalsystem montiert ist. Ein Druckkopf kann über mehrere Druckdüsen verfügen.

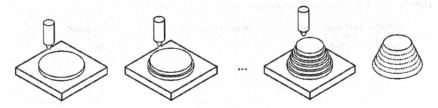

Abbildung 2.3 Prinzipschema der anlagernden Verfahren[14]

Verklebung realisiert. Das Bauteil wird so Schicht für Schicht erzeugt. Nach dem vollständigen Aushärten kann das Werkstück – falls erforderlich – nachbearbeitet werden.

2.2.3 Additive Verfahrensvielfalt

Das Entwicklungstempo additiver Fertigungsverfahren ist sehr hoch. Die angewendeten Verfahren werden in relativ kurzen Zeitspannen verbessert oder durch neuere, noch bessere, Verfahren vom Markt verdrängt. Der Markt additiver Fertigungsverfahren ist durch eine große Verfahrensvielfalt geprägt und kann als besonders schnelllebig charakterisiert werden. Aktuell lassen sich die additiven Fertigungsverfahren nach dem Druckprinzip in sieben additive Verfahrensfamilien aufteilen. In Tabelle 2.1 werden die additiven Verfahrensfamilien nach dem jeweiligen Druckprinzip und den Ausgangsstoffen aufgelistet.

Aufgrund der Verfahrensvielfalt werden in der Literatur häufig andere Systematisierungen vorgenommen, z. B. nach den eingesetzten Ausgangsstoffen (nach Aggregatzustand: flüssig, pastös, pulverförmig, etc. sowie nach Material: Metall, Kunststoff, Keramik, etc.) oder nach dem Anwendungsfeld (Medizintechnik, Luft- und Raumfahrt, Modellbau, etc.). Als weiterführende Literatur wird auf (Gebhardt 2016) sowie die VDI 3405: „Additive Fertigungsverfahren – Grundlagen, Begriffe, Verfahrensbeschreibungen" verwiesen, in denen u. a. die gängigsten Verfahren genauer beschrieben, Anwendungsbeispiele gezeigt und Anforderungs- und Qualitätsmerkmale der additiv gefertigten Bauteile definiert werden.

Das im Rahmen der Arbeit untersuchte Beton-3D-Druckverfahren ist als anlagerndes Verfahren in die Verfahrensfamilie der Extrusion mit pastösem Werkstoff (vergleiche Tabelle 2.1, fett gedruckt) einzuordnen.

---

[14]Henke 2016, S. 15, mit freundlicher Genehmigung von Dr.- Ing. Klaudius Henke.

Tabelle 2.1 Überblick zu den additiven Fertigungsverfahren[15]

Additive Verfahrensfamilie	Druckprinzip	Ausgangsstoff
Stereolithographie	- Polymerisieren	- Photosensible Kunststoffe, v. a. Kunstharze
Sintern	- Aufschmelzen im Pulverbett - Erstarrung	- Kunststoffe, Minerale, Metalle in Pulverform
Three Dimensional Printing (3DP)	- Einspritzen eines Binders auf ein Pulverbett - Erhärtung	- Formsand, Metall- und Keramikpulver, Kunststoffpulver
Aerosol-Drucken	- Sprühverneblung (Aerosolbildung) - präzises Aufbringen - Verdampfung und Verfestigung	- Substrate aus nahezu allen Materialien
Extrusion	- Aufschmelzen (wenn erforderlich), - Ausbringen und Aufeinanderschichten - Erstarrung / Erhärtung	- Thermoplastische Kunststoffe - Pastöse Werkstoffe, z. B. **Beton**
Schicht-Laminat-Verfahren	- Folien oder Platten konturieren - Fügen (i. d. R. Kleben)	- Papiere, Kunststoffe, Metalle, Keramiken in Folienform
Laser Chemical Vapor Deposition (LCVD)	- Chemisches Oxidieren über Laserenergie	- Aluminiumhaltiges Gas

(Linke Randbeschriftung: Selektive Festigung — für Stereolithographie, Sintern, Three Dimensional Printing (3DP), Aerosol-Drucken; Anlagernde Verfahren — für Extrusion, Schicht-Laminat-Verfahren, Laser Chemical Vapor Deposition (LCVD))

2.2.4 Schmelzschichtverfahren

Speziell im privaten Kontext sehr weit verbreitet, sind 3D-Druckverfahren, die auf Schmelzschichtung basieren. Aufgrund des weniger komplexen Aufbaus der Geräte, verbunden mit einem einfachen Handling, etablieren sich diese 3D-Druckverfahren zunehmend bei Privatanwendern. Schmelzschichtverfahren arbeiten als anlagerndes Verfahren nach dem Druckprinzip der Extrusion (siehe

---

[15]In Anlehnung an Gebhardt 2016, S. 92.

Tabelle 2.1) und sind dem untersuchten Beton-3D-Druckverfahren damit ähnlich. Die Extrusion bezeichnet ein formgebendes Verfahren, bei dem Stränge eines härtbaren Materials kontinuierlich aus einer Öffnung (Extrusionsdüse) herausgepresst werden. So entstehen Körper mit dem Querschnitt der Extrusionsdüse in nahezu beliebiger Länge.[16]

Bei der Schmelzschichtung wird erweichbares Ausgangsmaterial aufgeschmolzen und anschließend durch Strangextrusion wieder aneinandergefügt. Erstmals wurde diese Fertigungstechnik als Strangablegeverfahren vom amerikanischen Unternehmen Stratasys Ltd. ausgeführt. Das Unternehmen meldete unter dem Markennamen Fused Deposition Modeling™ (FDM™)[17] im Jahr 1989 Patentrechte an. In der Folgezeit etablierte sich das FDM™-Verfahren in der industriellen Anwendung mit mehr verkauften Geräten als jedes andere Verfahren der additiven Fertigung.

Als Baumaterial des FDM™-Verfahrens dient meistens ein thermoplastischer Kunststoff in Form eines Filaments. Durch ein Heizelement im Druckkopf wird das Material erhitzt und anschließend pastös und strangförmig in den Bauraum eingebracht. Nachdem das Material aus der Düse austritt, kühlt es sich unmittelbar ab und erstarrt. Die Verbindung zu bereits gedruckten Schichten erfolgt durch direktes Verschmelzen. Um Überhänge oder Hinterschnitte zu fertigen, sind temporäre Stützkonstruktionen notwendig, die im Nachgang wieder entfernt werden müssen. Als Unterstützungsmaterialien[18] dienen z. B. wasserlösliche oder laugenlösliche Thermoplaste. Diese werden auf einer zweiten Spule mitgeführt und gleichermaßen in den Druckraum eingebracht.[19]

Das Auslaufen des FDM™-Patents im Jahr 2009 eröffnete zahlreichen Unternehmen die Chance, das Fertigungsprinzip preisgünstiger am Markt anzubieten. So entwickelte sich das FDM™-Verfahren zum führenden additiven Verfahrensprinzip beim Privatanwender und ist maßgeblich für das aktuell große Interesse an der gesamten additiven Fertigung verantwortlich. Inzwischen sind die Anzahl neuer Verfahren[20] und die Bandbreite der extrusionsfähigen Materialien stark angewachsen. Um größere Bauteile zu erzeugen, werden anstelle von schmelzenden Thermoplasten auch pastöse Materialien eingesetzt, die durch physikalische

---

[16]Greif et al. 2018, S. 303.

[17]TM bedeutet Trademark, also geschützter Markenname.

[18]Wird oft als Supportmaterial bezeichnet.

[19]Klocke 2015, S. 139.

[20]Z. B. die Verfahren: Freeformer, Anti-Gravity Object Modeling oder 4D-Drucken mit Formgedächtnismaterial.

oder chemische Reaktionen erhärten. Für das Bauwesen ist vor allem die Extrusion von zementgebundenen Materialien, vor allem Mörtel oder Beton, von Bedeutung (vergleiche Kapitel 3).

2.3   Anwendungspotenziale in ausgewählten Branchen der stationären Industrie

In der stationären Industrie hat sich die additive Fertigung für viele Anwendungsgebiete bereits erfolgreich am Markt etablieren können. Wie im Abschnitt 2.2.3 bereits beschrieben wurde, ist die Entwicklung äußerst rasant und schnelllebig. Sogenannte „Personal Printer" werden in den nächsten Jahren noch preiswerter werden. So wird die 3D-Drucktechnik Privatnutzern zur Verfügung stehen und damit weiter an Popularität und Wachstum gewinnen. In der stationären Industrie ist aktuell zu konstatieren, dass eine steigende Zahl individualisierter Endprodukte durch 3D-Druckverfahren hergestellt wird. Zukünftig sollen sogar Teile der Serienfertigung durch den industriellen 3D-Druck abgelöst werden.[21] Um einen Einblick in die Potenziale der additiven Fertigung zu gewinnen, werden in diesem Abschnitt Entwicklungspotenziale am Beispiel besonders aussichtsreicher Branchen und Produkte aufgezeigt.

2.3.1   Medizintechnik

Effizienzvorteile wirken sich bei additiven Fertigungsverfahren besonders bei der Anwendung an individualisierten Bauteilen aus. Dies ist vor allem in der Medizintechnik gegeben, da ein Endprodukt sehr häufig individuell an den Patienten angepasst werden muss.

In der prothetischen Zahnmedizin gibt es bereits sehr flexible Einsatzmöglichkeiten. Mehrheitlich durchgesetzt haben sich 3D-Druckverfahren beispielsweise bei der Produktion von chirurgischen Schablonen, Schienen, Kronen und Provisorien. Aufgrund der vollständig digitalen Prozesskette, beginnend vom intraoralen Scanning[22] bis zum 3D-Druck der Objekte, müssen keine Gipsmodelle mehr konventionell erstellt und gelagert werden. Die Bandbreite der druckbaren Materialien ist sehr groß. Allerdings sind viele Produkte noch nicht für die längere

---

[21]Gebhardt 2016, S. 579.
[22]Intraorales Scanning bezeichnet das 3D-Scanning direkt im Mund.

Anwendung im Mund zugelassen.[23] Die Anforderungen werden aktuell nur durch das SLM-Verfahren (Selective Laser Melting) bei der Herstellung von Metall-Implantaten erreicht. Da ein SLM-Druckgerät sehr preisintensiv ist, wird die Produktion von externen Dienstleistern[24] ausgeführt. Andere Anwendungen, insbesondere arbeitsvorbereitende Leistungen, wie z. B. Kiefermodelle, Schablonen oder Abformlöffel, können mit günstigeren 3D-Druckverfahren direkt in der Zahnarztpraxis umgesetzt werden. Im Fokus der aktuellen Forschungsarbeiten stehen neue Druckmaterialien, vor allem für den zugelassenen, direkten Zahnersatz im Mund.[25,26]

Ein anderes erfolgreiches Marktsegment aus der Medizintechnik ist die additive Herstellung von Hörgeräteschalen. Diese sind an die anatomischen Gegebenheiten des Patienten optimal anzupassen und weisen darüber hinaus geometrisch komplexe innere Hohlräume auf. Die traditionelle Herstellung erfolgte durch mehrfaches Abformen und ist geprägt von einer Vielzahl manueller Einzelschritte. Die additive Fertigung der Ohrpassstücke ermöglicht völlig neue Kanalgeometrien und hat die Herstellung damit weltweit revolutioniert. Ein 3D-Drucker kann parallel bis zu 100 Ohrpassstücke auf einer Druckplattform anfertigen.[27]

Darüber hinaus gibt es eine Vielzahl an additiv hergestellten Prothesen. Angewendet werden weiterhin 3D-gedruckte Knochenimplantate, insbesondere in der kranofazialen[28] Chirurgie. Als bahnbrechendste Innovation gilt das Bioprinting. Als Bioprinting wird der 3D-Druck mittels organischer Substanzen bezeichnet. Es ermöglicht, menschliches oder tierisches Gewebe, wie z. B. Zellen, Hautteile oder Knochen, zu drucken. Langfristiges Ziel ist es, durch Bioprinting ganze Organe herzustellen.[29] Bei additiv hergestellten Knochen ist es mit Hilfe einer speziellen Mischung aus pulverförmigem Knochenmineral und Biomolekülen bereits gelungen, selbst regenerierendes Knochengewebe zu produzieren.[30]

---

[23]Gemäß Medizin-Produkte-Gesetz (MPG) unterliegt eine ununterbrochene Anwendung im Mund über einen Zeitraum von mehr als 30 Tagen den Anforderungen gemäß Klasse IIa.

[24]Z. B. durch die großen Unternehmen BEGO Medical oder EOS.

[25]proDente e. V. 2018.

[26]devicemed 2019.

[27]Gebhardt 2016, S. 512–513.

[28]Kranofaziale Chirurgie bezeichnet die Schädelchirurgie.

[29]printer-care 2019.

[30]Weiterführend Medizin und Technik 2019.

2.3.2 Luft- und Raumfahrt

Die additive Fertigung hat in der Luftfahrt in den vergangenen Jahren extrem an Bedeutung gewonnen.[31] In dieser Branche dominiert die additive Fertigung durch den Vorteil, Bauteile mit lastoptimierten Tragstrukturen in völlig neuer Geometrie herstellen zu können. Die damit verbundene Gewichtsreduktion der Bauteile bewirkt Einsparungen z. B. beim Treibstoffverbrauch, den Materialkosten und den Emissionen. Mit der additiven Fertigung können aktuell bereits kleinere Baukomponenten, wie z. B. Kabinen-, Triebwerks- und Turbinenteile sowie Verbindungselemente oder Scharniere, produziert werden. Größere Bauteile, wie der Flugzeugrumpf oder die Flügel werden noch nicht mittels 3D-Druck gefertigt, sind aber perspektivische Anwendungsobjekte. Als erste Hydraulikkomponente der primären Flugsteuerung wird seit 2017 im Airbus A 380 ein 3D-gedruckter Ventilblock aus Titan verbaut. Er besteht aus wesentlich weniger Einzelteilen und ist 35 % leichter als ein geschmiedeter Ventilblock. Zum Design 3D-gedruckter Bauteile werden Algorithmen eingesetzt, die eine Topologieoptimierung ermöglichen. Die Ergebnisse lassen sich durch additive Fertigung erstmals in die Realität umsetzen. Mit herkömmlichen Methoden ist die Herstellung durch wirtschaftliche und technische Einschränkungen nicht möglich.

In der Raumfahrt werden den additiven Fertigungsverfahren exponentielle Anwendungs- und Wachstumspotenziale bescheinigt. Ein bekanntes Beispiel zur Validierung dieser Potenziale ist die 3D-gedruckte Einspritzdüse des Vulcain-Triebwerks für die Trägerrakete Ariane 6. In konventioneller Bauweise wird das Bauteil aus 200 Einzelteilen aufwändig zusammenmontiert. Künftig wird die Düse durch 3D-Druck in einem Schritt hergestellt.[32]

2.3.3 Automobilindustrie

Die Automobilindustrie hat seit Beginn des 3D-Drucks stets eine führende Anwendungsrolle eingenommen. Allerdings wurden die Verfahren bisweilen nicht beim eigentlichen Herstellungsprozess der Endbauteile angewendet, sondern in der Phase der Produktentwicklung. Die 3D-gedruckten Prototypen haben dabei wesentlich zur Verkürzung der Entwicklungszeit beigetragen. Der aktuelle Innovationsfortschritt könnte darüber hinaus zu tiefgreifenden Änderungen des Autobaus führen. Das volle Potenzial des industriellen 3D-Drucks kann für die

---

[31] Bundesverband der Deutschen Luft- und Raumfahrtindustrie e. V. 2019.
[32] 3d-grenzenlos 2019a.

Automobilindustrie am Beispiel des Projektes 3i-Print[33] gezeigt werden. Dabei wurde die Vorderwagenstruktur eines alten VW Caddy neu gedacht und additiv gefertigt, um Impulse und Ausblicke für die Zukunft des Karosseriebaus zu geben. Das Projekt beinhaltete die Prozessschritte Design, Auslegung, Berechnung, Konstruktion, Bau und Nachbearbeitung des Vorderwagenbauteils. In die lasttragenden Strukturen wurden Details, wie z. B. die aktive und passive Kühlung von Batterien und Bremsen, eingearbeitet. Durch das organische Bauteildesign wird ein zielgerichteter Luftstrom geleitet, der die Kühlung bewirkt. In das Bauteil wurden mehrere zusätzliche Funktionen, wie z. B. der Behälter für das Wischwasser, integriert.[34]

Um die Elektrifizierung im Automobilbereich erfolgreich zu meistern, sind Bauraum- und Gewichtsreduzierung sowie Funktionsintegration im Karosseriebau besonders relevant. Durch die gestalterische Freiheit ist eine lastpfad- und crashgerechte Topologie mit Hohlstrukturen möglich, die mit klassischen Fertigungsverfahren nicht realisierbar sind. Als langfristige Zukunftsperspektive werden der Multi-Material-Druck und die Integration von elektrischen Schaltkreisen, Platinen und Sensorik beschrieben.[35]

Die additiven Fertigungsverfahren werden die Produktentwicklungen in den nächsten Jahren stark bestimmen. Im Kontext der Potenziale additiver Fertigung wird häufig die vierte industrielle Revolution beschrieben. Das Internet der Dinge könnte zukünftig als Handelsplattform für Druckpläne dienen. Der eigentliche Druckprozess würde örtlich dort stattfinden, wo es aus Sicht der Verortung des Kunden und der Auslastung der Druckgeräte sinnvoll erscheint. Damit würden nicht die Endprodukte rund um den Globus geschickt, sondern lediglich Datenmodelle sekundenschnell übertragen. Die Herstellung könnte dann in dezentralen Produktionseinheiten in regionaler Nähe erfolgen. Diese neue Wertschöpfungskette würde die bestehenden Logistikprozesse und Geschäftsmodelle komplett in Frage stellen.[36] Die aktuelle Debatte in der Klimapolitik hinsichtlich Ressourcenschonung und Emissionsreduzierung wird die zuvor beschriebene Vision und die Entwicklung der additiven Fertigung insgesamt weiter vorantreiben.

---

[33]Gemeinschaftsprojekt der Unternehmen Altair, ApWorks, CSI, Eos, Gerg und Heraeus.
[34]Schulz 2017b.
[35]3iPRINT 2018.
[36]Peters 2015, S. 1.

2.4   Grundprinzipien additiver Fertigung

2.4.1   Schichtenweiser Aufbau

Bei den additiven Verfahren werden die Schichten in x-y-Ebene, der sogenannten Druckebene, erzeugt. Die Schichtdicke ist dabei in der Regel konstant. So entsteht die dritte Dimension in z-Richtung lediglich durch das Aufeinanderfügen der Einzelschichten, indem die Druckebene abgesenkt oder der Druckkopf angehoben wird. Deshalb werden die additiven Verfahren in der Literatur häufig als 2½D-Verfahren bezeichnet. Durch diese Vorgehensweise ergibt sich eine verfahrensbedingte Oberflächenungenauigkeit, im Sinne einer Stufigkeit in z-Richtung, die als Treppenstufeneffekt bezeichnet wird. In Abbildung 2.4 wird der sogenannte Treppenstufeneffekt verdeutlicht.

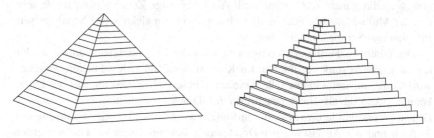

Abbildung 2.4 Treppenstufeneffekt

   Der Treppenstufeneffekt kann reduziert werden, indem die Schichtdicke vermindert wird. Neuere additive Verfahrensweisen erzeugen Schichtdicken im Mikrometer- bis Nanometerbereich, so dass die gedruckten Bauteile nicht mehr von den konventionell hergestellten Teilen zu unterscheiden sind. Allerdings kann der Effekt mit den additiven Verfahren technologisch nicht gänzlich vermieden werden. Um kontinuierlich in z-Richtung zu konturieren, sind aktuell noch subtraktive Verfahren, wie z. B. das Schichtfräsverfahren, anzuwenden.

2.4.2   Digitale Prozessabläufe

Das methodische Vorgehen der einzelnen additiven Verfahren divergiert bei der Erzeugung der Bauteile teilweise stark (physische Ebene). Auf virtueller Ebene ist ein großer Teil der Prozesskette der Datenerfassung und -aufbereitung unabhängig vom angewandten Herstellverfahren. Dies stellt ein wesentliches Merkmal der additiven Fertigung dar. In Abbildung 2.5[37] wird die Prozesskette der additiven Fertigung veranschaulicht.

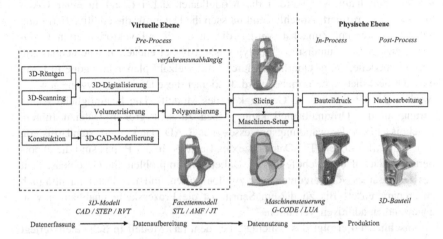

Abbildung 2.5 Prozesskette der additiven Fertigung

Alle Prozesse der additiven Fertigung, die virtuell stattfinden, werden als „Pre-Process" überschrieben. Der eigentliche Bauteildruck wird als „In-Process" und die Nachbearbeitung der Bauteile als „Post-Process" bezeichnet. Die Basis der digitalen Prozesskette stellt ein vollständiger 3D-Datensatz des zu erstellenden Bauteils dar. Die Datenerfassung kann dabei einerseits durch 3D-Digitalisierung erfolgen. Diese Form der Datenerfassung wird bei bereits vorhandenen Objekten angewandt. Gängige Verfahren zur 3D-Digitalisierung sind:

– das 3D-Scanning, bei dem die Oberflächengeometrie mittels Laseraufnah-
  metechnik erfasst und in eine digitale Punktewolke umgewandelt wird und
  das

---

[37]In Anlehnung an Gebhardt 2016, S. 25 ff.; VDI 3405; Lachmayer et al. 2016, S. 10 ff.; Fromm 2014, S. 48 ff.; Bilder entnommen aus: Lachmayer et al. 2016, S. 10.

– 3D-Röntgen[38], bei dem mittels Tomographie-Verfahren schichtweise bis zu mehrere hundert Querschnittsbilder erzeugt werden, die durch Rückprojektion einen vollständigen Volumendatensatz des Objektes liefern.

Andererseits können die Datensätze über 3D-CAD-Modellierung erzeugt werden. Am häufigsten werden die Modelldaten dabei direkt in einer CAD-Software[39] konstruiert. Anschließend müssen die Daten für die additive Fertigung aufbereitet werden. Zunächst werden die in der Regel vektorbasierten CAD-Datensätze softwareunterstützt[40] polygonisiert. Dabei entstehen volumenbasierte Facettenmodelle, deren Oberfläche durch eine Vielzahl planer Polygone in Form eines Dreiecksnetzes beschrieben wird. Je kleiner diese Dreieckspolygone gewählt werden, desto höher ist die Genauigkeit des Modells. Die bestmögliche Annäherung an das Originalbauteil kann jedoch zu sehr großen Dateien führen. Ergebnis dieses Umwandlungsprozesses aus CAD-Daten sind standardisierte STL[41]-, AMF[42]- oder JT[43]-Datensätze des Bauteils. In der Praxis sind die exportierten Dateien häufig nicht fehlerfrei. Daher wird empfohlen, die Geschlossenheit des Datensatzes softwareunterstützt zu überprüfen und die Datei nachträglich zu „reparieren".[44] Bis zu diesem Schritt ist die Prozesskette unabhängig vom angewandten additiven Verfahren.

Anschließend erfolgt das „Slicing", bei dem das Modell in Schichten zerlegt wird. Innerhalb des Slicings werden folgende Prozesse ausgeführt:

– die Teilung des 3D-Objektes in einzelne Schichten mit vorgegebenen Schichthöhen,
– die Generierung des Druckpfades in jeder einzelnen Schicht nach definierten Druckstrategien,
– die Festlegung wichtiger Druckparameter, wie z. B. der Druckgeschwindigkeit, die auszutragende Filamentmenge oder der Strukturfüllgrad sowie

---

[38]3D-Röntgen wird häufig auch als digitale Volumentomographie (DVT) bezeichnet.

[39]Computer Aided Design (CAD), Beispiele für CAD-Software sind AutoCAD, SketchUp oder 3ds Max.

[40]Die aktuelle CAD-Software verfügt in der Regel über eine entsprechende Exportfunktion.

[41]Standard Tesselation Language (STL), auch STereoLithography.

[42]Additive Manufacturing File (AMF).

[43]Jupiter Tesselation (JT).

[44]Beispiele für „Korrektursoftware" sind: Autodesk Meshmixer, Autodesk Netfabb, MeshLab.

– die Ausgabe aller relevanten Maschinensteuerungsbefehle, häufig als G-Code[45].

In Abbildung 2.6 wird das Slicing eines 3D-Objektes visualisiert.

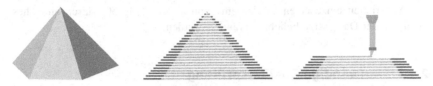

Abbildung 2.6   Slicing eines 3D-Objektes

In der Regel wird die Schichtdicke über die Bauteilhöhe nicht variiert, sie bleibt während des gesamten Drucks konstant. Die Bauteilorientierung, -positionierung und -anordnung im vorhandenen Druckraum ist bei den meisten additiven Verfahren von besonderer Bedeutung. Die notwendigen Stützstrukturen, die zur Produktion von Überhängen oder freitragenden Strukturen verfahrensbedingt erforderlich sind, sind dabei möglichst zu minimieren. Grundsätzlich können die Bauteile in jeder beliebigen Orientierung erzeugt werden.

Abschließender Teilvorgang im Pre-Process ist das Maschinen-Setup, das häufig als Host-Software[46] bezeichnet wird. Hier sind vom Anwender wichtige maschinentechnische Druckparameter festzulegen. Bei dem sehr verbreiteten FDM[TM]-Verfahren (vergleiche Abschnitt 2.4.2) sind z. B. die Druckgeschwindigkeit, die Grundwärme der Bauplatte und die Vorheiztemperatur des Druckmaterials festzulegen. Die Softwarelösung berechnet dann weitere relevante Druckparameter, die sich aus den Voreinstellungen ergeben. Die Host-Software bietet in der Regel die Möglichkeiten einer Druckvorschau und der nachträglichen Bearbeitung des Druckpfades sowie der getätigten Einstellungen. Alle Druckbefehle werden anschließend im maschinenlesbaren Datenformat G-Code ausgegeben. Der G-Code steuert alle relevanten Werkzeugantriebe des 3D-Druckers, wie z. B.

---

[45]Der G-Code ist die bekannteste Programmiersprache zur Numerischen Steuerung von Maschinen.

[46]Die Host-Software ist Bestandteil eines jeden 3D-Druckers und ist abgestimmt auf das angewandte additive Herstellverfahren.

den Motor, das Heizelement oder den Extruder[47] an.[48] Aktuell etablieren sich sogenannte All-In-One Softwarelösungen am Markt, die es ermöglichen, volumenbasierte Facettenmodelle (STL-Dateien, AMF-Dateien oder JT-Dateien) zu reparieren, zu slicen und das maschinenspezifische Setup durchzuführen.[49]

Der verfahrensunabhängige Pre-Process der additiven Fertigung ermöglicht es, auf Grundlage der gleichen Datensätze unterschiedlichste Fertigungsverfahren und Materialien einzusetzen. Außerdem kann die Bauteilgröße durch einfaches Skalieren der Datensätze beliebig verändert werden.

2.4.3 Aufwändige Qualitätsprüfung

Die additive Fertigung charakterisiert weiterhin, dass die Materialeigenschaften des Bauteils maßgeblich während des Druckprozesses erzeugt werden. Fehler in der Materialstruktur können beispielsweise den Schichtenverbund und folglich die Festigkeit stark vermindern. Um eine einheitliche und wiederholbare Bauteilqualität zu gewährleisten, bedarf es einer besonderen Qualitätsüberwachung. Häufig werden dazu neu entwickelte Verfahren eingesetzt, die eine zerstörungsfreie Qualitätsprüfung ermöglichen. Diese Verfahren überwachen den Aufbauprozess in Echtzeit ohne nachträgliche Zerstörung des Bauteils. Eingesetzt werden dabei z. B. optische Tomographie- sowie Ultraschall- und Röntgenverfahren, die das Bauteil durchleuchten, um Unregelmäßigkeiten der Bauteilstruktur auf nicht zerstörende Art und Weise zu analysieren.[50]

2.4.4 Maximaler Automatisierungsgrad

Die additive Fertigung wird durch einen maximalen Automatisierungsgrad charakterisiert. Über die digitale Prozesskette (vergleiche Abschnitt 2.4.2) werden die notwendigen Maschinensteuerungsdaten bereitgestellt. Der Herstellprozess beginnt per Knopfdruck und erfolgt anschließend vollständig autonom durch das

---

[47] Als Extruder wird die Fördereinrichtung der Druckmaschine bezeichnet, die das Material bis zur Austragsdüse transportiert.

[48] Lu 2017, S. 49 ff.; Lachmayer et al. 2016, S. 10 ff.

[49] Beispiele sind u. a. Repetier, Printrun, Cura.

[50] Schulz 2017a, S. 8–9.

Druckgerät. Diese quasi menschenunabhängige Produktion ermöglicht eine kontinuierliche Fertigung im 24/7-Betrieb.[51] Bei manueller Arbeit sind Produktivitätsschwankungen im Tagesverlauf, z. B. durch Ermüdung, einzuplanen. Die additive Fertigung ermöglicht im Vergleich dazu durchgängig gleiche Produktionsraten, die dadurch gut kalkulierbar sind.

Um ein endfertiges 3D-gedrucktes Produkt zu erzeugen, sind neben der automatisierten Herstellung der 3D-Strukturen weitere Prozessschritte erforderlich. Aktuell werden diese zum Großteil noch konventionell ausgeführt. Beispielsweise ist das Druckgerät mit den notwendigen Ausgangsstoffen zu bestücken. Darüber hinaus sind Maßnahmen zur Nachbearbeitung sowie die bereits in Abschnitt 2.4.3 beschriebenen Qualitätsprüfungen durchzuführen. Bei vielen 3D-Druckverfahren ist speziell die Nachbearbeitung sehr aufwändig. Durch den Treppenstufeneffekt (vergleiche Abschnitt 2.4.1) ergeben sich teilweise Ungenauigkeiten bei der Oberflächen-beschaffenheit, die z. B. durch nachträgliches Fräsen eliminiert werden können. Einige Druckobjekte müssen zusätzlich mit Wärme nachbehandelt werden, um die endgültigen Bauteileigenschaften zu gewährleisten. Aktuelle FuE-Aktivitäten im stationären 3D-Druck sehen vor, alle Prozesse in einer automatisierten Produktionslinie zu integrieren.[52] Dabei werden die Prozessschritte und notwendigen Einzelmaschinen zur additiven Fertigung, zur Nachbearbeitung und Qualitätssicherung miteinander verknüpft. Dies erfolgt z. B. durch fahrerlose Transportfahrzeuge. Die Prozesse sollen dadurch noch wirtschaftlicher werden und der konventionellen Serienfertigung Konkurrenz bieten.[53]

2.4.5 Wirtschaftliche Individualfertigung

Werden die allgemeinen Begriffe aus Abschnitt 2.1 betrachtet, fällt insgesamt auf, dass die Bezeichnung „rapid" (Deutsch: „schnell") häufig genutzt wird.[54] Dies lässt schlussfolgern, dass der Herstellprozess durch additive Fertigungsverfahren gegenüber herkömmlichen Methoden schneller stattfindet. Dies trifft insbesondere für Endprodukte mit hoher Individualität zu. Bei konventionellen Herstellmethoden sind in den meisten Fällen endproduktspezifische Werkzeuge (z. B. Bohrer,

---

[51]Die Abkürzung steht für 24 Stunden am Tag, 7 Tage die Woche. Sie symbolisiert den Dauerbetrieb der Maschine.

[52]Ein Beispiel ist das Gemeinschaftsprojekt Next-Gen-AM der Unternehmen Daimler AG, EOS GmbH und Premium Aerotec.

[53]Käfer 2018, S. 2.

[54]Z. B. bei Rapid Prototyping, Rapid Manufacturing oder Rapid Tooling.

Fräse oder Säge) oder Hilfsmittel (z. B. Gießformen) notwendig, um das Bauteil erzeugen zu können. Bei der additiven Fertigung sind dem gegenüber, mit Ausnahme der Druckmaschine, keine produktspezifischen Werkzeuge oder Hilfsmittel erforderlich. Darüber hinaus ist es für den additiven Herstellprozess nahezu unerheblich, ob die Bauteile einfach oder geometrisch hoch komplex sind. Das Bauteilvolumen ist schlussendlich ausschlaggebend, wie viel Material gedruckt wird und wie lange der Druckvorgang dauert. Sofern ein druckfähiger, digitaler 3D-Datensatz des Bauteils vorliegt, kann es additiv gefertigt werden. Dies ermöglicht eine nahezu stückzahlunabhängige Produktion und damit die individualisierte Fertigung. Im Zuge des marktstrategischen Customizings[55] ist dies ein wesentlicher Vorteil gegenüber konventionellen Fertigungsverfahren. Darüber hinaus können auf einer Druckplattform mehrere Bauteile angeordnet und gedruckt werden, die entweder identisch oder voneinander verschieden sind (vergleiche Abschnitt 2.3.1).

Da die notwendigen Werkzeuge oder Hilfsmittel bei konventionellen Fertigungsverfahren zum Teil erhebliche Investitions- und Instandhaltungskosten verursachen, ist eine wirtschaftliche Produktion erst ab der Erzeugung einer gewissen Endproduktmenge möglich. In Abbildung 2.7 wird der Zusammenhang von Produktionsmenge und Herstellkosten additiver und konventioneller Fertigung abstrahiert dargestellt.

Die Kostenkurven veranschaulichen stark abstrahiert die Änderung der Stückkosten für jede inkrementelle Produktionseinheit. Die Abbildung ist stark vereinfacht und berücksichtigt lediglich den Herstellprozess. Arbeitsvorbereitende Prozesse werden an dieser Stelle nicht berücksichtigt. Es wird deutlich, dass konventionelle Fertigungsverfahren oberhalb einer Grenzmenge (gestrichelte Linie in Abbildung 2.7) nach wie vor wirtschaftlich vorteilhaft sind. In diesem Zusammenhang kann von einem Breakeven Point gesprochen werden. Gemäß aktueller Markt- und Technologieentwicklung ist davon auszugehen, dass die Herstellkosten der additiven Fertigung gesenkt werden und damit die Kennlinie der additiven Fertigung sukzessive nach unten verschoben wird. So ist es denkbar, dass additive Fertigungsverfahren zukünftig in der Serienproduktion angewandt werden (vergleiche Abschnitt 2.3).

---

[55] Als Customizing wird die Anpassung eines Serienprodukts an die Bedürfnisse eines Kunden bezeichnet.

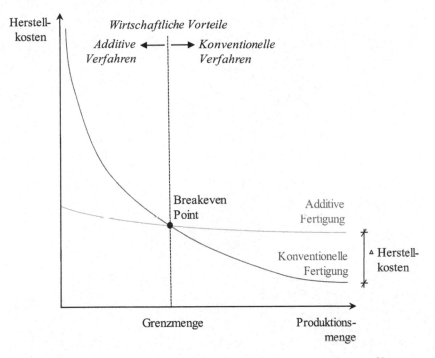

Abbildung 2.7 Abstrahierter Vergleich additiver und konventioneller Fertigung[56]

Das Bauwesen ist eine der wenigen Branchen, in denen die individualisierte Fertigung besonders ausgeprägt ist. Jedes Bauprojekt ist im Grunde genommen ein Unikat. Selbst baugleiche Fertighäuser werden sich aufgrund standortabhängiger Umweltbedingungen (z. B. Lage, Baugrund oder Wetter) voneinander unterscheiden. Damit ist das Bauwesen quasi prädestiniert für die Anwendung additiver Fertigungsverfahren. Dieses Potenzial wurde in der Wissenschaft bereits frühzeitig erkannt und seither untersucht. Im folgenden Kapitel 3 wird auf den Stand der Wissenschaft und Technik der additiven Fertigungsverfahren im Bauwesen eingegangen.

---

[56]In Anlehnung an Lim et al. 2012, S. 253; Cotteleer und Joyce 2014, S. 3.

Abbildung 2.3 ...

Additive Fertigungsverfahren im Bauwesen

3

3.1 Überblick

Aktuell gibt es verschiedenste Ansätze, additive Technologien für die Anwendung im Bauwesen zu entwickeln. In der Literatur wird häufig die Bezeichnung „digitales Bauen" oder „Digital Fabrication" im Zusammenhang mit der additiven Fertigung verwendet. Diese Bezeichnung ist weitreichender und schließt einige Entwicklungen, die sich im Zuge der Digitalisierung und Automatisierung im Bauwesen ergeben, mit ein. Als Beispiel sind hier Forschungsarbeiten des australischen Unternehmens Fastbrick Robotics Ltd. zum Mauerwerksroboter „Hadrian X" zu nennen.[1] Die Verfahren der weiteren Definition werden im Rahmen dieser Arbeit nicht näher betrachtet.

Für die FuE-Arbeiten zur additiven Fertigung im Bauwesen werden verschiedenste Materialien verwendet. Einige nutzen dabei als Baumaterial Kunststoff[2], andere arbeiten mit Metall. Das Robotik-Unternehmen „MX3D" aus Amsterdam zeigt mit dem Projekt „The Bridge" das architektonische Potenzial und die technische Machbarkeit des 3D-Metalldrucks für das Bauwesen auf. Die zwölf Meter lange Edelstahlbrücke wurde mit Hilfe des Herstellungsverfahrens Wire

---

[1] Weiterführende Informationen siehe fbr 2019.

[2] Z. B. das Projekt "3D Print Canal House", weiterführend 3dprintcanalhouse 2019.

Arc Additive Manufacturing (WAAM) erstellt.[3] WAAM nutzt das Lichtbogen-
schweißverfahren zum schichtweisen Aufbau des Bauteils. Ein Metalldraht wird
mithilfe eines Schweißbrenners an der richtigen Stelle verschmolzen und formt
so die 3D-gedruckte Metallstruktur. Die für Fußgänger und Radfahrer nutzbare
Edelstahlbrücke wurde in einer Werkshalle durch zwei Industrieroboter gedruckt
und anschließend in der Innenstadt von Amsterdam montiert.

Das amerikanische Unternehmen Emerging Objects nutzt beispielsweise Keramik und sogar Nylon, Acryl, Sand, Salz oder Holz, um großformatige Objekte
und Gegenstände zu drucken. Die „Quake Column" ist eine nach Mauerwerk-
sprinzipien zusammengesetzte Stütze aus gedruckten Einzelteilen. Sie soll den
Kräften eines Erdbebens durch die ineinandergreifenden Komponenten besonders
gut standhalten.[4] „Seed Stitch" sind 3D-gedruckte Schindeln, die als Fassaden-
oder Dachbekleidung eingesetzt werden können. Sie haben eine handgefertigte,
unebene Form und Wirkung.[5]

Es ist zu konstatieren, dass 3D-Druck in vielen Bereichen des Bauwesens eingesetzt werden kann. Eine Anwendung aus dem Ingenieurbau sind Brücken mit
aktuell noch verhältnismäßig geringer Spannweite und Tragbeanspruchung. Die
meisten Anwendungen ergeben sich im Hochbau, z. B. für nichttragende, geometrisch anspruchsvolle Fassaden- oder Designelemente. Darüber hinaus wird mit
Hochdruck daran geforscht, tragende Strukturen, vor allem Wände, zu erzeugen.
Dafür erscheinen zementgebundene Baustoffe als Druckmaterial am besten geeignet zu sein. Im weiteren Verlauf der Arbeit werden nur FuE-Arbeiten fokussiert,
die zementgebundene Baustoffe als Druckmaterial verwenden. Die weitaus größte
Anzahl der Projekte setzt dabei den 3D-Druck mit feinkörnigem Beton um.

In diesem Kapitel werden die Grundlagen der additiven Fertigungsverfahren
im Bauwesen beschrieben. Zunächst wird umfänglich auf die Potenziale additiver
Bauverfahren eingegangen. Anschließend wird die Anwendung von mineralischen Baustoffen, vorwiegend Betonen, als Druckmaterial geschildert. Die auf
Extrusion basierenden Druckverfahren erscheinen dabei als technisch und wirtschaftlich besonders geeignet. Alsdann werden die weltweiten Forschungs- und
Entwicklungsaktivitäten des extrusionsbasierten Beton-3D-Drucks ausführlich
beschrieben. Dabei wird im Speziellen auf die unterschiedlichen Druckstrategien

---

[3]Nähere Informationen sind z. B. 3d-grenzenlos (2019b) zu entnehmen. Das Verfahren wurde
auch zur Erzeugung einer Schiffsschraube durch das Unternehmen RAMLAB verwendet.
Weiterführende Informationen unter ramlab 2019.
[4]Bilder der „Quake Column" sind z. B. emergingobjects 2016b zu entnehmen.
[5]Bilder der „Seed Stitch" sind z. B. 3ders 2018 zu entnehmen.

zur Erzeugung von Wandbauteilen eingegangen. Abschließend wird auf Besonderheiten des vollwandigen Beton-3D-Drucks eingegangen. Stellvertretend wird
das CONPrint3D®-Verfahren der TU Dresden vorgestellt.

3.2 Potenziale

3.2.1 Automatisierte Fertigung und Building Information Modeling

Viele Bauprozesse sind von einer „additiven" Herstellung geprägt. So wird
beispielsweise jedes Mauerwerk im handwerklichen Schichtbauprinzip erstellt.
Die handwerkliche Fertigung direkt auf der Baustelle bietet eine hohe Flexi-
bilität, um individuell auf besondere Einbaubedingungen reagieren zu können.
Verglichen mit Produktionsprozessen der stationären Industrie sind die technologischen Anforderungen, einzelne Bauprozesse zu automatisieren, deutlich
diffiziler. So werden Probleme vor Ort, die beispielsweise durch fehlende Planungstiefe oder Schnittstellen unterschiedlicher Gewerke entstehen, häufig durch
die fachliche Kompetenz und Ad-hock-Entscheidung des Handwerkers oder des
leitenden Baustellenpersonals gelöst. Weiterhin bestimmen die Unikatbauweise,
die Witterungsbedingungen (z. B. Temperatur, Sonne, Regen oder Wind) und
technologischen Randbedingungen vor Ort (z. B. Baugrundverhältnisse, Standort
oder Logistik) den Ausführungsprozess auf der Baustelle stark. Dies führt dazu,
dass der Einfluss computergestützter Fertigung und moderner Automationstechnik im Bauwesen bisher geringer ausgeprägt ist als bei der stationären Industrie.[6]
Hinzu kommt, dass das Innovationsverhalten im Bauwesen, verglichen mit anderen Branchen, eher konservativ zu beurteilen ist. Dennoch werden die digitalen
Voraussetzungen für die Einführung automatisierter Bauprozesse stetig verbessert.
Im Rahmen der Digitalisierung steht die Baubranche aktuell vor einem Umbruch.
Building Information Modeling (BIM) bietet einen Ansatz, um die Komplexität der Planungs- und Bauaufgaben, die Menge an Beteiligten und Informationen
erfolgreich zu koordinieren. Durch die Einführung von BIM erhofft sich die Fachwelt vor allem Verbesserungen im Informations- und Wissensmanagement sowie
in der Planungstiefe und in der Kommunikation der Beteiligten. Grundlage der
BIM-basierten Planung stellt ein 3D-Gebäudemodell dar. Dieses Modell kann
dazu genutzt werden, um daraus die notwendigen Steuerungsdaten für automatisierte Prozesse, z. B. für 3D-Druckverfahren, zu extrahieren. Eine effiziente

---

[6]Schach et al. 2017, S. 356.

Wertschöpfungskette von der digitalen Planung über die digitale Fertigung bis hin zur Ausführung auf der Baustelle ist damit sichergestellt und vervollständigt den ganzheitlichen Ansatz von BIM in einer besonderen Weise.[7] Im Rahmen dieser Arbeit wird der digitale Datenfluss beim Beton-3D-Druck mit Hilfe von BIM untersucht. Das Thema wird in Kapitel 4 weiter vertieft.

3.2.2 Wirtschaftliche Einsparpotenziale

Trotz jahrzehntelanger Anwendung und stetiger Optimierung gelten Betonarbeiten nach wie vor als sehr arbeits- und zeitintensive Tätigkeiten. Bei Betonarbeiten bestimmen die Schalungsarbeiten maßgeblich die Ausführungszeit und nehmen mit ca. 25 % bis 35 % einen hohen Anteil an den Gesamtkosten des Rohbaus ein.[8] Folglich impliziert die schalungsfreie Herstellung von Betonbauteilen dem Grunde nach Chancen, die Bauzeit und die Herstellkosten zu reduzieren. In der Wissenschaft besteht Einigkeit darüber, dass die Einführung additiver Fertigungsverfahren im Bauwesen bedeutungsvolle wirtschaftliche Potenziale besitzt.[9] In medialen Berichten werden für umgesetzte Pilotprojekte nahezu revolutionäre Einsparungen hinsichtlich der Ausführungszeiten und der Material- und Arbeitskosten genannt. Rob Francis, Direktor der Abteilung Innovationen und Geschäftsverbesserungen des Unternehmens Skanska beurteilte die Leistungsfähigkeit im Jahr 2014 als „nie zuvor im Bauwesen vorhandenes Level der Effektivität".[10] Das chinesische Unternehmen WINSUN Building Tech (Shanghai) Co. Ltd bescheinigt signifikante Reduzierungen der Bauzeit um bis zu 70 %, der Arbeitskosten um bis zu 80 % und Materialeinsparungen um bis zu 60 %.[11]

Innerhalb der Forschungsvorhaben der TU Dresden wurden diese Aussagen seit 2014 mehrfach anhand des Bauverfahrens CONPrint3D® (vergleiche Abschnitt 3.5) kritisch überprüft. Im Ergebnis können Einsparungen bei den Baukosten und vor allem der Bauzeit im Vergleich zu konventionellen Bauverfahren bestätigt werden.[12] Die Wirtschaftlichkeitsbetrachtungen seitens des Instituts für Baubetriebswesen wurden dabei jeweils an Beispielgebäuden durchgeführt.

---

[7]Otto und Krause, S. 573.

[8]Schmitt 2001, S. 36.

[9]Nerella et al. 2016, S. 238.

[10]3ders 2014.

[11]Schober K.-S. et al. 2016, S. 11.

[12]Vergleiche Otto et al. 2020; Schach et al. 2017, S. 362; Kunze et al. 2017, S. 69.

Die umfangreichste und aktuellste Betrachtung erfolgte an einem dreigeschossigen Bürogebäude mit einer Bruttogeschossfläche (BGF) von 660 m². Die Untersuchung fokussierte den Ersatz konventioneller Wandbauweisen durch das Beton-3D-Druckverfahren CONPrint3D®. Als konventionelle Bauweisen wurden Wände aus Kalksandstein- und Ziegelmauerwerk sowie Betonwände betrachtet und dem innovativen 3D-Druck gegenübergestellt. Um eine Vergleichbarkeit zur konventionellen Betonwand herzustellen, wurden die Kosten der üblicherweise notwendigen Bewehrungsarbeiten nicht einberechnet. Die Kalkulation erfolgte auf Basis der Einzelkosten der Teilleistungen (EKT). Da das Druckgerät noch nicht existiert und damit belastbare Annahmen der endgültigen Kosten zum jetzigen Zeitpunkt nur bedingt möglich sind, wurde die Untersuchung als Differenzkostenbetrachtung ausgelegt. D. h., die Gerätekosten wurden zunächst nicht festgelegt. Stattdessen konnten Gerätebudgets berechnet werden, die nun als Grenzkosten in Form maximaler Gerätekosten zur Verfügung stehen. Aktuell wird angenommen, dass das endgültige Druckgerät zu Kosten i. H. v. 150 % der Kosten einer konventionellen Autobetonpumpe (gewählt Putzmeister M 42-5) vorgehalten werden kann. Wird dieser Ansatz zugrunde gelegt, so werden die Ergebnisse in Tabelle 3.1 erzielt.[13]

Tabelle 3.1 Ergebnisse der Wirtschaftlichkeitsbetrachtung

Ergebnisgrößen für das Referenzgebäude	Kalksandstein d = 24 cm	Ziegel d = 24 cm	Beton d = 20 cm	CONPrint3D® d = 20 cm
EKT je m²	61,72 €	66,78 €	114,66 €	60,25 €
Kosteneinsparung	2 %	10 %	47 %	–
Arbeitskräfte	3	3	6	2
Zeiteinsparung	46 %	70 %	74 %	–

Unter Beachtung der konservativ gewählten Berechnungsansätze sind Kosteneinsparungen i. H. v. 2 % zu Wänden aus Kalksandstein, 10 % zu Wänden aus Ziegel und 47 % zu Betonwänden zu verzeichnen. Noch aussichtsreicher sind die Ergebnisse der zeitlichen Berechnungen. Dort sind unter Berücksichtigung der angenommenen Arbeitskräfte Einsparungen zu Arbeiten mit Kalksandstein i. H. v. 46 % (Ziegel 70 % und Beton 74 %) möglich. Die genauen Berechnungen sowie detaillierte Angaben zu den getroffenen Annahmen sind (Otto et al. 2020) zu entnehmen.

---

[13]Genauere Informationen sind Otto et al. 2020 zu entnehmen.

Der Berechnung liegen Prozessparameter zugrunde, die bereits in Laborversuchen validiert wurden. Druckgeschwindigkeit, Schichthöhe und weitere Eingangsgrößen ergeben die derzeitig realisierbare Druckleistung (vergleiche Kennlinie a. in Abbildung 3.1). Mit der Steigerung der Druckleistung sind weitere monetäre Potenziale möglich, wie Abbildung 3.1 verdeutlicht. Die Kennlinie b. zeigt dabei den mittelfristig avisierten Zielwert für die Druckleistung.

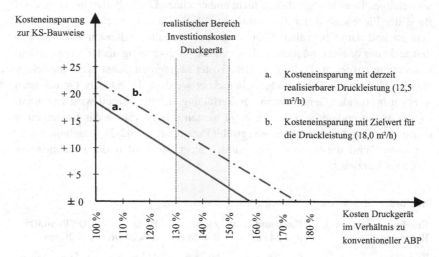

Abbildung 3.1 Kosteneinsparung zur KS-Bauweise in Abhängigkeit der Druckgerätekosten[14]

Die Wirtschaftlichkeitsbetrachtungen sind dabei insbesondere von den gewählten Eingangsdaten, wie z. B. Druck- und Fluggeschwindigkeit, Zeiten für Störstellen (vergleiche Abschnitt 5.3.5) oder druckbare Schichthöhe abhängig. Im Rahmen dieser Arbeit werden diese Eingangsdaten und deren Wechselbeziehungen im Detail analysiert (vergleiche Kapitel 7).

Bei den zuvor beschriebenen Berechnungen wurden die zeitlichen Potenziale einer durchgängigen Fertigung im 24/7-Betrieb bisher nicht berücksichtigt (vergleiche Abschnitt 2.4.4). Automatisierte Bauprozesse bieten die Chance, durchgängig ohne Pause zu arbeiten. Dadurch könnten die Bauzeiten zusätzlich signifikant gesenkt und bauliche Anlagen schneller genutzt werden.

---

[14]Otto et al. 2020, mit freundlicher Genehmigung von © John Wiley and Sons.

Sollte die technische Umsetzung additiver Fertigungsverfahren im Bauwesen gelingen, bietet die Anwendung enorme wirtschaftliche Potenziale. Dies könnte die langjährig stagnierende, in den letzten Jahren sogar rückläufige[15], indexierte Arbeitsproduktivität[16] im Bauwesen positiv beeinflussen.

3.2.3 Neue architektonische Gestaltungsmöglichkeiten

Additive Fertigungsverfahren ermöglichen in anderen Branchen (vergleiche Abschnitt 2.3) ein Höchstmaß an gestalterischen und geometrischen Freiheiten.[17] Im Beton-3D-Druck ergeben sich ähnliche Potenziale, die Geometrie von Betonbauteilen zu verändern. Im konventionellen Betonbau wird die wirtschaftliche Umsetzbarkeit maßgeblich von der Bauteilkomplexität beeinflusst. So verursachen beispielsweise runde oder konisch geformte Betonbauteile erheblichen Mehraufwand bei den Schalungsarbeiten. Die zeitlichen und monetären Auswirkungen bei der Umsetzung frei geformter Betonbauteile sind dabei so groß, dass Bauherren in den meisten Fällen nicht über die notwendigen finanziellen Mittel verfügen. Die Gestaltungsmöglichkeiten von Architekten werden durch diese wirtschaftlichen Zwänge häufig bereits in der Entwurfsphase eingeschränkt. Im Gegensatz dazu zeichnen sich additive Fertigungsverfahren dadurch aus, dass hohe Bauteilkomplexitäten weniger Einfluss auf die Fertigungszeit und die -kosten haben. Diese Faktoren sind größtenteils abhängig vom umschriebenen Volumen des Bauteils (vergleiche Abschnitt 2.4.5). Demnach können beispielsweise runde Betonwände mit annähernd gleicher Geschwindigkeit (und folglich annähernd gleichen Kosten) hergestellt werden, wie gerade Wände. Natürlich sind je nach angewendetem Verfahren abhängige Gestaltungsgrenzen, z. B. bei Überhängen, Hohlräumen oder anderen freitragenden Strukturen, vorhanden. Im Vergleich zu konventionellen Verfahren sind diese Einschränkungen jedoch deutlich geringer. Automatisierte Fertigungsverfahren führen darüber hinaus i. d. R. zu höherer Ausführungsqualität.

---

[15]Haghsheno et al. 2016, S. 141.

[16]Die Arbeitsproduktivität bezeichnet betriebswirtschaftlich den Quotienten aus dem Output und dem Input. Häufig werden branchenspezifische Vergleiche anhand des Quotienten aus dem realem Bruttoinlandsprodukt und der Anzahl der Erwerbstätigen gezogen.

[17]Fromm 2014, S. 28.

Von einigen Autoren wird die Meinung vertreten, dass die additive Fertigung nur in Verbindung mit der effizienten Nutzung neuer architektonischer Freiheitsgrade marktfähig sein wird.[18] In anderen Branchen hat es sich bereits bestätigt, dass die Potenziale durch innovative Bauteildesigns besonders ausgeschöpft werden. Die Konstruktion könnte dabei z. B. an den Kraftfluss im Bauteil angepasst werden. Ein derart architektonischer Paradigmenwechsel setzt allerdings ein Umdenken im Bauwesen voraus. Bisher genutzte architektonische Komponenten sind umzugestalten, um Bauwerke mittels additiver Fertigung nachhaltig und wirtschaftlich erstellen zu können. Im Hinblick auf die deutsche Gesetzgebung ist dies aktuell noch kritisch zu beurteilen. Das geltende Genehmigungsrecht im Bauwesen setzt gewisse architektonische Grenzen, dessen Grundlagen mittel- bis langfristig nicht geändert werden können. Neue Formen setzen zudem neue statische Berechnungs- und Nachweisverfahren voraus.

3.2.4   Erhöhung der Ressourceneffizienz und Nachhaltigkeit

Die Bauteilerzeugung additiver Fertigungsverfahren wird oft mit einem natürlichen Wachstumsprozess verglichen. Wie bereits im Abschnitt 2.3 beschrieben, ist es im Prinzip möglich, nur dort Material auszubringen, wo es belastungsbedingt benötigt wird. Dies ermöglicht es, das Bauteil unter optimaler Materialausnutzung zu konstruieren.[19] Z. B. könnten Betonwände einerseits genau in der statisch erforderlichen Wandbreite gedruckt werden. Andererseits ist es denkbar, im Wandquerschnitt über die geometrische Anordnung von Hohlräumen lokal veränderliche Eigenschaften herzustellen. In Forschungsaktivitäten zu sogenannten Gradientenbetonen werden Möglichkeiten untersucht, die Materialeigenschaften innerhalb des Bauteils je nach lokalen Anforderungen theoretisch stufenlos zu ändern.[20] Über die geometrische Differenzierung im Bauteilinneren ist es außerdem denkbar, Haustechnik im Bauteil zu integrieren.[21]

Weiterhin bewirkt der präzise und schichtweise Aufbau, dass nur die für das Bauteil benötigte Materialmenge verbraucht wird und folglich nahezu keine Abfälle entstehen. Konventionelle Betonarbeiten sind, insbesondere durch die notwendige Schalung, abfallintensiver. Zwar werden in der Regel Systemschalungen

---

[18]Labonnote et al. 2016, S. 363.

[19]Zeyn 2017, S. 18.

[20]Weiterführend Herrmann 2015.

[21]Lowke D. et al. 2015, S. 1.

eingesetzt, die mehrfach verwendet werden können. Um allerdings die endgültigen Bauteilgeometrien herzustellen, werden üblicherweise Passstücke aus Holz angefertigt. Nach dem Ausschalen werden die Schalungsrestmaterialien als Abfall in Containern gesammelt und über Entsorgungsdienstleister abgefahren. Die additiven Verfahren könnten als schalungsfreies Bauverfahren zu einer deutlichen Reduzierung der Abfälle und transportbedingten Emissionen beitragen.

Außerdem ist ein weit verbreiteter Ansatz, leistungsfähigere Materialien für den 3D-Druck zu entwickeln. Ein Beispiel sind die Forschungsaktivitäten an der TU Dresden zur Entwicklung eines druckbaren Schaumbetons. Als Schaumbeton wird ein poröser Leichtbeton bezeichnet, dessen Luftporen durch die Zugabe von Schaum generiert werden. Zunehmender Schaumgehalt in der Betonrezeptur erhöht die Wärmedämmfähigkeit und verringert die Festigkeiten des Baustoffendprodukts. Im Rahmen des Forschungsprojektes CONPrint3D®-Ultralight[22] wird Schaumbeton als innovatives Druckmaterial untersucht, um die Wärmedämmeigenschaften des gedruckten Bauteils zu verbessern. So soll die konventionelle Wärmedämmung (aus Styropor, Mineral- oder Steinwolle), die häufig im Massivbau angewendet wird, entfallen. Dies impliziert einerseits zusätzliches Kosten- und Zeitreduktionspotenzial. Andererseits führt es dazu, dass die ökologisch bedenkliche Produktion, die sortenreine Trennung und Entsorgung der Wärmedämmung sowie des Klebers entfallen. Demgegenüber ist die Recyclingfähigkeit von Schaumbeton am Ende des Lebenszyklus gegeben.[23]

Ebenso ist es zukünftig denkbar, Wände zwei- oder mehrschalig zu drucken. In Abbildung 3.2 wird dazu exemplarisch ein Schnitt durch eine zweischalig gedruckte Außenwand gezeigt. Dabei übernimmt die gedruckte Schale aus Normalbeton die Funktion der Tragfähigkeit. Die Schale aus gedrucktem Schaumbeton gewährleistet die erforderliche Wärmedämmfähigkeit.

---

[22] Öffentlich gefördertes Forschungsprojekt der Forschungsinitiative „Zukunft Bau" des Bundesministeriums für Bau, Stadt- und Raumforschung (BBSR), Titel: „CONPrint3D-Ultralight – Herstellung monolithischer, tragender Wandkonstruktionen mit sehr hoher Wärmedämmung durch schalungsfreie Formung von Schaumbeton", Laufzeit 24 Monate: 06/2017 bis 05/2019, gefördert durch Mittel der Forschungsinitiative Zukunft Bau (BBSR), Aktenzeichen: SWD-10.08.18.7–17.07. Forschungsendbericht Mechtcherine et al. 2019a.

[23] Mechtcherine et al. 2019b, S. 414.

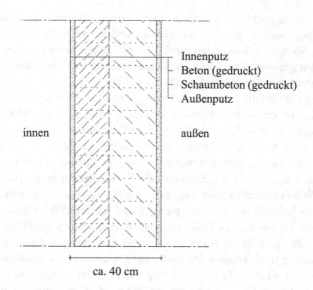

ca. 40 cm

Abbildung 3.2   Schnitt einer zweischalig gedruckten Außenwand

3.2.5   Verbesserung der Sicherheit und des Gesundheitsschutzes auf Baustellen

Nach wie vor verzeichnet das Bauwesen gegenüber anderen Branchen sehr hohe Unfallzahlen. In Tabelle 3.2 wird die Statistik der in Deutschland meldepflichtigen Arbeitsunfälle pro 1.000 Vollarbeiter (VA) nach Bereichen und Berufsgenossenschaften (BG) gezeigt.

Demnach haben sich seit 1995 die Anzahl der meldepflichtigen Arbeitsunfälle bei der BG Bau halbiert. Die positive Tendenz geht u. a. auf die Einführung gesetzgebender Verordnungen des staatlichen Arbeitsschutzrechts[24] sowie die Überwachung und Prävention durch die Unfallversicherungsträger zurück. Der Rückgang der Arbeitsunfallzahlen im Bereich Bau stagniert allerdings seit 2014 und pendelt sich aktuell bei jährlich 55 Arbeitsunfällen pro 1.000 VA ein. Im Vergleich zu den anderen BG ist die Zahl der Unfälle im Bauwesen am höchsten. Aktuell liegt der Wert in Deutschland etwa beim 2,5-fachen des Durchschnittswerts über alle UVT. Die hohen Arbeitsunfallzahlen sind vor allem auf die Komplexität des Bauprozesses und den Faktor Mensch zurückzuführen. Dynamische

---

[24]Hier sind z. B. die Einführung der Baustellenverordnung im Jahr 1998 und weiterführend die Regeln zum Arbeitsschutz auf Baustellen (RAB) zu nennen.

Bauzustände, gewerkeübergreifende Bauabläufe und ständig wechselnde Arbeitsumgebungen führen dazu, dass es wesentlich häufiger zu Unfällen auf Baustellen kommt als in der stationären Industrie. Besonders betroffen sind hier vor allem Schal- und Betonierarbeiten, oft in Kombination mit dem Einsatz von Kranen. Insgesamt werden etwa die Hälfte aller Unfälle im Bauwesen durch Abstürze verursacht. Rohbauarbeiten sind darüber hinaus körperlich sehr schwere Arbeiten. Die am Bau tätigen Personen erleiden häufig chronische Erkrankungen des Muskel-Skelett-Systems, die z. B. durch langjährige Überlastung hervorgerufen werden.

Tabelle 3.2 Meldepflichtige Arbeitsunfälle pro 1.000 Vollarbeiter[25]

Unfallversicherungsträger (UVT)	1995	2000	2005	2010	2014	2016
BG Rohstoffe und chemische Industrie	42,80	30,81	20,42	19,24	18,26	18,36
BG Holz und Metall	70,20	58,31	43,61	42,62	39,45	37,17
BG Energie Textil Elektro Medienerzeugnisse	27,53	22,93	18,38	21,84	18,39	18,39
BG Bau	**109,71**	**90,42**	**66,96**	**66,54**	**55,87**	**55,29**
BG Nahrungsmittel und Gastgewerbe	58,60	56,02	48,66	40,13	35,17	34,21
BG Handel und Warendistribution	35,78	32,63	24,50	26,85	23,66	22,90
BG für Transport und Verkehrswirtschaft	57,95	50,63	41,38	42,92	38,28	43,29
Verwaltungs-BG	23,41	18,97	15,69	15,82	12,96	12,55
BG für Gesundheitsdienst und Wohlfahrtspflege	22,48	25,94	13,04	15,72	15,84	16,32
Durchschnitt über alle UV	**46,58**	**38,60**	**27,08**	**25,84**	**22,50**	**21,89**

Eine automatisierte Fertigung verstetigt den Bauablauf, macht ihn „planbarer" und reduziert das Potenzial unfallanfälliger Arbeiten. Hinzu kommen die erleichterten Arbeitsbedingungen durch Einführung automatisierter Fertigungsverfahren. Langzeiterkrankungen der Arbeiter können dadurch signifikant reduziert werden. Diese positiven soziologischen Effekte werden sich auch wirtschaftlich für die Unternehmen lohnen, indem weniger Ausfallzeiten durch Unfälle oder Langzeiterkrankungen entstehen.[26,27]

---

[25]DGUV 2018.
[26]Bosscher et al. 2007, S. 54.
[27]Mechtcherine et al. 2019b, S. 413.

3.2.6 Kompensation des Fachkräfterückgangs im Bauwesen

Im Bauhauptgewerbe entwickelt sich aktuell insbesondere im gewerblichen Arbeitssektor ein nicht zu vernachlässigender Mangel an Fachkräften. Infolge sehr guter Baukonjunktur ist die Bereitschaft zur Einstellung neuer Mitarbeiter in den Unternehmen aktuell groß. Viele Stellen bleiben allerdings unbesetzt. Der demografische Wandel trägt zu dieser Entwicklung bei. In der Bauwirtschaft sind aktuell deutlich mehr Rentenabgänge als Auszubildende im 1. Lehrjahr zu verzeichnen. Im Jahr 2016 lag die Zahl der Arbeiter, die in den Ruhestand gegangen sind, bei etwa 13.500 Arbeitern. Dem gegenüber stehen nur 10.785 neue Verträge für Auszubildende im 1. Lehrjahr. Zudem ist die Lehrlingsquote[28] im Bauhauptgewerbe rückläufig. Abbildung 3.3 zeigt die Entwicklung der Lehrlingsquote der vergangenen Jahre.[29]

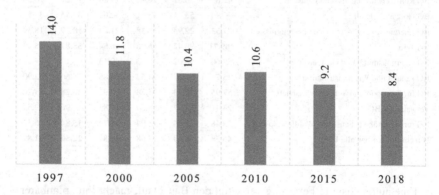

Abbildung 3.3   Lehrlinge je 100 Baufacharbeiter im Bauhauptgewerbe[30]

Demnach lag die Lehrlingsquote im Jahr 1997 noch bei etwa 14 %. Im Jahr 2018 waren es nur noch durchschnittlich 8,4 Lehrlinge je 100 Baufacharbeiter. Es ist davon auszugehen, dass sich diese negative Entwicklung in den nächsten Jahren fortsetzt. Die Anwendung additiver Fertigungsverfahren im Bauwesen würde dazu beitragen, dass weniger gewerbliche Fachkräfte auf der Baustelle notwendig sind. So wäre es möglich, das gleiche Bauvolumen mit wesentlich weniger Fachkräften zu realisieren.

---

[28]Die Lehrlingsquote beschreibt den Anteil an Auszubildenden je 100 Baufacharbeiter.
[29]bauindustrie 2018, S. 26.
[30]In Anlehnung an: bauindustrie 2018, Grafik 22; Wert für 2018 aus bauindustrie 2019.

3.2.7   Bauen in „menschenfeindlichen" Umgebungen

Additive Fertigungsverfahren im Bauwesen bestärken die „Vision des Menschen",
in absehbarer Zeit Bauwerke auf dem Mond oder anderen Planeten autonom
errichten zu können. Die NASA[31] und ESA[32] forschen dabei als Projektpartner
intensiv an der Umsetzung von zwei Methoden. Beim Lunar Contour Crafting
(NASA) wird zementgebundenes Gesteinsmehl aus Mondregolith[33] im frischen
Zustand pastös aufeinandergeschichtet und härtet durch Abbinden aus (vergleiche Abschnitt 3.3.4). Die ESA verfolgt die Methode des selektiven Bindens, bei
dem angehäuftes Regolith durch Zugabe eines bindenden Salzes verfestigt und so
steinartige Festkörper erzeugt werden (vergleiche Abschnitt 3.3.4).[34,35]

Wüstenregionen stellen bei einigen Forschungsansätzen ein aktuell immer
noch visionäres Anwendungsgebiet additiver Fertigung dar (vergleiche auch
Abschnitt 3.3.3). Die Verfestigung des schier endlos vorhandenen Ausgangs-
stoffs Sand steht hier im Fokus der Entwicklungsarbeiten. Allerdings eignet
sich das sehr feine, runde Gesteinskorn nur bedingt dazu, tragende Bauteile mit
ausreichenden Festigkeitseigenschaften zu erzeugen.[36]

Bei vielen Forschungsaktivitäten wird die Motivation genannt, nach Natur-
katastrophen oder in Kriegsgebieten massive Behausungen als einstöckige Not-
unterkünfte errichten zu wollen.[37,38] Aus baubetrieblicher Sicht muss dieses
Anwendungsszenario kritisch betrachtet werden. Zur Umsetzung der verschiedenen additiven Technologien sind trotz allem logistische Prozesse notwendig. Z. B.
müssen die Baumaschine, das überwachende Personal und die Ausgangsstoffe
(Wasser, Gesteinsmehl und Zement als lose Ausgangstoffe oder fertig gemischt
als Transportbeton) auf die Baustelle transportiert werden. In Krisengebieten ist
die Infrastruktur häufig nicht oder nicht mehr vorhanden. Die Umsetzung dieser
hochtechnisierten Bauverfahren ist somit nur bedingt möglich.

---

[31] National Aeronautics and Space Administration, Hauptsitz in Washington D.C. (USA).

[32] European Space Agency, Hauptsitz in Paris (FRA).

[33] Oberflächengestein des Mondes, wird gemeinhin als Mondstaub bezeichnet.

[34] Cesaretti et al. 2014, S. 433.

[35] Gibney 2018, S. 474.

[36] Weitere Informationen unter: dezeen 2012 oder designboom 2012.

[37] Koshnevis 2004, S. 13.

[38] Le et al. 2012b, S. 558.

3.3   Additive Technologien mit mineralischen Baustoffen

3.3.1   Überblick

In den nächsten Abschnitten werden additive Verfahren mit mineralischen Baustoffen näher analysiert. Die Anwendung additiver Technologien kann gemäß Abbildung 3.4 in verschiedene Gruppen unterschieden werden. Es gibt mittlerweile einige Ansätze, die stetig steigende Anzahl an Verfahren zu kategorisieren. Die hier gewählte Unterscheidung weicht geringfügig von der im Beitrag (Buswell et al. 2020) veröffentlichten Klassifizierung ab.

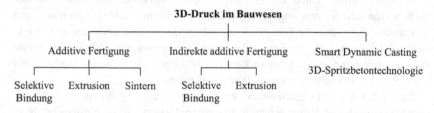

Abbildung 3.4 3D-Druckverfahren mit mineralischen Baustoffen

Grundsätzlich kann in die zwei Anwendungsgruppen – „Additive Verfahren" und „Indirekt Additive Verfahren" – unterschieden werden. Außerdem werden in Abbildung 3.4 die Methoden „Smart Dynamic Casting" und die 3D-Spritzbetontechnologie genannt. Smart Dynamic Casting ähnelt dem Gleitschalungsbau. Mit Hilfe eines Industrieroboters wird ein allseitig begrenztes Schalungssegment kontinuierlich mit Beton verfüllt und in die Höhe gezogen. So werden tragende Betonstützen in nahezu beliebiger Geometrie erzeugt.[39] Außerdem werden aktuell eine Reihe von 3D-Spritzbetontechnologien zur additiven Erzeugung von Betonbauteilen entwickelt. Hier sind zum Beispiel die Forschungsarbeiten der TU Braunschweig zum Shotcrete 3D Printing (SC3DP) zu nennen, die sich mit der Entwicklung einer robotergestützten Spritztechnologie zur schalungslosen generativen Fertigung komplexer Betonbauteile befassen.

---

[39]Weiterführend wird auf Flatt et al. 2017 verwiesen. Bilder sind dfab 2019 zu entnehmen.

So sollen durch schichtweises Aufbringen von Spritzbeton frei geformte Wand-
strukturen erschaffen werden.[40,41] Beide Technologien des digitalen Betonbaus
werden in dieser Arbeit nicht näher betrachtet.

3.3.2   Indirekte additive Bauverfahren

Im Rahmen dieser Arbeit werden Bauverfahren als „indirekt additiv" bezeichnet, wenn nur die Schalungselemente additiv erstellt werden und die eigentliche
Betontragstruktur anschließend durch einen Betonverguss hergestellt wird. Der
Druck von Schalungselementen wurde in Deutschland bereits durch das Unternehmen Voxeljet AG in Kooperation mit MEVA Schalungs-Systeme GmbH und
der Ed. Züblin AG umgesetzt. Das Pilotvorhaben wurde anhand von Beispiel-
bauteilen des Großprojektes „Hauptbahnhof Stuttgart 21" durchgeführt. Innerhalb
des Projektes wurden 28 verschiedene, parabolisch geformte Betonstützen benötigt. Die hochkomplexen Schalungselemente wurden zunächst konventionell aus
Holz gefertigt. Zur Untersuchung der Machbarkeit wurden parallel dazu einige
Schalungsteile im 3D-Druckverfahren hergestellt. In Abbildung 3.5 werden links

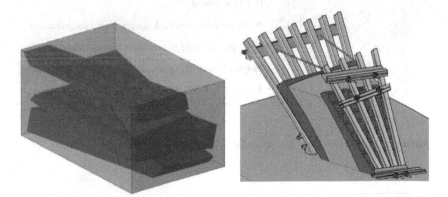

Abbildung 3.5 Gedruckte Schalungselemente für parabolisch geformte Stützen[42]

---

[40]Weiterführende Informationen zum „Digital Building Fabrication Laboratory" und den
Braunschweiger Forschungsaktivitäten siehe z. B. dbfl 2019.
[41]Die Entwicklungsarbeiten werden u. a. auch vom deutschen Unternehmen Aeditive GmbH
forciert.
[42]Leitzbach 2017, S. B 4–12, mit freundlicher Genehmigung von Dr.-Ing. Olaf Leitzbach.

die Bauteilpositionierung im Bauraum des Druckers und rechts die eingebauten Schalungselemente visualisiert.

Um die Schalungselemente additiv zu fertigen, wurden 0,3 mm dicke Schichten aus Sand mit einem 2 K-Kunstharz als Bindemittel selektiv verfestigt (vergleiche dazu auch Abschnitt 3.3.4). Abschließend wurden die fertigen Bauteile zur mechanischen Stabilisierung in Epoxidharz getränkt.[43] Um den Bauraum des Druckers Voxeljet VX2000[44] effizient zu nutzen, wurden mehrere Schalungselemente in einem Prozess gedruckt.[45]

Das französische Unternehmen Batiprint3D[46] nutzt aufgeschäumtes Polyurethan, um die Schalung zu erzeugen. Mittels Extrusion wird der Schaum schichtweise aufgebracht, um so zunächst die innere und äußere Wandschalung zu fertigen. Nachträglich werden die Bauteile konstruktiv mit Stahlstäben bewehrt und anschließend mit Beton verfüllt. In Abbildung 3.6 ist der Aufbau einer fertigen Außenwand dargestellt.

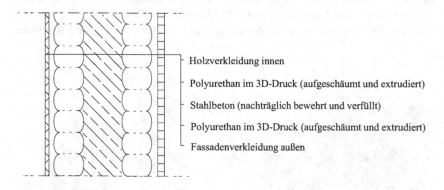

Holzverkleidung innen

Polyurethan im 3D-Druck (aufgeschäumt und extrudiert)

Stahlbeton (nachträglich bewehrt und verfüllt)

Polyurethan im 3D-Druck (aufgeschäumt und extrudiert)

Fassadenverkleidung außen

Abbildung 3.6 Aufbau einer Außenwand des Batiprint3D-Verfahrens

---

[43] Leitzbach 2017.

[44] Der Bauraum des VX2000 beträgt (L · B · H =) 2,0 m · 1,0 m · 1,0 m. Mittlerweile führt die Voxeljet AG den Drucker VX4000 im Programm mit einem Bauraum von (L · B · H =) 4,0 m · 2,0 m · 1,0 m.

[45] Weiterführend wird hier auf Teizer et al. verwiesen.

[46] Das Batiprint3D-Verfahren wurde in einer Kooperation zwischen der Universität von Nantes, Bouygues Construction, Lafarge Holcim, der Organisation Nantes Métropole Habitat und TICA architectes & urbanistes entwickelt.

Ein ähnliches Prinzip des autonomen Bauens verfolgt das Massachusetts Institute of Technology (MIT). Ein mobiler Bauroboter mit Raupenfahrwerk druckt direkt auf der Baustelle Isolierschalungen, die dann nachträglich mit Beton vergossen werden.[47]

Das Verfahren „Mesh Mould" der ETH Zürich vereint die Funktionen Schalung und Bewehrung in einem robotergefertigten Bausystem. Ein industrieller Roboter druckt dabei eine 3D-Gitterstruktur, die das Bauteil bewehrt und gleichzeitig als Schalung dient. Anschließend wird der Beton in das engmaschige Gitternetz verfüllt. Zur Nachbearbeitung der Außenoberfläche wird Spritzbeton aufgetragen und nachträglich geglättet (ähnlich SC3DP, vergleiche Abschnitt 3.1). In Abbildung 3.7 werden gedruckte Gitternetze aus Stahl (links) und Kunststoffpolymer (rechts) dargestellt.

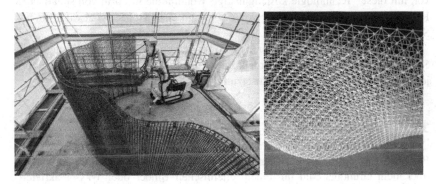

Abbildung 3.7 Gedrucktes „Mesh Mould" als Bewehrung und Schalung[48]

Additive Verfahren mit mineralischen Baustoffen können gemäß Abbildung 3.4 weiterhin in die drei Ausführungsarten: Selektive Bindung, Extrusion und Sintern unterschieden werden. In den nächsten Abschnitten wird genauer auf diese drei Ausführungsarten eingegangen.

---

[47]Weiterführend wird auf Keating et al. 2017 verwiesen.
[48]Hack 2018, Abb. 3.20, S. 68 und Abb. 5.49 b, S. 215, mit freundlicher Genehmigung von Prof. Dr. Norman Hack.

3.3.3 Sintern

Beim Sintern wird mit pulverförmigen Ausgangsstoffen gearbeitet, die unter Einfluss gebündelter Lichtenergie, in der Regel durch einen Laser, aufgeschmolzen werden und anschließend verfestigt erstarren. In der stationären Industrie ist das selektive Lasersintern aufgrund der erzielbaren Bauteilqualitäten sehr bedeutend. Im Bauwesen könnte diese Technologie zukünftig in Gegenden mit hoher Sonneneinstrahlung, z. B. in Wüstenregionen, angewandt werden. Der deutsche Markus Kayser hat im Jahr 2011 eine mit ausschließlich Solarenergie betriebene Anlage entwickelt, die in der Lage ist, Sand zu verfestigen. Mit dem „Solarsinter" wird die Sonnenstrahlung auf einem Punkt im Sandbett fokussiert. Die gebündelte Wärmeenergie ist dabei ausreichend, um die Silikatpartikel zu verschmelzen und nach Abkühlung als Glas erstarren zu lassen.[49] Weiterführende Konzeptstudien sehen vor, mit dieser Technologie kostengünstige Wohnräume in Form von sphärischen Kuppeln mit einem Durchmesser von 6,0 m und einer Höhe von etwa 3,0 m aus Sand zu fertigen.[50]

Seit 2012 liegen keine weiteren Veröffentlichungen zu diesem Projekt vor. So kann davon ausgegangen werden, dass es technisch oder wirtschaftlich zum jetzigen Zeitpunkt nur bedingt umsetzungsfähig ist.

3.3.4 Selektive Bindung

Bei der selektiven Bindung mit mineralischen Baustoffen wird ein Pulverbett aus trockenem Grundmaterial mit einem chemischen Binder oder Wasser aktiviert. Der Aktivator wird dabei mit einer oder mehreren Düsen, die in der Regel von einem Roboter oder Portalkran autonom geführt werden, lokal eingebracht. Dies führt zur positionsgenauen Verfestigung des Ausgangsstoffes. Anschließend wird neues Grundmaterial aufgebracht und der Prozess beginnt erneut, bis die endgültige Bauteilhöhe erreicht ist. Innerhalb des entstehenden Haufwerks sind somit festes und noch loses Grundmaterial vorhanden. Das noch lose Material fungiert dabei temporär als verlorene Schalung. Danach wird das Bauteil aus dem Pulverhaufwerk entfernt. Das überschüssige Material kann beim nächsten Druckprozess wiederverwendet werden. Das Wort „selektiv" soll verdeutlichen, dass nur in definierten Bereichen, in denen der Aktivator oder das Bindemittel zugeführt wird, eine Verfestigung stattfindet.

---

[49]Peters 2015, S. 12.

[50]Bilder und weitere Informationen sind dezeen 2011 oder solariglooproject 2012 zu entnehmen.

Grundlegend kann das selektive Binden mit mineralischen Baustoffen in die zwei Methoden „Paste Intrusion"[51] und „Cement Activation"[52] unterschieden werden. „Paste Intrusion" bezeichnet die Zugabe von fließfähiger Zementsuspension in ein Partikelbett aus Gesteinskörnung. Bei der „Cement Activation" werden Wasser und eventuell Additive präzise in eine Trockenmischung aus Gesteinskörnung und Zement eingebracht.[53] Beide Verfahrensvarianten werden in Abbildung 3.8 visualisiert.

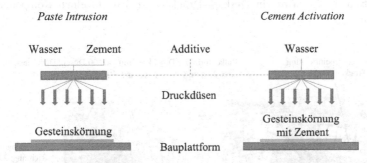

Abbildung 3.8   Methoden des Selektiven Bindens[54]

Ursprünglich wurde das Prinzip des selektiven Bindens unter der Bezeichnung „Solid Freeform Construction" im Jahr 1995 von Joseph Pegna publiziert. Pegna brachte Sand händisch in dünnen Schichten aus. Anschließend wurden Schablonen genutzt, um Portlandzement in Pulverform lokal begrenzt hinzuzufügen. Danach wurden diese definierten Bereiche durch Aufsprühen von Wasser chemisch aktiviert. Nach der Aushärtung wurde der Vorgang schichtenweise wiederholt. In späteren Forschungsarbeiten erfolgte die Aktivierung und Aushärtung durch Wasserdampf in einer Kammer bei 300 °C.[55]

Der bekannteste Anwender der großformatigen selektiven Bindung ist Enrico Dini, der Begründer der Technologie „D-Shape". Dini verwendet als maschinelle Basis einen Portalkran, der autonom gesteuert einen Druckkopf führt. Als Ausgangsstoffe dienen gemahlener Sandstein, Marmor oder Vulkanstein. Die

---

[51] oder auch „Nassdrucken".
[52] oder auch „Selektives Aktivieren".
[53] Weger et al. 2016, S. 9.
[54] In Anlehnung an Henke, S. 4.
[55] Pegna 1995, S. 40.

Gesteinskörnung wird trocken mit pulvrigem Metalloxid gemischt. Die Trockenmischung wird in Schichtstärken von 5 mm bis 10 mm auf einer Grundbauplatte
aufgebracht. Anschließend wird dieses Pulverbett von einem Druckkopf mit bis
zu 300 Düsen mehrmals[56] überfahren. Die Düsen geben dabei eine Salzlösung
präzise in ca. 5 mm dicken Strängen hinzu. Die weitere Vorgehensweise erfolgt,
wie zuvor beschrieben, nach bekanntem Muster. Nach der Entfernung des Bauteils
aus dem Bauraum wird es in der Regel subtraktiv nachbearbeitet und mit einem
zusätzlichen Bindemittel infiltriert. Dies erhöht die Stabilität und Oberflächengüte.
In Abbildung 3.9 wird ein D-Shape-Drucker mit den einzelnen Komponenten
dargestellt.

Vorrat und Streueinrichtung   Balkenförmiger Druckkopf mit ca. 300 Düsen, Düsenabstand
für die Trockenmischung   circa 20 mm, Gesamtlänge in x-Richtung : 6,0 m

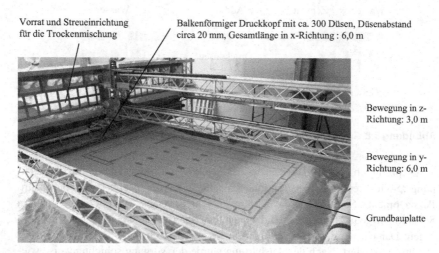

Bewegung in z-
Richtung: 3,0 m

Bewegung in y-
Richtung: 6,0 m

Grundbauplatte

Abbildung 3.9 D-Shape-Drucker mit einzelnen Komponentenen[57]

Der hier dargestellte D-Shape-Drucker deckt in x-y-Richtung einen Bauraum von (L · B =) 6,0 m · 6,0 m ab und kann eine Druckhöhe von H =
3,0 m erreichen. Die D-Shape-Technologie wird vom Unternehmen Monolite
UK Ltd. vermarktet. Es werden Drucker bis zu den Abmessungen (L · B =)
12,0 m · 12,0 m mit bis zu 1.000 Druckdüsen angeboten.[58] Bisher liegen keine

---

[56]Der Druckkopf überfährt das Pulverbett leicht versetzt drei bis vier Mal, da der Abstand
der Düsen 20 mm beträgt. Siehe dazu auch Henke 2016, S. 25.
[57]Bild: Mit freundlicher Genehmigung von Enrico Dini, Monolite UK.
[58]d-shape 2019.

Informationen vor, ob Drucker mit diesen Abmessungen bereits gefertigt wurden. Wichtige Erzeugnisse von D-Shape sind z. B. die Skulpturen „Radiolara" oder „Choise Longue" sowie eine in Madrid errichtete Fußgängerbrücke. Sie wurde im Jahr 2016 in Zusammenarbeit mit dem Institute for Advanced Architecture of Catalonia (IAAC, Barcelona) hergestellt.[59,60]

In Deutschland wird das selektive Binden z. B. im Rahmen des DFG-Schwerpunktprogramms „Leicht Bauen mit Beton" (SPP 1542)[61] federführend durch die TU München untersucht. Betrachtet werden beide Verfahrensvarianten unter dem Fokus der werkstoffseitigen Optimierung. Ziel ist es, möglichst hohe Genauigkeiten bei gleichzeitig maximaler Druckgeschwindigkeit und Bauteilfestigkeit zu erzielen. Das fließfähige Material wird geometrisch präzise über Druckdüsen eingebracht. Um gute Oberflächenqualität, Konturtreue und einen stabilen Schichtenverbund zu erzeugen, muss das fließfähige Material die Schicht vertikal vollständig durchdringen und in horizontaler Richtung so wenig wie möglich auslaufen.[62]

Die Verfahren der selektiven Bindung eignen sich nur bedingt dazu, tragende Bauteile direkt auf der Baustelle zu erstellen. Um den Prozess unter Baustellenbedingungen auszuführen, wirkt sich die aufwändige Logistik, wie z. B. Transport und Aufbau des Portalkransystems, Errichtung einer Einhausung oder die Entfernung des überschüssigen Materials nach dem Druckende nachteilig aus. Daher empfiehlt sich die Produktion in einer Werkshalle, wie es in den meisten Forschungsprojekten bereits umgesetzt wurde. Weiterhin ist es wahrscheinlich, dass eine wirtschaftliche Anwendung nur für Bauteile mit hoher geometrischer Komplexität möglich ist. Die geringen Schichtdicken, das mehrmalige Überfahren der Schichten und die aufwändige Nachbearbeitung bewirken einen verhältnismäßig hohen Arbeitsaufwand, verbunden mit geringen Ausführungsgeschwindigkeiten. Dem gegenüber zeichnen sich die Verfahren der selektiven Bindung durch sehr gute Bauteilqualität, z. B. hinsichtlich Maßgenauigkeit, Ebenheit, Konturtreue und Oberflächenqualität aus. Außerdem sind Überhänge, Aussparungen oder freitragende Bauwerksteile durch die temporäre Stützung des noch losen Materials präzise ausführbar. Diese geometrische Freiheit wird als wesentlicher Vorteil gegenüber extrusionsbasierten Druckverfahren gesehen.[63]

---

[59] inhabitat 2017.

[60] Bilder der Brücke sind z. B. aus madridiario.es 2016 zu entnehmen.

[61] Projekttitel: „Additive Fertigung frei geformter Betonbauteile durch selektives Binden mit calciumsilikatbasierten Zementen".

[62] Lowke D. et al. 2015, S. 4.

[63] Schach et al. 2017, S. 359.

3.3.5 Extrusion

Die Anwendung der Extrusion im Bauwesen ähnelt dem in Abschnitt 2.2.4 beschriebenen FDM[TM]-Verfahren. Anstelle von erweichbaren Thermoplasten wird bereits gemischtes Material durch einen Druckkopf ausgebracht und positionsgenau übereinandergeschichtet. Zum Einsatz kommen dabei überwiegend feinkörnige Betone mit besonderen rheologischen Eigenschaften.[64] Einzeln wären diese rheologischen Eigenschaften durch den Einsatz verschiedener Betonrezepturen gut beherrschbar. Der Fertigungsprozess bedingt es allerdings, dass der Frischbeton in sehr kurzen Zeitintervallen unterschiedliche, zum Teil gegensätzliche Anforderungen erfüllen muss. Um den Frischbeton problemlos zum Druckkopf zu fördern, muss der Beton pumpfähig,[65] also vereinfacht beschrieben, fließfähig, sein. Im Druckkopf erfolgt anschließend eine synchronisierte Förderung in der Regel mit Hilfe einer Extruderschnecke. Die Fördermenge wird dabei an die Fahrbewegungen des Druckkopfes angepasst. Um den Beton kontinuierlich und nachhaltig aus der Düse auszubringen, ist eine knetartige, erdfeuchte Konsistenz erforderlich.[66] In der Regel sind solche Betone nur bedingt pumpfähig. Durch die Geometrie der Düse wird der Beton final in Form gebracht und abgelegt. Nach Austritt aus der Düse muss der Beton sehr schnell über eine ausreichende Formstabilität[67] verfügen. Die Anforderung an den Beton besteht darin, sowohl die Düsengeometrie nach Ablage stabil beizubehalten, als auch die Belastungen nachfolgender Schichten verformungslos aufzunehmen. Diese Eigenschaft wird in der Literatur als „Verbaubarkeit" bezeichnet.[68] Der Beton soll dazu einerseits schnell erstarren.[69] Andererseits sollen die Schichten untereinander einen ausreichenden Verbund aufweisen. Falls die Erstarrung des Unterbetons zu weit fortgeschritten ist, können sich sogenannte „kalte" Fugen[70] ausbilden, die zu einem Festigkeitsverlust führen können. Es gilt also die Anforderung, dass die Materialablage auf vorangegangene Betonschichten möglichst frisch-in-frisch

---

[64]Im Gegensatz dazu wird in einigen Forschungsprojekten Lehm als nachhaltiger Grundbaustoff verwendet. Beispielsweise betreibt das Institute for Advanced Architecture of Catalonia (IAAC) umfangreiche Forschungsarbeiten unter der Bezeichnung „FabClay" oder dem Forschungsprojekt „TerraPerforma".

[65]Mechtcherine et al. 2014, S. 312.

[66]Alfani und Guerrini 2005, S. 240.

[67]In der Baustofftechnologie wird hierfür die Bezeichnung „Grünstandfestigkeit" verwendet.

[68]Nerella et al. 2016, S. 238.

[69]Hydratation und / oder thixotropischer Mikrostrukturaufbau.

[70]Kunze et al. 2017; Nerella et al. 2019, S. 558.

erfolgen soll. Dies ist allerdings gegensätzlich zur Anforderung der Formstabilität. In Abbildung 3.10 werden die notwendigen rheologischen Eigenschaften des Betons in Abhängigkeit der fertigungsbedingten Vorgänge beim Extrudieren zusammenfassend dargestellt.[71]

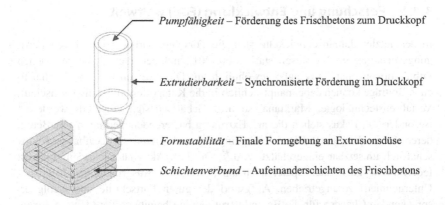

Pumpfähigkeit – Förderung des Frischbetons zum Druckkopf

Extrudierbarkeit – Synchronisierte Förderung im Druckkopf

Formstabilität – Finale Formgebung an Extrusionsdüse

Schichtenverbund – Aufeinanderschichten des Frischbetons

Abbildung 3.10 Notwendige Rheologie des Betons beim Extrusionsprozess[72]

Die reine Form der Extrusion zeichnet sich dadurch aus, dass die abgelegten Schichten die geometrische Gestalt der Düse beibehalten. Der Begriff wird in der Fachwelt allerdings recht großzügig benutzt. So werden dieser Verfahrensgruppe auch Technologien zugeschrieben, die nach Betonaustrag eine von der Düsengeometrie abweichende Form annehmen. Dies geschieht vor allem, wenn Betone mit weicher Konsistenz extrudiert werden und anschließend zerfließen.[73]

Im Vergleich zur selektiven Bindung zeichnen sich extrusionsbasierte Verfahren durch eine deutlich höhere Ausführungsgeschwindigkeit und einhergehende Kosteneinsparpotenziale aus. Diese wirtschaftlichen Faktoren interessieren speziell ausführende Bauunternehmen, deren Forschungs- und Entwicklungsaktivitäten stetig zunehmen. So weisen die extrusionsbasierten Verfahren bisweilen das größte Potenzial im Hinblick auf die Überführung in die Baupraxis auf. Demgegenüber sind die geometrischen Freiheitsgrade zur Erstellung frei geformter Bauwerksstrukturen mittels Extrusion begrenzter als bei Verfahren selektiver

---

[71]Mechtcherine und Nerella 2018a, S. 282–283.
[72]In Anlehnung an Wangler et al. 2016, S. 72.
[73]Mechtcherine 2018, S. 277.

Bindung. In den nachfolgenden Abschnitten wird genauer auf den Stand der Wissenschaft von extrusionsbasierten Druckverfahren mit Beton eingegangen.

3.4 Extrusionsbasierte Druckverfahren mit Beton

3.4.1 Forschung und Entwicklung (FuE) weltweit

In den letzten Jahren entwickelte sich die Forschungsarbeit zu additiven Fertigungsverfahren im Bauwesen stark. Seit 2013 nehmen die wissenschaftlichen Publikationen quantitativ außergewöhnlich zu. Die Themen der wissenschaftlichen Beiträge können dabei hauptsächlich in die Kategorien Materialwissenschaft, Verfahrenstechnologie, Marktanalyse und Gebäudedesign eingeteilt werden.[74] Besonders im Fokus stehen die auf Extrusion basierenden Verfahren mit Beton, deren Anwendung unter Baustellenbedingungen als technisch machbar und wirtschaftlich umsetzbar eingeschätzt wird.[75] Die FuE-Aktivitäten wurden zunächst federführend universitär, später auch als universitäre Ausgründungen (Start-up-Unternehmen) vorangetrieben. Aufgrund der guten Fortschritte und erfolgversprechenden Chancen für die Bauindustrie wurden bereits größere Unternehmen, wie z. B. Royal BAM group[76], Ed. Züblin AG[77] oder Doka[78] auf die Technologie aufmerksam und beteiligen sich zunehmend im Rahmen von Kooperationen an Forschungsprojekten. In Abbildung 3.11 sind die aktuell einflussreichsten FuE-Aktivitäten zum extrusionsbasierten Betondruck dargestellt.[79] Es wird unterschieden in Universitäten, Bauunternehmen und Maschinenbauunternehmen. Bauunternehmen bieten Bauprodukte oder Bauleistungen an und führen diese selbst aus. Maschinenbauunternehmen produzieren demgegenüber 3D-Druckmaschinen in verschiedenen Ausführungen und bieten diese zum Verkauf an.[80]

---

[74]Labonnote et al. 2016, S. 349–350.

[75]Kunze et al. 2017, S. 66–72.

[76]Beispiele sind hier: BAM Infra in Zusammenarbeit mit der TU Eindhoven oder BAM Deutschland AG Niederlassung Dresden mit der TU Dresden (CONPrint3D®).

[77]Kooperieren aktuell mit HeidelbergCement und Putzmeister.

[78]FuE-Tochtergesellschaft Doka Ventures ist mit 30 % an der Entwicklung eines mobilen Bauroboters nach dem Prinzip des Contour Craftings beteiligt.

[79]Die in Abbildung 3.11 verwendeten Abkürzungen und Verfahrensnamen werden in den nachfolgenden Abschnitten erläutert.

[80]Weiterführend kann hier auf die Marktanalyse aus Mechtcherine et al. 2019b, S. 413–414 verwiesen werden.

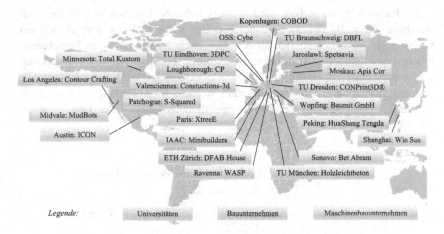

Abbildung 3.11 Weltweite FuE-Aktivitäten zum extrusionsbasierten Betondruck[81]

In den nächsten Abschnitten werden die Forschungsaktivitäten kategorisiert und ausgewählte Projekte genauer beschrieben.

3.4.2   Merkmalspezifische Unterscheidung der Forschungsansätze

Wie bereits in den vorangegangenen Abschnitten beschrieben, ist die additive Fertigung im Bauwesen von einer stetig wachsenden Verfahrensvielfalt geprägt. Die Forschungsansätze können dabei allerdings häufig merkmalspezifisch in übergeordnete Druckprinzipien unterschieden werden. Die Unterscheidung kann dabei nach

- der Schichtgeometrie (Feinfilamentablage, Mittelfilamentablage, Grobfilamentablage),[82]
- dem Maschinenbaukonzept (Portalkran, kabelgeführter Portalkran, Kran, Industrieroboter, Schwarm, Autobetonpumpe) oder der
- Druckstrategie (Contour Crafting, Concrete Printing, Sonstige Strangdruckverfahren, Vollwanddruck) erfolgen.

---

[81]In Anlehnung an Schach et al. 2017, S. 358.
[82]Weiterführend Mechtcherine und Nerella 2018a, S. 281.

Im Rahmen dieser Arbeit werden baubetriebliche Untersuchungen des vollwandigen Beton-3D-Drucks durchgeführt. Der Vollwanddruck wird aktuell nur von wenigen Forschungsstellen als Ansatz verwendet. Weitaus mehr Forschungsarbeiten beschäftigen sich mit dem Strangdruck, bei dem ein voller Wandquerschnitt aus einzelnen Betonsträngen zusammengesetzt wird. Hier können die Ansätze grob in drei Gruppen unterteilt werden. In Abbildung 3.12 wird die generelle Unterscheidung der Forschungsaktivitäten anhand der Druckstrategie gezeigt.

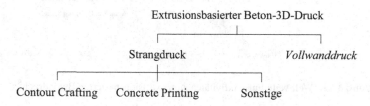

Abbildung 3.12 Prinzipielle Unterscheidung nach der Druckstrategie

Contour Crafting (CC) und Concrete Printing (CP) gelten beim extrusionsbasierten Beton-3D-Druck als die beiden Pionierverfahren. Aufbauend auf diesen Forschungsarbeiten entwickelte sich eine Vielzahl an Verfahren, die nahe an die beiden Ursprungsverfahren angelehnt sind. Einige davon können direkt zugeordnet werden, andere unterscheiden sich etwas deutlicher und sind in die Gruppe der Sonstigen Strangdruckverfahren einzuordnen. In den folgenden Abschnitten werden die Forschungsansätze genauer beschrieben und ausgewählte Pilotprojekte vorgestellt.

3.4.3 Contour Crafting

Federführend entwickelt Behrokh Koshnevis von der University of Southern California in Los Angeles seit Ende der 1990er Jahre das Verfahren „Contour Crafting" (CC). Dabei gelang es erstmalig, die Machbarkeit eines extrusionsbasierten Druckverfahrens mit Beton unter Laborbedingungen nachzuweisen. Innerhalb des Entwicklungsprozesses hin zur jetzigen technologischen Umsetzung wurden verschiedene Druckstrategien verfolgt. Im ersten Forschungsansatz zur Wandfertigung wurde lediglich die konventionelle Schalung durch eine gedruckte

Betonschalung mit einer Breite von 1,9 cm ersetzt.[83] Anschließend erfolgte die Verfüllung mit Beton schrittweise in Abschnitten von h = 12,7 cm. Die gedruckte Wand[84] und die Vorgehensweise des CC im ersten Entwicklungsschritt werden in Abbildung 3.13 dargestellt.

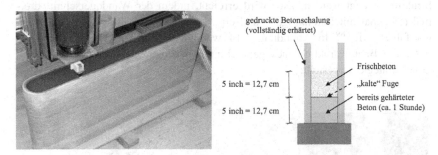

Abbildung 3.13 CC im ersten Entwicklungsschritt[85]

Die geringen Füllabschnitte wurden gewählt, um den Frischbetondruck, der auf die gedruckte Betonschalung wirkt, zu begrenzen. In der Folge kommt es allerdings zur Bildung „kalter" Fugen und entsprechenden Festigkeitsverlusten zwischen den Füllabschnitten. Die Verfüllung mit Dämmstoffen sowie größere Füllabschnitte wurden ebenfalls untersucht. Zur Erhöhung des aufnehmbaren Frischbetondrucks wurden händisch Querstähle eingelegt, die der Verankerungstechnik im konventionellen Schalungsbau nahe kommen.[86] Um die Oberflächenqualität zu gewährleisten, bestand die Düse des Druckkopfes aus einem oberen und einem äußeren Glättblech. In Richtung des Bauteilinneren wurde keine Glättung vorgenommen, um den Verbund zwischen Schalung und Füllmaterial zu erhöhen.

Ursprünglich sah das CC-Konzept gemäß (Khoshnevis 2003) zusätzliche Applikationen vor, die direkt am Druckkopf befestigt werden können. Bau- und Ausbauprozesse,[87] wie die Integration von Bewehrungselementen, TGA-Leitungen und -Installationen, nachträgliche Maler- oder Fliesenarbeiten an

---

[83]Hwang und Khoshnevis 2004, S. 3.

[84]Abmessungen ca. (L · B · H =) 150 cm · 15 cm · 60 cm.

[85]Hwang und Khoshnevis 2005, S. 6, mit freundlicher Genehmigung von © Elesevier AG.

[86]Weiterführend siehe Khoshnevis et al. 2006, S. 307.

[87]Khoshnevis bezeichnet diese Weiterentwicklung als „Contour Crafting Construction" (CCC).

Böden und Wänden sollten perspektivisch mit CC realisiert werden.[88] Seither
sind dazu allerdings keine weiteren Publikationen erschienen.

Im zweiten Entwicklungsschritt des CC wurde die Verfahrensweise dahinge-
hend abgeändert, dass zunächst beidseitige Randstreifen gleichzeitig gedruckt und
anschließend Aussteifungen im Bauteilinneren, in Form einer fachwerkähnlichen
Struktur, erzeugt werden. Dies wird erreicht, indem der Wandquerschnitt dreimal (zweimal mit Betonausgabe und eine Leerfahrt) mit Hilfe einer Multidüse
überfahren wird.[89] In Abbildung 3.14 werden der CC-Druckkopf mit Multidüse, die Bauteilstruktur eines gedruckten Wandsegments und die zugehörige
Druckstrategie dargestellt.

1 Randschalung
2 Leerfahrt
3 Aussteifung

Abbildung 3.14   CC-Druckkopf mit Multidüse, Bauteilstruktur und Druckstrategie[90]

Der Druckkopf verfügt über seitlich angebrachte Kellen, die zur Glättung der
Schichtränder beitragen. Im Bereich der Schichtfugen ist ein leichtes Auslaufen des Betons sichtbar. Hinsichtlich Ebenheit und Maßgenauigkeit scheinen die
gedruckten Wandsegmente innerhalb der Ausführungstoleranzen zur Erstellung

---

[88]Khoshnevis 2003, S. 62–64.

[89]In den einschlägigen Videos ist erkennbar, dass Randstreifen und Aussteifung zwei sepa-
rate Arbeitsvorgänge sind. Die Druckrichtung ist dabei identisch. Daher muss eine Leerfahrt
zwischen den Vorgängen erfolgt sein. Es ist anzunehmen, dass eine Weiterentwicklung des
CC den Druck in einem Arbeitsgang vorsieht.

[90]Zhang und Khoshnevis 2013, S. 52–53, mit freundlicher Genehmigung von © Elesevier
AG.

eines Rohbaus zu liegen.[91] Die Oberfläche ist rau und bildet einen idealen Untergrund, um nachträglich einen Putz aufzutragen. Das CC-Verfahren verfügt über eine relativ hohe Ausführungsgeschwindigkeit. Belastbare Angaben zur Wirtschaftlichkeit, wie z. B. Druckgeschwindigkeit, Zeitaufwand oder Baukosten sind den Publikationen nicht zu entnehmen. Kosten- und Produktivitätsanalysen nach (Bosscher et al. 2007) ergaben für das CC-Verfahren eine tägliche Arbeitsleistung von 98 m^3 eingebautem Beton pro Tag. Verglichen mit konventionellen Herstellungsverfahren soll dies eine Produktivitätserhöhung um 27 % ermöglichen. Die Baukosten seien nahezu vergleichbar.[92, 93] Khoshnevis selbst schätzte ein, dass „ein Haus von 220 m^2 Fläche auf zwei Etagen ... innerhalb eines Tages gebaut werden" könnte.[94] Bemerkenswert ist, dass runde Wände mit annähernd der gleichen Ausführungsgeschwindigkeit gefertigt werden können. Überlegungen zum Druck von Gewölben und Überdachungen[95] wurden angestellt und teilweise validiert. Kuppelförmige Überdachungen konnten allerdings nur im kleinformatigen Maßstab und durch Einfüllen eines temporären Stützmaterials[96] erzeugt werden. Die geometrische Freiheit ist demzufolge beschränkt auf geometrisch relativ einfache Produkte, wie z. B. Wände. Zur Erstellung von Betonwänden haben sich die Verfahren im konventionellen Betonbau über Jahrzehnte etabliert und wurden seither stetig verbessert. Zur Markteinführung von Beton-3D-Druckverfahren ist es daher unabdingbar, wirtschaftlich mit den konventionellen Fertigungsverfahren im Betonbau zu konkurrieren und besonders hinsichtlich der Wirtschaftlichkeit mindestens ebenbürtig zu sein.

Die Validierung des CC-Druckkopfes erfolgte mit Hilfe eines Portalkransystems unter Laborbedingungen. Zukünftig plant Khoshnevis, die Technologie direkt auf der Baustelle anzuwenden. Um den Druckkopf mit der notwendigen Genauigkeit automatisiert führen zu können, wurden verschiedene Maschinenkonzepte vorgeschlagen. In Abbildung 3.15 sind CC-Maschinenkonzepte dargestellt.

---

[91] Genaue Aussagen zur Maßgenauigkeit werden in der Literatur nicht genannt.

[92] Hier nicht einkalkuliert sind die Kostenreduzierungen, die sich durch den neuen Bauprozess, z. B. durch Verbesserungen im Bereich Sicherheit und Gesundheitsschutz auf Baustellen, ergeben.

[93] Bosscher et al. 2007, S. 54.

[94] Evers 2004, S. 124.

[95] Khoshnevis et al. 2006, S. 331.

[96] Sand, oberer Abschluss mit Wachs überzogen.

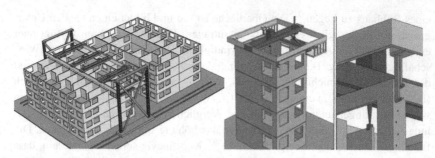

Abbildung 3.15 Ausgewählte CC-Maschinenkonzepte[97]

Im Mittelpunkt der CC-Maschinenkonzepte steht häufig ein Portalkran, der parallel zum Gebäude auf einem Schienensystem verfahrbar ist (vergleiche Abbildung 3.15, Bild links). An diesem Portalkran sind ein oder mehrere CC-Druckköpfe und häufig zusätzliche Greifarme angebracht, um die notwendigen Fertigteile, z. B. für Stürze oder Decken, einzuheben. Vor allem für kleinere Gebäude wird ein U-Portalsystem vorgeschlagen, dessen Auf- und Abbau deutlich schneller ausführbar sein soll.[98] Für mehrstöckige Gebäude bis zur Größe von Hochhäusern gibt es Konzeptentwürfe, in denen ein Klettersystem vorgesehen ist, das in den bereits gedruckten Bauteilen verankert wird. So wird eine autonome Portalplattform sukzessive nach oben versetzt (vergleiche Abbildung 3.15, Bild rechts). Außerdem werden Schwarmlösungen genannt, die als mobile Baumaschinenroboter eingesetzt werden.[99] In Zusammenarbeit mit Doka Ventures werden diese mobilen Baumaschinenroboter aktuell entwickelt.[100] Die sogenannten „Crafter" sollen direkt vor Ort den Rohbau von Häusern mittels Betondruck erstellen. Außerdem wird nach wie vor gemeinsam mit der NASA zum CC-Einsatz auf dem Mond geforscht (vergleiche Abschnitt 3.2.7).

Durch die Arbeiten von Khoshnevis und die bereits beschriebenen Pilotprojekte konnte die Machbarkeit von extrusionsbasierten Druckverfahren mit

---

[97]Zhang und Khoshnevis 2013, S. 57 und S. 66, mit freundlicher Genehmigung von © Elesevier AG.

[98]Bilder zum beschriebenen Konzept sind z. B. in contourcrafting 2018 enthalten.

[99]Khoshnevis 2003, S. 64.

[100]Laut einer Pressemitteilung im Juni 2017 hat Doka Ventures 30 % der Firmenanteile von Contour Crafting Corporation übernommen. Im März 2018 erhielt Contour Crafting Corporation die Auszeichnung des US-Biz-Awards 2018 in der Kategorie „Spectacular". Der sogenannte „Wirtschafts-Oskar" wurde zeitgleich mit den Oskar-Prämierungen verliehen.

Beton nachgewiesen werden. Darauf aufbauend wurden weltweit weitere Forschungsansätze entwickelt, die sich z. B. hinsichtlich der Düsentechnik, der
Schichtgeometrie oder des Wandaufbaus vom CC-Ansatz unterscheiden. Im
Rahmen dieser Arbeit werden dem CC alle Verfahren zugeordnet, die der
typischen CC-Druckstrategie zur Erzeugung einer Wand, bestehend aus begrenzendem Randbeton und innerer Ausfachung im „Zickzack"-Muster (vergleiche
Abbildung 3.14, rechtes Bild) folgen.

Die Umsetzung der CC-Druckstrategie wird seit 2013 vom Unternehmen
Shanghai Winsun Yingchuang Building Technique Co. Ltd.[101] technisch weiterentwickelt. Im Gegensatz zu Khoshnevis druckt Winsun mit einer vertikal
angeordneten Einzeldüse ohne seitliche Glättkellen. Damit verlängert sich der
Druckweg beträchtlich, da die Wand mindestens dreimal überfahren werden muss.
In China wurden so bereits erste Gebäude im Rohbau (z. B. mehrere einfa-
che Häuser bis 200 m^2 Bruttogrundfläche, eine Villa und ein sechsgeschossiges
Gebäude) mit Hilfe gedruckter Betonbauteile errichtet. Diese werden – wie beim
klassischen Fertigteilbau – in einem Werk vorgefertigt bzw. gedruckt, auf die
Baustelle transportiert und dort zusammengesetzt.

Zur Fertigung in der Werkshalle wurde ein automatisiertes Portalkransystem
mit beträchtlichen Ausmaßen montiert. Die Abmessungen des 3D-Druckers im
Fertigteilwerk sollen 150 Meter in der Länge, zehn Meter in der Breite und
6,6 Meter in der Höhe betragen.[102] Für den Druckprozess wird ein Beton aus
recyceltem Material verwendet, deren mechanische Eigenschaften nicht genannt
werden. Belastbare Aussagen zur Wirtschaftlichkeit sind aus einschlägiger Lite
ratur nicht zu entnehmen. Winsun kooperiert[103] u. a. mit den Vereinigten
Arabischen Emiraten (VAE). Mit der Initiative „3D-Printing Strategy" der VAE
wird das Ziel verfolgt, bis 2025 ein Viertel aller Gebäude mittels 3D-Druck herzustellen. Laut Aussagen der Initiative würden: die Produktionszeit um 50 % bis
70 % reduziert, die Arbeitskosten um 50 % bis 80 % gesenkt und der Bauschutt
um 30 % bis 60 % verringert werden.[104]

Als weitere Vertreter bei der Umsetzung des CC-Verfahrens im Sinne des
charakteristischen Wandquerschnitts (vergleiche Abbildung 3.14) sind z. B. zu

---

[101] Früher: Shanghai Win Sun Dekoration Design Engineering Co.

[102] Keating et al. 2017; Liang und Liang 2014, S. 7.

[103] Im Mai 2016 wurde beispielsweise in Dubai ein von Winsun gedrucktes Bürogebäude mit
einer Grundfläche von ca. 250 m^2 eröffnet.

[104] Dubai Future Foundation 2019.

nennen: Spetsavia[105], icon[106] oder BetAbram^{TM}.[107] Da bisher keine statischen Berechnungs- und Nachweisverfahren für die CC-Bauteilstruktur im Betonbau existieren, wird eine mittelfristige Anwendung des CC in Deutschland zum jetzigen Zeitpunkt als kritisch angesehen.

3.4.4 Concrete Printing

Das Verfahren Concrete Printing (CP) wird seit 2005 an der University of Loughborough entwickelt. Der feinkörnige Beton wird dabei aus einer runden, vertikal angeordneten Extrusionsdüse ohne seitliche Glättkellen ausgebracht. Inzwischen ist das Verfahren unter der Abkürzung 3DCP (3D Concrete Printing) bekannt. Der Durchmesser der abgelegten Betonstränge ist gegenüber dem CC deutlich geringer. Es werden Schichtdicken in der Regel zwischen 4 mm bis 10 mm, maximal bis 22 mm erzeugt. Diese Feinfilamentablage[108] ermöglicht eine höhere geometrische Präzision und Komplexität der Formgebung. So ergibt sich eine deutlich filigranere Bauteilstruktur, in der z. B. definierte Aussparungen zur Integration von Leitungen oder Bewehrungsteilen möglich sind. Die Druckstrategie ähnelt dem FDM^{TM}-Verfahren (vergleiche Abschnitt 2.2.4). Charakteristisch ist dabei, dass die Betonablage in Form eines Endlosstranges erfolgt und es bei Ablage zu kleineren Verformungen durch ein „Zusammenfließen" des Betons kommt. Dies kann in den Grundzügen mit dem Verkleben der Schichten beim FDM^{TM} verglichen werden, da der relativ fließfähige Frischbeton eine gute Verbindung mit den bereits erstarrenden Betonsträngen eingeht. So werden Bauteile erzeugt, die sehr gute Festigkeitseigenschaften aufweisen. Für den Druck wird ein feinkörniger, hochfester Beton verwendet, dessen Druckfestigkeit bei 100 MPa bis 110 MPa liegt. Der Festigkeitsverlust infolge schichtenweiser Einbringung wurde mit 20 % bemessen. Es besteht dabei eine relative Unabhängigkeit zur Orientierung der Belastung. Die gedruckten Betonbauteile verfügen über eine Druckfestigkeit in jeder Belastungsrichtung von 80 MPa bis 88 MPa. Der Beton wird unmittelbar vor der Verwendung gemischt und in einem Behälter oberhalb der Düse zwischengelagert. Die Positionierung des Druckkopfes erfolgt mit Hilfe eines numerisch gesteuerten Portalsystems mit den Abmessungen (L · B · H =) 5,4 m · 4,4 m · 5,4 m. Anschließend wird der Frischbeton durch die Düse geometrisch präzise in

---

[105] Weiterführende Informationen unter specavia 2019.

[106] Weiterführende Informationen unter icon 2019.

[107] Weiterführende Informationen unter betabram 2019.

[108] Mechtcherine und Nerella 2018a, S. 280.

den Bauraum eingebracht.[109] Als Demonstrator wurde im Jahr 2009 die „Wonder Bench", eine geschwungene Sitzbank mit komplexer Geometrie, gefertigt. In Abbildung 3.16 werden ausgewählte Bilder der Fertigung gezeigt.

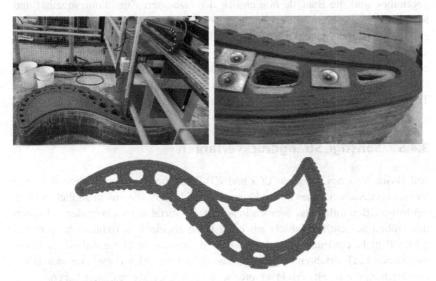

Abbildung 3.16 Die CP-Wonder Bench der Loughborough University[110]

Die Abmessungen der Wonder Bench betragen (L · B · H =) 2,0 m · 0,9 m · 0,8 m.[111] Abbildung 3.16 unten zeigt den Bauteilschnitt. Die Aussparungen wurden einerseits aus Gründen der Materialeinsparung und nachhaltigen Bauteiloptimierung angeordnet. Andererseits sollen sie als funktionelle Leerstellen dienen. So können TGA-Installationsleitungen oder Bewehrungsstrukturen integriert werden. Im Bild rechts oben ist die nachträglich installierte Bewehrung des Bauteils sichtbar. Es erfolgte ein nachträgliches Verspannen über rechteckige Stahlplatten und Gewindestangen. Im Bild links oben ist die Durchführung des Drucks erkennbar. Die Wonder Bench wurde mit Schichtdicken von 6 mm hergestellt und besteht aus 128 Schichten, wobei jede Schicht in etwa

---

[109]Lim et al. 2011, S. 665, mit freundlicher Genehmigung von © Elsevier AG.
[110]Bilder aus Lim et al. 2011, S. 667, und Lim et al. 2012, S. 265.
[111]Nemathollahi et al., S. 3.

20 Minuten gefertigt wurde.[112] Die Ausführungsgeschwindigkeit im Hinblick auf die beabsichtigte industrielle Anwendung ist damit ziemlich langsam und z. B. im Vergleich zum CC deutlich geringer. In Verbindung mit den geringen Schichtabmessungen ergeben sich Nachteile im Hinblick auf die Wirtschaftlichkeit. Dem gegenüber sind die Bauteile hinsichtlich der erzeugten Ausführungsqualität und Maßgenauigkeit hochwertiger. Durch die präzise und dünne Schichtung entsteht eine ansprechende, charakteristische Optik, die von Architekten ohne Nachbehandlung als Gestaltungsmerkmal gezielt eingesetzt werden könnte. Überhänge oder andere Freiformfunktionen können nur mit Hilfe eines Stützmaterials ausgeführt werden. Als Anwendungsmöglichkeiten werden komplexe Architektur- oder Tragwerkselemente sowie mehrfach gekrümmte Fassadenpaneele genannt.

3.4.5 Sonstige Strangdruckverfahren

Auf Basis der ursprünglichen CC- und CP-Forschungsarbeiten bildete sich eine Vielzahl unterschiedlicher Entwicklungsansätze heraus, die einem ähnlichen Prinzip folgen. Betonfilamente werden in – je nach Verfahren variierenden – Breiten und Höhen Schicht für Schicht aus einer Düse abgelegt. Verfahren, die dem CC oder CP nicht eindeutig unterzuordnen sind, werden in dieser Arbeit als Sonstige Strangdruckverfahren bezeichnet. Nachfolgend werden Forschungsaktivitäten beschrieben, die bereits erfolgversprechende Pilotprojekte realisiert haben.

Beachtlich sind die Forschungsarbeiten von Andrey Rudenko, dem Begründer des Unternehmens Total Kustom mit Sitz in Minnesota. Ihm gelang es im Jahr 2015, eine 3D-gedruckte Hotelsuite auf den Philippinen zu realisieren.[113] Dabei wurden geschwungene Säulen und Einrichtungsgegenstände, wie z. B. die Badewanne, mitgedruckt. Die Umsetzung erfolgte mit einer vollständigen Einhausung direkt auf der Baustelle. Zum Einsatz kam ein Portalkransystem, an dem ein Druckkopf[114] mit vertikal angeordneter Düse geführt wurde.[115]

Die TU Eindhoven[116] hat bereits im Oktober 2015 einen Versuchsstand mit den Abmessungen (L · B · H =) 11,0 m · 5,0 m · 4,0 m in Betrieb genommen und forscht intensiv an der Umsetzung des „3D Printing Concrete" (3DPC). Übergeordnetes Ziel ist es, die stark voneinander abhängigen Beziehungen zwischen

---

[112]Lim et al. 2011, S. 667.
[113]Bilder sind z. B. in totalkustom 2016 dargestellt.
[114]Die neueste Entwicklung Rudenkos wird „Stroybot2" genannt.
[115]Hager et al. 2016, S. 295.
[116]Institution: Unit Structural Design, Department of the Build Environment.

Design, Material, Prozess und Produkt grundlegend wissenschaftlich zu untersuchen. In Abbildung 3.17 wird der 3DPC-Versuchsstand der TU Eindhoven mit
den Einzelkomponenten dargestellt.

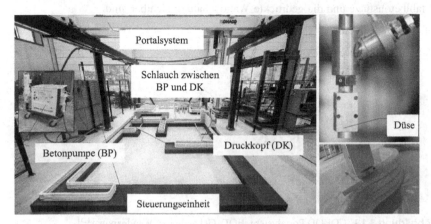

Abbildung 3.17   3DPC-Versuchsstand der TU Eindhoven[117]

Das dänische Unternehmen COBOD druckte im Jahr 2017 das einstöckige
Gebäude „The BOD – Building on Demand". Nach eigenen Angaben wurden
dabei erstmalig die europäischen Bauvorschriften eingehalten. COBOD stellt verschiedene modular aufgebaute Drucker als Portalsysteme her. Die Module haben
jeweils eine Länge von 2,5 m und können in jeder der drei Achsen verlängert
werden. Das aktuell baugrößte Modell ist der BOD2-5114 mit einer angegebe-
nen Druckfläche von $(L \cdot B \cdot H) = (27,8 \text{ m} \cdot 12,0 \text{ m} \cdot 10,1 \text{ m})$.[118] Der 3D-Druck
soll direkt auf der Baustelle stattfinden. Die Gebäudewände bestehen aus einer ca.
3,5 cm breiten Randschalung aus Beton. Innen werden die Wände mit einer Wärmedämmung ausgefüllt. Die eigentliche Tragstruktur bilden Stahlbetonstützen, in
der Regel mit einem Querschnitt von $L = 20,0$ cm und $B = 20,0$ cm. Es werden
dazu gezielt Hohlräume gedruckt. Anschließend werden konventionell hergestellte
Bewehrungskörbe aus Stahl in die vorhandenen Hohlräume eingesetzt (vergleiche
auch Abschnitt 3.4.7). Nachträglich werden diese Stützen abschnittsweise und in
mehreren Arbeitsgängen unter Beachtung des hydrostatischen Betondrucks mit

---

[117]Bos et al. 2016, S. 213, mit freundlicher Genehmigung von © Taylor & Francis Ltd., www.
tandfonline.com.
[118]cobod 2019.

Frischbeton vergossen.[119] Abbildung 3.18 zeigt links das auf der Baustelle zu montierende COBOD Portalsystem. In der Mitte ist der Grundriss des Gebäudes „The BOD" dargestellt. Zu erkennen sind hier die kreisrunden Tragstützen aus Stahlbeton. Das Bild rechts zeigt ein Wandexponat, auf dem eine vergossene Stahlbetonstütze und die gedruckte Wandschalung sichtbar sind.

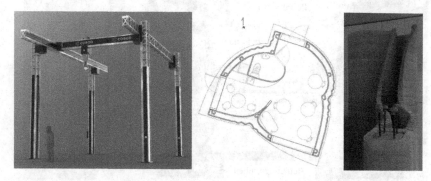

Abbildung 3.18 COBOD Portalystem, BOD-Gebäude und Wandexponat[120]

Als weitere Anbieter von Portalsystemen können Mudbots[121] und S-Squared[122] aus den USA genannt werden.

Abweichend zu den zuvor beschriebenen Ansätzen gibt es eine Reihe von Forschungsaktivitäten, die als maschinelle Basis zur Umsetzung des Beton-3D-Drucks einen Knickarmroboter[123] einsetzen. Dem französischen Start-up-Unternehmen XtreeE ist es damit bereits gelungen, 3D-gedruckte Betonelemente zu produzieren und in öffentlich zugänglichen Bereichen einzusetzen. Unter Einhaltung europäischer Richtlinien konnten die erforderlichen statischen Nachweise erbracht werden. So wurde z. B. eine vier Meter hohe Stützkonstruktion montiert, die das Schulhofdach in Aix-en-Provence trägt. XtreeE fertigt die Bauteile

---

[119]Gespräch mit Tilmann Auch, Development Engineer von COBOD, 08.04.2019, München, bauma 2019.

[120]Bilder links und Mitte aus cobod 2019, mit freundlicher Genehmigung von Henrik Lund-Nielsen, Bild rechts: Krause, TU Dresden, 08.04.2019.

[121]Weiterführende Informationen unter mudbots.com 2019.

[122]Weiterführende Informationen unter sq4d.com 2019.

[123]Knickarmroboter werden auch als Industrieroboter oder Universalroboter bezeichnet und warden branchenübergreifend in der stationären Industrie zur Umsetzung automatisierter Maschinenleistungen eingesetzt. Sie verfügen über eine serielle Anordnung mehrerer Achsen.

in einer Halle mit Hilfe eines 6-Arm-Knickroboters, der eine Druckdüse autonom führt. In Abbildung 3.19 werden die Komponenten des 3D-Drucksystems sowie die gedruckte Stützkonstruktion im eingebauten Zustand dargestellt. Zur Erstellung der verzweigten Bauteilstruktur wurden lediglich die äußeren Konturen gedruckt. Die inneren Hohlräume der einzelnen Verzweigungen wurden nachträglich mit einem Faserbeton verfüllt. Der statische Nachweis konnte somit durch Berechnungsverfahren für monolithische Betonbauteile geführt werden.

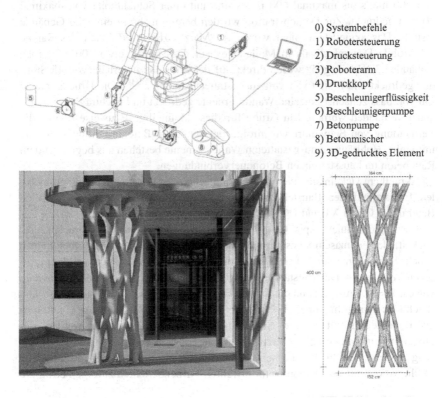

0) Systembefehle
1) Robotersteuerung
2) Drucksteuerung
3) Roboterarm
4) Druckkopf
5) Beschleunigerflüssigkeit
6) Beschleunigerpumpe
7) Betonpumpe
8) Betonmischer
9) 3D-gedrucktes Element

Abbildung 3.19 3D-Drucksystem und 3D-gedruckte Stützkonstruktion von XtreeE[124]

[124]Grafik oben aus Gosselin et al. 2016, S. 104, mit freundlicher Genehmigung von © Elsevier; Bilder unten links und rechts aus xtreeE 2016, mit freundlicher Genehmigung von Romain Duballet, XtreeE, Fotografie von © Lisa Ricciotti.

Das niederländische Unternehmen Cybe hat eine mobile Druckerlösung entwickelt. Als maschinelle Basis nutzt das Unternehmen, wie auch XtreeE,
einen 6-Achs-Knickarmroboter, der sich allerdings mithilfe eines Raupenfahrwer-
kes selbstständig auf der Baustelle fortbewegen kann. Theoretisch kann damit
ein unbeschränkt großes Baufeld abgedeckt werden. Die durch die Armlänge
beschränkte Druckhöhe beträgt H = 4,5 m, die Reichweite R = 3,2 m. Cybe
hat zur Steuerung eine eigene Software entwickelt, mit der angepasste Slicing-
und Steuerungsprozesse durchgeführt werden. Es wird mit Geschwindigkeiten
von 200 mm/s bis maximal 600 mm/s und mit einer Schichthöhe von maximal
30 mm gedruckt. Zur Demonstration wurden bereits mehrere einfache Gebäude
erstellt. Das aktuellste Projekt wurde im März 2018 im Rahmen des Salone
del Mobile Designfestivals in Mailand erbaut. Das runde, etwa 100 m^2 große
Gebäude „3DHousing05" wurde direkt auf der Baustelle innerhalb von 45 Stunden gedruckt und besitzt vier voll ausgestattete Räume.[125,126] Die Druckstrategie
sah vor, dass zunächst einzelne Wandsegmente gedruckt und nachträglich miteinander verbunden wurden. Ein Grund für diese kleinteilige Bauweise könnte die
Vermeidung von Schwindrissen infolge der schnellen Betonerhärtung sein. Die
mit vielen Hohlräumen ausgestatteten Wandsegmente bestehen aus begrenzendem
Randbeton und aussteifenden Betonquerverbindungen.

Aktuell entwickeln sich viele maschinentechnische Lösungen, die einen mobilen Einsatz auf der Baustelle fokussieren. Beispielhaft können die mobilen
Baudrucker Cazza X1 und CONSTRUCTIONS 3D genannt werden.[127]

Das Unternehmen Apis Cor[128] hat im Jahr 2016 einen 3D-Drucker entwickelt, dessen maschinelles Grundkonzept einem Hochbaukran (Obendreher)
ähnelt. Seine Abmessungen sind vergleichbar mit einem im Mauerwerksbau typischen Versetzkran. Der vollständig ausgefahrene Teleskoparm hat eine Reichweite
von ca. R = 8,5 m und kann damit eine Druckzone von ca. 132 m^2 abdecken. Die
Reichhöhe beträgt maximal H = 3,3 m.[129] Bei mittigem Aufstellplatz könnten so
alle Bauteile einer Etage eines Standard-Einfamilienhauses erreicht werden. Bei
größeren Grundrissen ist der Kran mit einem Gewicht von ca. 2 t mittels Hebezeug zu versetzen. In Stupino bei Moskau wurde ein rundes Gebäude mit einer
Fläche von 38 m^2 als Demonstrator errichtet. Firmenberichten zufolge betrug die

---

[125] cybe 2018.

[126] Bilder sind 3dhousing05 2018 zu entnehmen.

[127] Weiterführende Informationen unter equipmentjournal 2017 und constructions-3d 2019.

[128] Amerikanisch-russisches Start-up-Unternehmen mit Firmensitzen in Moskau, Irkutsk und
San Francisco.

[129] Sakin und Kiroglu 2017 sowie aus Firmenvideo Apis Cor: youtube 2017.

Druckzeit des Rohbaus 24 Stunden, bei Kosten von umgerechnet ca. 3.400,– €.[130]
Mit den aus wissenschaftlicher Sicht unbelegten Angaben sind Kostenvergleiche,
beispielsweise zu deutschen Baupreisen, an dieser Stelle nicht zielführend. Der
Druck erfolgte unter einer vollständigen Einhausung.[131]

Außerdem gibt es noch eine Reihe anderer bekannter Forschungsaktivitäten.
Bei dem spanischen Forschungsprojekt „Minibuilders" erledigt ein Roboter-
schwarm, bestehend aus drei Kleinrobotern,[132] verschiedene Teilleistungen, um
Betonbauteile autonom zu erzeugen.[133] Außerdem beschäftigt sich die TU München intensiv mit der Extrusion von Holzleichtbeton.[134] Darüber hinaus ist die
Firmengruppe Baumit im Beton-3D-Druck aktiv. Mit dem System „BauMinator"
können Objekte und Formen zwischen 50,0 cm und 5,0 m Größe mit Hilfe eines
Spezialmörtels gedruckt werden.[135] Als weitere Hotspots können die ETH Zürich
und die TU Braunschweig genannt werden. Bei beiden Forschungsstellen sind
zukünftig Projekte im extrusionsbasierten Beton-3D-Druck zu erwarten.

Die Forschungs- und Entwicklungsaktivitäten sind besonders im Bereich der
Strangdruckverfahren sehr ausgeprägt und schreiten unaufhaltsam voran. Immer
neue Demonstrationsobjekte und Druckmaschinen werden erzeugt und entwickelt.
So ist es an dieser Stelle schwierig, eine Vollständigkeit des aktuellen Wis-
senschaftsstandes zu garantieren. Die vorangegangenen Abschnitte beschrieben
jedoch alle wesentlichen Meilensteine sowie die aktuell prägenden Unternehmen
und wichtigsten Pilotprojekte.

3.4.6 Vollwanddruck

Den Vollwanddruck kennzeichnet, dass die Betonwände monolithisch in vollständiger Wandbreite durch einmaliges Abfahren erzeugt werden. Die abgelegten

---

[130] welt 2017.

[131] Aussagekräftige Bilder sind Apis Cor 2019 zu entnehmen.

[132] Forschungsprojekt der IAAC, Barcelona. Der Fundament-Roboter erstellt die ersten
Schichten. Die weiteren Schichten werden vom Grip-Roboter erzeugt, der an bereits gedruckten Schichten geführt wird. Abschließend glättet ein Vakuum-Roboter die Wandaußenseiten,
um die erforderliche Endqualität zu erreichen.

[133] iaac 2017.

[134] Weiterführend wird hier auf Henke 2016 verwiesen. Die Entwicklungsarbeiten an der TU
München werden in zwei Richtungen vorangetrieben. Einerseits wird die beschriebene Verfahrensweise mittels Extrusion untersucht, andererseits werden Verfahren selektiver Bindung
fokussiert.

[135] Weiterführende Informationen unter 3druck.com 2019.

Betonstränge haben dadurch im Vergleich zum Strangdruck in der Regel deutlich größere Abmessungen. Abbildung 3.20 stellt Betonstränge des Vollwanddrucks der TU Dresden (links) im Größenverhältnis zu typischen Abmessungen des Strangdrucks (rechts) dar.

Abbildung 3.20
Betonstränge beim
Vollwanddruck (links) und
Strangdruck (rechts)[136]

Die große Mehrzahl der FuE-Aktivitäten auf dem Gebiet der extrusionsbasierten 3D-Druckverfahren im Bauwesen werden mittels Strangdruck umgesetzt. Die filigrane Druckweise des kleinfilamentigen Strangdrucks ermöglicht es, feine Betonstrukturen zu erschaffen. So können z. B. Material- und Gewichtsreduzierungen bei Betonbauteilen erzielt werden. Dem gegenüber stehen einige Nachteile, die eine Markteinführung erschweren. Durch den Vollwanddruck können diese Markteintrittsbarrieren beschränkt werden.

Der Vollwanddruck zeichnet sich gegenüber dem Strangdruck durch folgende Vorteile im Hinblick auf eine erfolgreiche Markteinführung aus:

- Monolithische Betonbauteile weisen deutlich höhere Festigkeitseigenschaften auf und können damit die auftretenden Lasten am wirkungsvollsten ableiten. Dadurch kann auch die tragende Wandbreite minimiert werden.
- Es existieren bereits statische Nachweisverfahren für monolithische Betonwände und Wände aus Mauerwerk, die als Berechnungsbasis dienen können.
- Die bauphysikalischen Eigenschaften der voll ausgefüllten Betonwände (wie z. B. Wärmedämmfähigkeit, Feuchtewiderstand, Schall- und Brandschutz) sind klar definierbar und durch verschiedene Betonrezepturen beeinfluss- und berechenbar.

---

[136]Bild: TUD-IfB, mit freundlicher Genehmigung von Dr.-Ing. Venkatesh Naidu Nerella.

– Schall- und Wärmebrücken können weitgehend ausgeschlossen werden.

An der TU Dresden wird seit 2014 an der Entwicklung eines Vollwand-druckverfahrens gearbeitet. Die Forschungsarbeiten zum Verfahren CONPrint3D®
– Concrete ON-site 3D-Printing bilden die Grundlage für diese Arbeit und werden im Abschnitt 3.5 näher beschrieben. In die Rubrik des Vollwanddrucks ist des Weiteren die Technik des chinesischen Unternehmens HuaShang Tengda Ltd. einzuordnen. Sehr eindrucksvoll wurde das Verfahren durch den Druck einer zweistöckigen Villa mit einer Geschossfläche von ca. 400 m² demonstriert. Im Vergleich zu anderen Betondruckverfahren ist der entwickelte Druckkopf sehr massiv. Er verfügt über eine Gabeldüse, die beidseitig Frischbeton ausbringt und kontinuierlich zur Mitte drückt. Zusätzlich erfolgt die Betonverdichtung mittels Vibration. Durch diese Vorgehensweise ist es möglich, eine mittig angeordnete Stahlbewehrung vollständig mit Beton zu umschließen. Dem chinesischen Unternehmen gelang damit erstmalig die Integration von vertikalen Bewehrungsstählen in eine 3D-Betondrucktechnologie. Allerdings begrenzt die Höhe des Druckkopfes aktuell noch die Höhe der eingelegten Stahlmatten, so dass viele Bewehrungsüberlappungen realisiert werden müssen. Außerdem wurde ein konventioneller Beton, mit einem Größtkorn von bis zu 20 mm verwendet.[137] Aus den existierenden Bildern ist zu schließen, dass die Oberflächenqualität noch nicht den aktuell in Deutschland geltenden Normen entspricht.[138,139]

Zu erwähnen sind weiterhin die Entwicklungsarbeiten von WASP (World's Advanced Saving Project), die ein nachhaltiges Baustoffgemisch aus Lehm, Wasser und Pflanzenfasern extrudieren und dabei beträchtliche Bauhöhen von bis zu H = 12 m erreichen.[140]

3.4.7 Exkurs Bewehrungsintegration

Die Bauverfahrenstechnik des Stahlbetonbaus hat sich über Jahrzehnte entwickelt und wurde stetig verbessert. Jedoch sind die Arbeitsschritte, um die vollkommen

---

[137] Mechtcherine und Nerella 2018a, S. 279.

[138] Teilweise sind Überstände an den Schichtenrändern von über 1,0 cm sichtbar. Die Ebenheit von Wänden ist in Deutschland bei einem vergleichbaren Messpunktabstand von 0,1 m auf 5,0 mm begrenzt (vergleiche Abschnitt 5.2.2).

[139] Der Druckkopf und die vormontierte Mattenbewehrung werden z. B. in Mechtcherine und Nerella 2018a, S. 279 gezeigt.

[140] 3dwasp 2018.

unterschiedlichen Materialien Bewehrungsstahl und Beton zueinander zu führen, nur noch bedingt zu beschleunigen. Einschalen, Bewehren, Betonieren, Ausschalen sind die Einzelvorgänge, die nacheinander auszuführen sind. Die Innovation Beton-3D-Druck verspricht nun, die Vorgänge des Ein- und Ausschalens einzusparen. Die Vorgänge Bewehren und Betonieren sollten technologisch bedingt nahezu parallel stattfinden. Das zuvor beschriebene Projekt der Fa. HuaShang Tengda Ltd. leistete dazu Pionierarbeit.

Die überwiegenden Forschungsarbeiten fokussieren zunächst die Erzeugung unbewehrter Betonbauteile, um vor allem die hoch komplexen betontechnologischen Vorgänge zu untersuchen und die Technik zu automatisieren. Die 3D-gedruckten unbewehrten Betonkonstruktionen können z. B. den traditionellen Mauerwerksbau ersetzen. Im deutschen Wohnungsbau werden die Wände nach wie vor überwiegend (ca. 75 %) gemauert. Dabei werden die Baustoffe Ziegel (ca. 32 %), Kalksandstein (ca. 17 %), Porenbeton (ca. 22 %) und Leichtbeton (ca. 4 %) verwendet.[141] Dies verdeutlicht bereits das hohe Marktpotenzial. Um den Beton-3D-Druck darüber hinaus zu etablieren, ist es unerlässlich, Bewehrungsstrukturen zu integrieren. So könnten die Anwendungsszenarien auf große Teile des Stahlbetonbaus erweitert werden. Die bisherigen Forschungsansätze zur Integration von Bewehrung sind noch rudimentär und basieren größtenteils auf theoretischen Konzepten. Da das Thema auf Tagungen, Messen oder Vortragsveranstaltungen immer wieder kontrovers diskutiert wird, soll in diesem Abschnitt als Exkurs auf den Status Quo der Bewehrungsintegration eingegangen werden.

Gemäß allgemein anerkannter Regeln der Technik könnte eine konventionelle Stahlbewehrung zur Anwendung kommen. Diese Variante besitzt den Vorteil, dass die Bemessungs- und Konstruktionsprinzipien in den einschlägigen Richtlinien eindeutig geregelt sind. Als Bewehrung sind in der Regel horizontale und vertikale Betonstähle, in Form von Stäben oder Matten, in die Bauteile zu integrieren und kraftschlüssig mit Beton zu umschließen. Horizontale Bewehrungsstäbe sind relativ einfach zwischen die gedruckten Schichten einlegbar. Dies kann kontinuierlich und automatisiert – aktuell noch häufig manuell – stattfinden. Die vertikalen Bewehrungsstäbe sind deutlich schwieriger zu integrieren, da sie quer zu den gedruckten Schichten einzubauen sind. Werden sie vor dem Druckprozess aufgestellt, so stellen sie in der Regel für den Druckkopf ein Hindernis dar. Um vertikale Betonstäbe zu montieren, sehen die bisherigen Ansätze dafür Hohlräume, Aussparungen oder Öffnungen vor. Anschließend werden darin die Bewehrungsstäbe platziert und mit Frischbeton vergossen. Um die Stäbe in

---

[141]Schach et al. 2017, S. 361.

der richtigen Position zu fixieren, werden häufig Verschraubungsanschlüsse im Wandfußpunkt eingesetzt.

Durch gedruckte Hohlräume können natürlich auch Spannbewehrungen in den Bauteilen montiert werden. Dies wurde bereits erfolgreich anhand einer 3D-gedruckten Fahrradbrücke durch die BAM Infra[142] und die TU Eindhoven umgesetzt. Das Pilotprojekt besteht aus sechs 3D-gedruckten Fertigteilen, die nachträglich miteinander verspannt wurden. Zwischen den Druckschichten wurde zusätzlich ein Stahldraht als Bewehrung eingebracht, der während des Druckens von einer Rolle abgewickelt und mittig auf dem Betonstreifen abgelegt wurde.[143]

Alternative Bewehrungsansätze könnten gegenüber starrer Stahlbewehrung Vorteile hinsichtlich eines flexibleren Einbaus bieten. Integrierbare alternative Bewehrungen sind z. B. disperse Faserbewehrung, Garne, Spiralen, andere textile Strukturen oder digital gefertigte Stahlbewehrung. Eine erfolgversprechende Methode ist das Extrudieren faserbewehrter Betone. Dabei wird dem Frischbeton disperse Kurzfaserbewehrung zugemischt. Der faserverstärkte Frischbeton kann anschließend extrudiert werden. Allerdings ist die Verarbeitung im Druckkopf mit zunehmendem Fasergehalt deutlich komplizierter. Des Weiteren ist die Tragfähigkeit faserbewehrter Betone, trotz großer wissenschaftlicher Fortschritte, nicht mit stabstahlbewehrten Betonbauteilen vergleichbar.[144] Textile Gelege oder Carbongelege können als Verstärkungen sowohl zwischen die gedruckten Schichten als auch vertikal[145] eingebaut werden. Es gibt bereits 2,5D-Textilstreifen, die beide Druckschichten miteinander „vernähen" könnten. Dies könnte auch durch eine Spiralbewehrung ermöglicht werden.[146]

Ein bisher noch sehr visionärer Gedanke geht davon aus, dass beide Vorgänge parallel ablaufen können. In anderen Branchen, wie z. B. beim 3D-Druck mit Metallen, wird bereits intensiv und mit Erfolg daran geforscht, mehrere Materialien gleichzeitig drucken zu können. Bezogen auf das Bauwesen ist es also denkbar, dass zeitgleich Frischbeton extrudiert und Bewehrungsstrukturen mittels Gas-Metall-Lichtbogenschweißverfahren[147] erstellt werden.

---

[142]Niederländisches Tochterunternehmen der Royal BAM Group.

[143]Bilder sind z. B. in phys 2017 und itc 2017 dargestellt.

[144]Weiterführend wird hier auf Hambach und Volkmer 2017 verwiesen.

[145]Der Einbau könnte nach dem Druckvorgang mittels Anpressen und Laminieren erfolgen.

[146]Mechtcherine und Nerella 2018b, S. 1–8.

[147]Erste Untersuchungen zur Fertigung der Bewehrung mittels Gas-Metall-Lichtbogenschweißverfahren laufen aktuell an der TU Dresden seitens des Instituts für Baustoffe und des Instituts für Fertigungstechnik. Weiterführend Mechtcherine et al. 2018.

Zusammenfassend kann festgestellt werden, dass bereits zahlreiche Methoden und Ideenkonzepte zur Integration von Bewehrung existieren. Diese werden den hohen Anforderungen, vor allem hinsichtlich der erzielbaren Tragfähigkeiten und automatisierten Umsetzbarkeit, nicht gerecht. Es besteht aktuell noch erheblicher Forschungsbedarf.[148]

3.5 CONPrint3D® – Concrete ON-site 3D-Printing

3.5.1 Entwicklungskonzept

Seit 2014 wird an der TU Dresden auf interdisziplinärer Ebene an der Entwicklung eines innovativen Betonbauverfahrens geforscht. Das Concrete ON-site 3D-Printing, kurz CONPrint3D®, ist ein auf Extrusion basierendes Druckverfahren, das direkt auf der Baustelle ausgeführt wird. Zunächst wurde innerhalb einer Machbarkeitsstudie[149] nachgewiesen, dass die Technik aus maschineller, betontechnologischer und wirtschaftlicher Sicht umsetzbar ist.[150] So konnten die Grundlagen für das automatisierte und schalungsfreie Bauverfahren geschaffen werden. Aktuell laufen weitere Forschungsprojekte, die das Datenmanagement und die nachhaltige Baustofftechnologie fokussieren. Außerdem werden parallel am eigens entwickelten Versuchsstand Demonstrationsbauteile hergestellt. In Abschnitt 3.5.3 wird näher auf den aktuellen Forschungsstand eingegangen. Das Entwicklungskonzept sieht vor, eine Autobetonpumpe (ABP) als Großroboter einzusetzen. Am Ende des autonom gesteuerten Verteilermastes wird ein speziell entwickelter Druckkopf montiert, der den Frischbeton geometrisch präzise ausbringt. Die Wände werden im Vollwanddruck (vergleiche Abschnitt 3.4.6) ausgeführt. In Abbildung 3.21 werden das Konzept veranschaulicht und die wesentlichen Komponenten von CONPrint3D® dargestellt.

---

[148]Mechtcherine und Nerella 2018b, S. 8.

[149]Öffentlich gefördertes Forschungsprojekt der Forschungsinitiative „Zukunft Bau" des Bundesministeriums für Bau, Stadt- und Raumforschung (BBSR). Titel: „Machbarkeitsuntersuchungen zu kontinuierlichen und schalungsfreien Bauverfahren durch 3D-Formung von Frischbeton", Laufzeit 24 Monate: 10/2014 bis 09/2016, Aktenzeichen: SWD-10.08.18.7–14.07, Endbericht Kunze et al. 2017.

[150]Die maschinellen Untersuchungen werden von der Stiftungsprofessur für Baumaschinen (TUD-BM) durchgeführt, die betontechnologischen Aspekte fokussiert das Institut für Baustoffe (TUD-IfB) und die wirtschaftlichen Aspekte untersucht das Institut für Baubetriebswesen. Das Team der TU Dresden erhielt für die Forschungsarbeiten im April 2016 den internationalen *bauma-Innovationspreis* in der Kategorie Forschung.

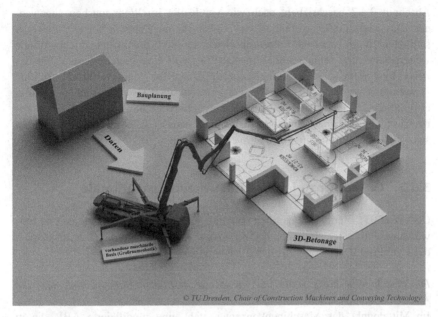

Abbildung 3.21 Konzept und wesentliche Komponenten von CONPrint3D®[151]

Die Grundlage des Datenmanagements stellt eine BIM-basierte Planung dar. Ein 3D-Gebäudemodell enthält dabei alle erforderlichen Geometrie- und Stoffdaten. Diese Daten werden extrahiert und sollen anschließend über eine durchgängige Datenprozesskette an den Großroboter übergeben werden. So wird ein zuvor erstellter Betonierplan direkt in die automatisierte Maschinenbewegung überführt. Für den Druckprozess ist ein Baustoff mit besonderen Eigenschaften erforderlich. Während des Pumpvorgangs muss der Beton fließfähig sein und anschließend nach Austritt aus dem Druckkopf blitzartig erstarren. Das Bauwerk wird so monolithisch im Schichtbauprinzip erzeugt.[152]

Ziel des ersten Entwicklungsschrittes ist es, unbewehrte Betonwände kontinuierlich und prozesssicher zu erzeugen, um damit den konventionellen Mauerwerksbau ersetzen zu können. Der traditionelle Mauerwerksbau wird, wie im

---

[151]Bild: TUD-BM.
[152]Schach et al. 2017, S. 359.

Abschnitt 3.4.7 beschrieben, nach wie vor häufig im Wohnungsbau angewendet. Das statische Tragverhalten von Gebäuden in Wandbauweise[153] zeichnet sich dadurch aus, dass die Lasten überwiegend durch druckbeanspruchte Wände weitergeleitet und schlussendlich in den Baugrund eingetragen werden. Für das zuvor beschriebene Anwendungsszenario Ersatz für Mauerwerksbau ist eine Bewehrungsintegration in den Wänden aus statischen Gründen nicht unbedingt erforderlich. In einem anschließenden, zweiten Entwicklungsschritt soll eine automatisierte Bewehrungsintegration stattfinden, sodass die Anwendungsszenarien sukzessive auf den Stahlbetonbau erweitert werden.

3.5.2   Grundprinzipien und Alleinstellungsmerkmale

CONPrint3D® grenzt sich deutlich von anderen weltweiten Forschungs- und Entwicklungsaktivitäten ab. In den nächsten Abschnitten werden die Grundprinzipien des CONPrint3D®-Verfahrens näher beschrieben.

Die maschinelle Basis stellt eine am Markt etablierte Baumaschine dar: die Autobetonpumpe (ABP).
Im Mittelpunkt des Maschinenkonzeptes steht eine modifizierte ABP, die in der Lage ist, autonom die Teilvorgänge Verteilung, Positionierung und Extrusion des Betons unter Baustellenbedingungen zu beherrschen. Dies ist die wohl weitreichendste Abgrenzung zu anderen Forschungsaktivitäten. Bei den bisher bekannten Forschungsansätzen handelt es sich in der Regel um maschinelle Neuentwicklungen in Form eines Portalkranes oder automatisierter Kleingeräte (z. B. Knickarmroboter oder kleinere Kransysteme). Demgegenüber hat der Einsatz einer ABP als Großroboter erfolgversprechende Potenziale, z. B. hinsichtlich a) Baulogistik, b) Kosten und c) Markteinführung. Nachfolgend werden die zuvor genannten Aspekte genauer beschrieben.

a) ABP sind mobil einsetzbar sowie schnell und leicht zu transportieren. Sie können so problemlos zwischen den Einsatzorten versetzt werden. Sie benötigen weiterhin eine verhältnismäßig geringe Aufstellfläche, die nur temporär für die Zeit des Druckvorgangs blockiert ist. Je nach Art der ABP verfügt

---

[153]Gebäude (vor allem im Wohnungsbau) bis maximal 5-geschossig.

die Maschine über eine große Reichweite von ca. R $= 13{,}8$ m[154] bis R $=$ 58,1 m[155]. Für den Betrieb wird kein Strom benötigt.

b) Gegenüber maschinellen Neuentwicklungen ist von geringeren Investitions- und Entwicklungskosten auszugehen, da die eigentliche Maschine existiert und bereits über weitreichende Funktionalitäten verfügt.[156]

c) ABP haben sich über Jahre im Bauwesen etabliert. Die Baumaschine hat sich darüber hinaus im dauerhaften Gebrauch als baustellentauglich und robust erwiesen. Diese Anerkennung wird die Markteinführung in der eher konservativen Baubranche stark erleichtern.

Es werden Betone mit gröberen Gesteinszuschlägen eingesetzt.
Es wird vorgesehen, einen nach DIN zugelassenen Beton mit Gesteinszuschlägen von bis zu 16 mm Durchmesser zu verwenden. Dies führt zu deutlich verbesserten Festbetoneigenschaften (höherer Elastizitätsmodul, geringes Schwinden und Kriechen, geringere Sprödigkeit), einem nachhaltigeren Baustoff und vor allem geringeren Kosten. Bei anderen Forschungsaktivitäten wird überwiegend mit einem Größtkorn der Gesteinskörnung von maximal 2 mm, teilweise sogar nur Feinmörtel mit einem Sandkorndurchmesser <1 mm gearbeitet.

Die Ausführung erfolgt direkt auf der Baustelle.
Geplant ist ein Einsatz direkt auf der Baustelle als Ortbetonbauverfahren. Viele der bisher bekannten Verfahren sind darauf ausgelegt, Betonbauteile in Werkshallen vorzufertigen, um sie anschließend auf der Baustelle zusammenzusetzen (Fertigteilbauweise). Der Transport zur Baustelle führt zu Mehrkosten, die es zu vermeiden gilt.

Es werden voll ausgefüllte Betonstrukturen mit scharfkantigen 90°-Ecken erzeugt.
Gemäß Abschnitt 3.4.6 werden die Wände beim CONPrint3D® im Vollwanddruck hergestellt. Um alle Anforderungen einer Massivwand, wie z. B. Tragfähigkeit, Wärmeschutz, Schallschutz, Brandschutz, etc., zu erfüllen, soll die Wandbreite variabel zwischen 100 mm und 400 mm einstellbar sein. Außerdem sollen mit CONPrint3D® scharfkantige Wandverbindungen erzeugt werden. Alle bisher bekannten Forschungsansätze sind in der Lage, nur runde Wandverbindungen zu erstellen. Beispielsweise wird eine 90°-Wandecke durch eine Kurvenfahrt mit geringem Radius erzeugt. Da die Mehrzahl der Einrichtungsgegenstände in

---

[154]Z. B. Putzmeister M20-4.
[155]Z. B. Putzmeister M63-5.
[156]Weiterführend Kunze et al. 2017, S. 34 ff. und S. 69.

einem Gebäude eine rechteckige Grundform aufweisen, sollten Wandverbindungen dies gleichermaßen gewährleisten, um die Wohnfläche optimal nutzen zu können. Die genehmigungs- und baurechtlichen Randbedingungen sind vor allem im deutschen Bauwesen ausgeprägt. Diese wirken bei der Einführung neuer und innovativer Architekturen und Gestaltungsprinzipien häufig hemmend. So die Mehrzahl der Gebäude, insbesondere im Wohnungsbau, weiterhin in der Regel über eine rechteckige Grundform und scharfkantige 90°-Ecken verfügen.

3.5.3 Stand der Forschungsaktivitäten und Ausblick

Die Forschungsaktivitäten zu CONPrint3D® wurden seit 2014 stetig fortgeführt und sind aktuell auf einem Stand, der belastbare Aussagen und Annahmen zur späteren Umsetzung auf der Baustelle zulässt. Abbildung 3.22 zeigt eine Übersicht der geförderten Forschungsaktivitäten der vergangenen Jahre.

Abbildung 3.22 Geförderte Forschungsaktivitäten von CONPrint3D® seit 2014

Basierend auf den Erkenntnissen der Machbarkeitsstudie[157] von CONPrint3D® konnten zwei mit Bundesmitteln geförderte Folgeprojekte generiert werden. Im Rahmen des Forschungsprojektes „CONPrint3D®-Ultralight"[158] wurden die Erkenntnisse, vor allem im Hinblick auf den nachhaltigen Baustoff Schaumbeton, erweitert. Innerhalb des internationalen

---

[157]Vergleiche Kunze et al. 2017.
[158]Vergleiche Abschnitt 3.2.4, Forschungsendbericht Mechtcherine et al. 2019a.

Industrie 4.0-Forschungsvorhabens „digiCON^2 – digital concrete construction"[159] wird das Datenmanagement beim Beton-3D-Druck fokussiert. Ziel ist es, eine durchgängige digitale Prozesskette zur Herstellung von 3D-gedruckten Betonwänden direkt auf der Baustelle zu entwickeln. Das Datenmanagement und der aktuelle Forschungsbedarf werden im Kapitel 4 ausführlich behandelt.

Zur praktischen Untersuchung der technologischen Umsetzung von CONPrint3D® steht ein eigens entwickelter Versuchsstand zur Verfügung. Der Versuchsstand wird seit Anfang 2018 stetig erweitert. In Abbildung 3.23 werden der aktuelle Entwicklungsstand des Versuchsaufbaus und die wesentlichen Druckerkomponenten dargestellt.

Die Gesamtheit des Dosier-, Extrusions- und Formungssystems wird als Druckkopf bezeichnet. Das Formungssystem (FS) beinhaltet die Druckdüse und eine formgebende Auslassöffnung oder Gleit- und Stellbleche. Der Versuchsstand bietet die Möglichkeit, die theoretischen Untersuchungen am praktischen Beispiel zu testen. So können vor allem die hoch komplexen betontechnologischen

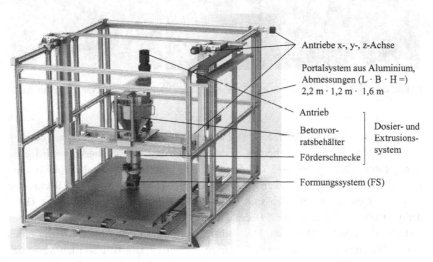

Abbildung 3.23 Versuchsstand mit wesentlichen Druckerkomponenten[160]

---

[159]Öffentlich gefördertes Forschungsprojekt durch das Bundesministerium für Bildung und Forschung (BMBF), Projektträger Deutsches Zentrum für Luft- und Raumfahrt e. V. (DLR), Titel: „digiCON^2 – digital concrete construction", Laufzeit 27 Monate: 01/2018 bis 03/2020, Förderkennzeichen: 01IS17100B.
[160]Bild: TUD-BM.

Vorgänge beim Extrudieren untersucht und die Bewegungen des Druckkopfes
bei geometrischen Besonderheiten, wie Wandecken, T-Verbindungen oder Kreuzungen, optimiert werden. Aus den Prozessen sind belastbare Kennwerte, wie
bespielweise Druckgeschwindigkeit, Schichthöhe, verschiedenste Zeitaufwands-
werte, zu entnehmen, um wiederum Wirtschaftlichkeitsbetrachtungen durchzuführen. In Abbildung 3.24 werden der Druckprozess und ein Exponat einer
3D-gedruckten Wandecke im Maßstab 1:1 gezeigt.

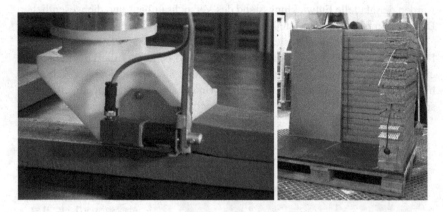

Abbildung 3.24 Druckprozess und Exponat einer 3D-gedruckten Wandecke im Maßstab 1:1[161]

   Das linke Foto in Abbildung 3.24 zeigt den Druckprozess einer zweiten
Betonschicht, die auf eine bereits standfeste Grundschicht abgelegt wird. Die
starre Drucköffnung ist in 360° drehbar und hat im dargestellten Bild eine
Auslass- und zugleich Druckgeometrie von (B · H =) 15,0 cm · 5,0 cm. Die
so gedruckten Betonschichten sind weltweit einzigartig. Insbesondere die Höhe
der gedruckten Schicht von 5,0 cm ist ein Alleinstellungsmerkmal gegenüber
anderen Forschungsaktivitäten. Die gedruckte Betonschicht kann mit Hilfe eines
Schneidbleches sauber abgetrennt werden. Seitens TUD-BM werden verschiedene Formungssysteme untersucht, auf die in Abschnitt 5.3.1 näher eingegangen wird. Der Versuchsstand ermöglicht eine maximale Druckgeschwindigkeit
in Höhe von 15,0 cm/s (9,0 m/min, 540 m/h). Theoretisch kann dadurch eine

---

[161]Bild: TUD-IfB.

Betonmenge von bis zu 4,0 m³/h verarbeitet werden. Allerdings führen Einzelbewegungen des Druckkopfes bei Störstellen (vergleiche Abschnitt 5.3.5), z. B. das Abbremsen oder Beschleunigen sowie das Umsetzen oder Neupositionieren dazu, dass die maximale Druckgeschwindigkeit und damit auch die Betonfördermenge deutlich reduziert wird. Im rechten Bild der Abbildung 3.24 wird ein Exponat einer gedruckten Wandecke gezeigt. Dabei sind verschiedene Varianten der Bewehrungsintegration, wie z. B. horizontal eingelegte Stahlstäbe (vergleiche Abschnitt 3.4.7), mineralisch getränkte Carbonfasern[162] oder textile Mattenbewehrungen, sichtbar. Die prozesssichere Bewehrungsintegration wird in zukünftigen Forschungsprojekten fokussiert werden. Zum aktuellen Zeitpunkt ist ein automatisierter 3D-Druck von unbewehrtem Beton unter Laborbedingungen in den zuvor beschriebenen Abmessungen prozesssicher umsetzbar. Seitens TUD-IfB liegen dazu bereits mehrere gut funktionierende Betonrezepturen vor.[163] Darüber hinaus ermöglicht der entwickelte Druckkopf eine sehr präzise und steuerbare Betonförderung und -ablage. Wie bereits beschrieben, ist der Druckkopf aktuell noch an einem Portalsystem montiert. Die Modifizierung der ABP zur funktionierenden Druckmaschine wird im Fokus zukünftiger Forschungsarbeiten stehen. Aussichtsreiche Voruntersuchungen wurden in (Kunze et al. 2017) durchgeführt. Einen allumfassenden Überblick zu den Forschungsaktivitäten aller drei beteiligter Institutionen der TU Dresden enthält (Mechtcherine et al. 2019c).

Ein weiterer Forschungsmeilenstein soll in Erweiterung des aktuellen Forschungsvorhabens digiCON² erreicht werden. Die Planung sieht vor, im Jahr 2020 ein Beispielgebäude im Originalmaßstab zu erstellen. Abbildung 3.25 zeigt den Grundrissplan des BIM-modellierten[164] Bauwerks.

---

[162] Weiterführend Mechtcherine et al. 2020.
[163] Weiterführend Nerella 2019.
[164] Die Modellierung erfolgte mit der BIM-Software Autodesk Revit.

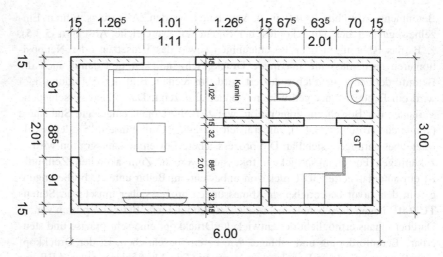

Abbildung 3.25 Grundrissplan des digiCON^2-Beispielgebäudes[165]

Das Bauwerk enthält alle geometrischen Besonderheiten (Ecken, T-Verbindungen und eine Kreuzung sowie ein Fenster und Türen), die bei einem typischen Wohngebäude vorhanden sind. Geführt wird der Druckkopf an einem Portalkransystem. Dieser Praxisversuch soll zunächst in einer Halle durchgeführt werden. Anschließend ist der Funktionsnachweis unter Umweltbedingungen geplant. Die weiteren Schritte sind die Kopplung der ABP mit der automatisierten Steuerungstechnik und dem entwickelten Druckkopf. Parallel dazu werden weitere Forschungsarbeiten zur Bewehrungsintegration, Baulogistik und dem Datenmanagement erfolgen.

---

[165] Anlage 1 enthält den formellen Grundrissplan des digiCON^2-Beispielgebäudes.

Digitale Prozesskette beim Beton-3D-Druck

4

4.1 Überblick zur bestehenden digitalen Prozesskette

Im kleinformatigen 3D-Druck[1] hat sich bereits eine durchgängige digitale Prozesskette zur Datenaufbereitung entwickelt und etabliert. In Abschnitt 2.4.2 wurde bereits ausführlich auf die weitgehend verfahrensunabhängige digitale Prozesskette bei den additiven Fertigungsverfahren eingegangen. Demnach ist es möglich, auf Basis identischer Datengrundlagen, z. B. CAD- oder STEP-Dateien, 3D-Objekte mittels unterschiedlichster Fertigungsverfahren in Verbindung mit verschiedenen Materialien und Bauteilabmessungen zu erzeugen. Theoretisch kann die bereits bestehende Prozesskette des kleinformatigen 3D-Drucks auch für den 3D-Druck mit Beton eingesetzt werden.[2] Dabei wird ein Bauteil zunächst mittels CAD-Software konstruiert. Anschließend wird die Datei im STL-Format gespeichert und in eine Slicing-Software überführt. In der Slicing-Software werden die 3D-Objekte in Einzelschichten mit definierten Höhen geteilt. Für die Einzelschichten wird darüber hinaus ein Druckpfad in x-y-Ebene generiert, der dann schichtweise durch den Druckkopf wiederholt ausgeführt werden kann. Damit liegen alle geometrischen Daten vor, um die endgültigen Maschinenbewegungen zum Druck des Objektes zu definieren. Zusätzlich sind weitere Eingangsdaten, wie z. B. die Druck- und Fluggeschwindigkeit, festzulegen (vergleiche Abschnitt 2.4.2). Im Ergebnis gibt die Slicing-Software eine Abfolge von Maschinenbefehlen aus, die als Arbeitsanweisungen für die einzelnen Motoren

---

[1]Der kleinformatige 3D-Druck ist geometrisch begrenzt durch Bauteilkubatoren bis etwa 1,0 m^3.

[2]Hager et al. 2016, S. 296.

des Druckers dienen. In der Regel wird dazu das maschinenlesbare Datenformat G-Code genutzt.

In der praktischen Anwendung der bestehenden digitalen Prozesskette des kleinformatigen 3D-Drucks ergeben sich für den Beton-3D-Druck jedoch Defizite. Die Prozesskette ist fehleranfällig und nicht auf die Randbedingungen des 3D-Drucks mit Beton angepasst. Viele aktuelle Forschungsprojekte behelfen sich diesbezüglich durch händisches Programmieren des Maschinencodes[3]. In Abbildung 4.1 werden die Defizite der bestehenden digitalen Prozesskette markiert.

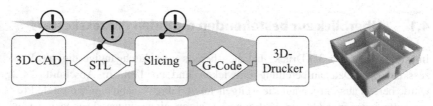

☐ … Prozessschritt mit Einsatz von EDV   ◇ … Datenformat zum Import und Export

Abbildung 4.1 Defizite bei der Anwendung der bestehenden digitalen Prozesskette

Es ergeben sich folgende Defizite (vergleiche Abbildung 4.1):

3D-CAD: Alternativ zur „einfachen" CAD-Software ist der Einsatz von BIM-Software bei der Planung und Umsetzung 3D-gedruckter Betonbauteile empfehlenswert.

STL: Mit dem Datenformat STL können lediglich geometrische Daten überführt werden. Um die Potenziale von BIM vollständig auszuschöpfen, ist der Datentransport über ein anderes Datenformat zu realisieren.

Slicing: Die am Markt verfügbare Slicing-Software ist für den Beton-3D-Druck, speziell für den Vollwanddruck, ungeeignet.

In den nachfolgenden Abschnitten wird auf die zuvor genannten Defizite näher eingegangen.

---

[3]Z. B. wurden die Maschinenbefehle für den Wand-Prototyp der TU München (Extrusion von Holzleichtbeton, Abmessungen ca. (L · B · H =) 1,5 m · 0,4 m · 1,0 m) händisch programmiert, vergleiche bi-medien 2018.

4.2 BIM als Basis für den digitalen Datenfluss

Die moderne Automationstechnik und computergestützte Fertigung (CAM) haben viele industrielle Prozesse stark verändert. Der Einfluss dieser Techniken auf das Bauwesen ist aktuell noch gering. Dies kann unter anderem mit den besonderen technologischen Anforderungen des Baustellenprozesses begründet werden. Beispielsweise sind Umwelteinflüsse, ständig wechselnde Umgebungsbedingungen und vor allem die für das Bauwesen typische Unikatfertigung mit vielen unterschiedlichen Materialien und Funktionalitäten dafür verantwortlich, dass Bauprozesse bisher qualitätssicherer in handwerklicher Individualfertigung erstellt werden können. Trotzdem befindet sich die Baubranche aktuell in einem Umbruch. Die Digitalisierung führt zu neuen Ansätzen in der Planung, der Herstellung und dem Betrieb von Bauwerken sowie der Kommunikation und der Koordinierung der am Bau Beteiligten. Vor allem wird bestrebt, die steigende Komplexität der Bauprojekte planungssicher zu beherrschen und die seit Jahren stagnierende (oder teilweise rückläufige) indexierte Arbeitsproduktivität zu steigern.[4] Building Information Modeling (BIM) wird sich zukünftig als Planungsmethodik etablieren. Mit BIM werden geometrische Eigenschaften mit funktionalen Eigenschaften eines jeden Bauteils verknüpft. So können einerseits die jeweiligen Bauteilabmessungen, andererseits beispielsweise zugehörige Qualitätsanforderungen, Kennwerte zu Baukosten, terminliche Informationen, etc. in der Datenbank bauteilbezogen hinterlegt werden. Ein BIM-Gebäudemodell kann es demzufolge ermöglichen, die druckrelevanten Informationen während des gesamten Planungs- und Bauprozesses und darüber hinaus z. B. zu Dokumentationszwecken bereit zu stellen. Die Kombination additiver Fertigung mit BIM bietet für das Bauwesen die Chance, den Entwicklungsschritt von der digitalen Planung zur digitalen Fertigung zu vollziehen und so den ganzheitlichen Ansatz von BIM in besonderer Weise zu vervollständigen. Eine effiziente Wertschöpfungskette wird damit sichergestellt.

Mittlerweile haben sich in der Anwendung von BIM als Erweiterung zur 3D-Planung andere „BIM-Dimensionen" herausgebildet. So werden Informationen für die Ausführungszeit (4D) als vierte, die Baukosten (5D) als fünfte, den Lebenszyklus (6D) als sechste und das Facility Management (7D) als siebte Dimension von BIM bezeichnet. Durch die aktuell sehr ausgeprägten Forschungs- und Entwicklungsaktivitäten im Bereich Beton-3D-Druck ist es durchaus vorstellbar, dass zukünftig unter „8D" der 3D-Druckprozess verstanden wird.[5]

---

[4]Haghsheno et al. 2016, S. 142.

[5]Otto und Krause 2018, S. 585.

Angesichts der besonderen Randbedingungen und einhergehenden Komplexität des 3D-Drucks mit Beton ist die Nutzung der bestehenden digitalen Prozesskette (vergleiche Abschnitt 4.1) nicht zielführend. Mit BIM sind im Bauwesen die Grundlagen geschaffen, um andere digitale Wege im Vergleich zur stationären Industrie zu beschreiten. Die Qualität der Datenbasis kann durch BIM wesentlich erhöht werden, da viel mehr Bauteilinformationen hinterlegt werden können. Dies wird es z. B. ermöglichen, bereits beim Gebäudeentwurf Rückschlüsse auf die Druckbarkeit zu ziehen und den Druckprozess somit frühzeitig zu optimieren. Die Gebäudegeometrie könnte dazu gezielt angepasst werden.

Die Effizienz der bestehenden digitalen Prozesskette kann durch den Einsatz von BIM anstelle einer klassischen CAD-Software deutlich erhöht werden. Allerdings basiert diese Aussage bisher nur auf theoretischen Überlegungen, da eine durchgängige digitale Prozesskette unter Anwendung von BIM-Software aktuell noch nicht existent ist.

4.3   BIM-Exportdateiformate für den Beton-3D-Druck

4.3.1   STL als Standarddateiformat im 3D-Druck

Um die für den 3D-Druck relevanten Daten aus BIM in eine Slicing-Software zu überführen, müssen diese zunächst über geeignete Exportdateiformate aus dem BIM-Modell extrahiert werden. Die Prozesskette des kleinformatigen 3D-Drucks sieht vor, die druckspezifischen Daten aus CAD im Datenformat STL (Standard Transformation Language) zu exportieren. Aktuell gilt STL als Industriestandard bei 3D-Druckverfahren. Eine STL-Modelloberfläche besteht aus Dreiecksfacetten, die jeweils durch drei Eckpunktkoordinaten und einen Flächen-Normalenvektor beschrieben werden.[6] Um die Objektoberfläche abzubilden, werden unterschiedlich große Dreiecke generiert und aneinandergefügt. Je kleiner die Dreiecke gewählt werden, desto genauer ist die Oberflächenqualität und umso größer ist die erforderliche Speichergröße des Datenmodells. Abbildung 4.2 verdeutlicht diese Zusammenhänge am Beispiel des Sekantenfehlers bei der Annäherung an eine Kreisbahn.[7]

Nahezu alle etablierten BIM-Softwareprogramme bieten die Möglichkeit, das Datenformat STL zu exportieren (vergleiche Abschnitt 4.3.4). Allerdings funktioniert der STL-Datenexport nicht immer fehlerfrei. Häufig kommt es zu geometrischen Fehlern, die beim Datenexport hervorgerufen werden. Zur Untersuchung

---

[6]Gebhardt 2016, S. 35.

[7]Weiterführende Informationen sind Awiszus et al. 2016 zu entnehmen.

Abbildung 4.2
Sekantenfehler bei der
Annäherung an eine
Kreisbahn

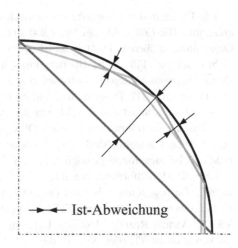

→◄— Ist-Abweichung

der Funktionalitäten etablierter BIM-Softwareprogramme diente eine beispielhafte Wandecke mit den Abmessungen (L · B · H =) 2,0 m · 1,85 m · 3,0 m mit einer Türöffnung mit (B · H =) 1,01 m · 2,135 m. In Abbildung 4.3 wird die beispielhafte Wandecke in einer BIM-Software und ein fehlerhafter STL-Datenexport dargestellt.

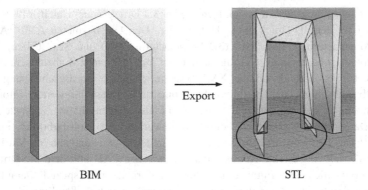

BIM   Export   STL

Abbildung 4.3 Fehler beim STL-Datenexport am Beispielmodell[8]

---

[8]In Anlehnung an Krause und Otto 2019, S. 175.

Die Fehler in der Modelloberfläche nach dem STL-Datenexport sind deutlich erkennbar. Die Endpunkte der Dreiecksfacetten stimmen nicht mit den originalen Objektpunkten überein. Das Objekt ist somit nicht vollständig und ohne Korrektur nicht druckbar.[9] Für solche Übertragungsfehler werden im kleinformatigen 3D-Druck sogenannte „Repair"-Softwareprogramme angeboten, die es ermöglichen, unvollkommene STL-Dateien zu „reparieren".

Allerdings können mittels STL nur die geometrischen Daten extrahiert werden. Zusätzliche Informationen eines Objektes, wie z. B. die Eigenschaften der verwendeten Baustoffe, sind nicht übertragbar. Somit sind die Mehrwerte, die BIM im Planungsprozess ermöglicht, mit STL nicht zu transferieren. Es gibt noch weitere 3D-Modellformate, die aktuell im kleinformatigen 3D-Druck angewandt werden. Dazu gehören z. B. OBJ (Wavefront-Object-Format), IGES (Initial Graphics Exchange Specification), STEP (Standard for the Exchange of model data), VRML (Virtual Reality Modeling Language) oder FBX (Filmbox). OBJ bietet im Vergleich zu STL den Vorteil, dass sowohl geometrische als auch zusätzlich eine Auswahl an Materialeigenschaften übertragen werden können. Es wird aktuell z. B. beim mehrfarbigen 3D-Druck eingesetzt.[10] Insgesamt ist zu konstatieren, dass keines der oben genannten Dateiformate die Anforderungen gänzlich erfüllt, um als geeignetes Dateiformat für den Beton-3D-Druck zu gelten.

4.3.2   Neuentwickelte Dateiformate für den 3D-Druck

Aktuell etablieren sich im kleinformatigen 3D-Druck neue Dateiformate, die explizit für den 3D-Druck entwickelt werden. Den Dateiformaten AMF (Additive Manufacturing File), 3MF (3D-Manufacturing-File) und SLC (Slice) wird das Potenzial bescheinigt, STL als bisherigen Industriestandard abzulösen. AMF wurde bereits 2011 als offener XML-basierter Standard zur Beschreibung von 3D-Objekten eingeführt. Es ermöglicht, geometrische Daten und weitere Informationen zum Objekt, wie Farbe, Texturen und Materialeigenschaften, zu speichern. Das Dateiformat wird aktuell beim Multimaterial- und Multifarbdruck eingesetzt.[11] Das Format 3MF befindet sich noch in der Entwicklungsphase. Mit Hilfe von 3MF soll eine direkte Kommunikation zwischen CAD und dem 3D-Drucker realisiert werden. Die Entwicklung des Dateiformats zielt speziell darauf ab, funktional gradierte Materialien, deren Eigenschaften sich fließend innerhalb des

---

[9]In der Fachliteratur wird ein fehlerfreies Modell als „wasserdicht" bezeichnet.

[10]Weiterführend hier An 2018, S. 76 ff.

[11]Kepler 2013, S. 1.

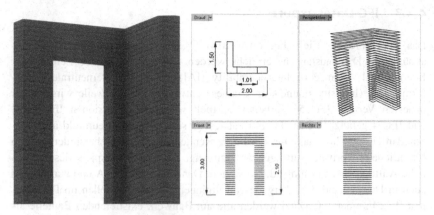

Abbildung 4.4 Wandecke im SLC-Format[13]

Bauteils ändern, produzieren zu können.[12] Das SLC-Format wird als 2,5D-Datei bezeichnet. Es enthält bereits die Geometriedaten der einzelnen zu fertigenden Schichten eines Bauteils in x-y-Ebene. Das Gesamtbauteil ergibt sich durch Addition der Einzelschichten. In Abbildung 4.4 wird das zuvor beschriebene Beispielmodell im SLC-Format dargestellt.

Die SLC-Datei wurde dazu aus der Software Rhinoceros[14] extrahiert. Die einzelnen Ebenen (Abbildung 4.4, rechts) sind gut erkennbar. Der Abstand der Ebenen entspricht dabei der Schichthöhe. In einem Viewer[15] (Abbildung 4.4, links) werden die Ebenen mit der vorgeschriebenen Schichthöhe kombiniert und als vollständiges Objekt angezeigt. Die Extraktion der neuentwickelten 3D-Druckdateiformate (AMF, 3MF, SLC) ist mit den aktuell etablierten BIM-Softwareprogrammen noch nicht möglich. Lediglich die Software Rhinoceros unterstützt alle drei neuentwickelten 3D-Druckdateiformate (vergleiche Abschnitt 4.3.4).

---

[12]Knabel 2015, S. 1.

[13]An 2018, S. 83.

[14]Rhinoceros ist aktuell nur bedingt als BIM-Software zu bezeichnen. Mittels Plugin kann die CAD-Software um ein Tool erweitert werden, das den IFC-Datenexport erlaubt (vergleiche Abschnitt 4.3.4).

[15]Ein Viewer ist eine Software, die in der Lage ist, verschiedene Dateitypen zu lesen und den Inhalt zu veranschaulichen.

4.3.3 IFC-Datenexport

Das übergeordnete Ziel „big open BIM"[16] soll auf Basis eines systemunabhängigen Datenaustauschs erreicht werden. Dazu wurde unter Leitung der International Alliance of Interoperability (IAI)[17] das herstellerneutrale Datenformat IFC (Industry Foundation Classes) entwickelt. Mittlerweile wird an der neuesten Version IFC 5 gearbeitet. Aktuell werden die Versionen IFC 2×3 und IFC 4 genutzt.[18] Das IFC-Format festigt sich im Softwareumfeld als BIM-Standardaustauschformat. Dies wird trotz Renitenz der Softwarehersteller[19] durch öffentliche und private Auftraggeber begünstigt. So fordern beispielsweise öffentliche Auftraggeber in Finnland, Norwegen, Dänemark, den USA und zunehmend auch in Deutschland die Übergabe von digitalen Gebäudemodellen im Datenformat IFC. In einer IFC-Datei werden alle am Bauwerk existierenden Bauteile als Objekte mit Attributen[20] definiert. Ein IFC-Modell enthält nicht nur die geometrischen Bauteildaten, wie z. B. Länge, Breite und Höhe einer Wand, sondern auch andere maßgebliche Bauteilinformationen, wie z. B.

- – Angaben zum Baumaterial,
- – Qualitätsanforderungen,
- – Kosten, Termine und Leistungskennwerte,
- – Verknüpfung mit Standard-Ausschreibungstexten (z. B. STLB-Bau),
- – Zuordnung zu Geschossebenen oder Gebäudeabschnitten sowie
- – Herstelldatum.

---

[16]„Big open BIM" bezeichnet das offene, durchgängige und fachübergreifende Arbeiten an einem BIM-Modell durch mehrere Beteiligte mit unterschiedlichen fachlichen Ausrichtungen. Die einzelnen Fachdisziplinen verwenden jeweils fachspezifische Softwareapplikationen. Die Modelle der Einzeldisziplinen werden in einem zentralen BIM-Modell zusammengeführt. Der Datenaustausch erfolgt über ein herstellerneutrales Datenformat.

[17]Seit 2008 unter der Bezeichnung „buildingSMART".

[18]Weiterführend siehe DIN EN-ISO 16739 „Industry Foundation Classes (IFC) für den Datenaustausch in der Bauindustrie und im Anlagenmanagement".

[19]Neutrale Austauschformate öffnen den Markt. Die größeren Softwarehersteller sind nicht daran interessiert, weil der Absatz ihrer Produkte gefährdet ist.

[20]Attribute werden bei IFC als sogenannte „Entities" bezeichnet.

Eine IFC-Datei besteht grundsätzlich aus zwei Teilen. Der „Header" speichert Metainformationen, wie z. B. Informationen über den Ersteller, verwendete Software, etc., während sich im „Body" die eigentlichen Objektdaten befinden. Die Einträge beginnen mit einer Entitäten-Nummer (#1, #2, #3, ...), gefolgt von einem Entitäten-Namen. Zu diesem Namen werden verschiedene Attribute zugeordnet, die häufig mit Zahlenwerten gekennzeichnet sind. In Abbildung 4.5 werden ausgewählte Entitäten des in Abschnitt 4.3.1 beschriebenen Beispielmodells gezeigt und anschaulich mit der zugehörigen Visualisierung[21] verknüpft.

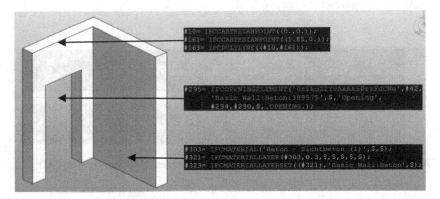

Abbildung 4.5 Ausgewählte IFC-Entitäten des Beispielmodells[22]

Die Abbildung 4.5 soll nachfolgend exemplarisch näher erläutert werden. Die Zeilen #10, #161 und #163 sind ausgewählte geometrische Kenndaten. Die Zeile #10 definiert den Startpunkt der Wand, die Zeile #161 den Endpunkt. Die Wand ist demnach 1,85 m lang. Zeile #161 definiert die Kennzeichnung als Polylinie[23] vom Start- bis zum Endpunkt. Die Zeile #295 definiert die Eigenschaften der Türöffnung. Es sind mehrere Angaben verknüpft, auf die an dieser Stelle nicht näher eingegangen werden soll. Die Zeilen #303, #321 und #323 spezifizieren das Baumaterial. Zur Beschreibung des Baumaterials wird mit Zeile #303 zunächst ein Attribut „Beton-Sichtbeton (1)" zugeordnet. Es folgen zwei Platzhalter „$". Zeile

---

[21] Sowohl die Visualisierung als auch die zugehörigen IFC-Entitäten wurden in Autodesk Revit erstellt.

[22] In Anlehnung an An 2018, S. 50.

[23] Polylinien sind offene oder geschlossene Folgen von zusammenhängenden Linien- oder Bogensegmenten, die wie ein einzelnes Objekt behandelt werden.

#321 wird erstens mit Zeile #303 verknüpft. Zweitens wird der Wand eine Wandstärke („0.3", entspricht 0,3 m) zugeordnet. Es folgen wiederrum fünf Platzhalter „$". Zeile #323 verknüpft wiederum mit den Angaben aus Zeile #321 und ergänzt die Information mit einem Attribut „Basic Wall: Beton". Es folgt erneut ein Platzhalter „$". Das Bauteil wird demzufolge in die Hauptgruppe Betonwand (Zeile #323) mit der Spezifikation Sichtbeton (Zeile #303) eingeordnet.

Außerdem stellte sich bei den Analysen heraus, dass IFC-Dateien, die aus verschiedenen BIM-Softwareprogrammen exportiert werden, nicht identisch sind. In Abbildung 4.6 wird ein Vergleich der IFC-Entitäten aus a) Autodesk Revit und b) ArchiCAD gezeigt.

```
a) #303= IFCMATERIAL('Beton - Sichtbeton (1)',$,$);
   #321= IFCMATERIALLAYER(#303,0.3,$,$,$,$,$);
   #323= IFCMATERIALLAYERSET((#321),'Basic Wall:Beton',$);
```

```
b) #216= IFCMATERIAL('Concrete - Structural',$,$);
   #256= IFCMATERIALLAYER(#216,300.,.U.,$,$,$,$);
   #258= IFCMATERIALLAYERSET((#256),'Concrete - Structural 300',$);
```

Abbildung 4.6   Vergleich der IFC-Entitäten aus a) Autodesk Revit und b) ArchiCAD[24]

Theoretisch sollten die softwareneutralen IFC-Dateien aus beiden BIM-Softwareprogrammen identisch sein. Am Beispielmodell zeigte sich allerdings, dass sowohl die Entitätennummern als auch die zugehörigen Attribute unterschiedlich bezeichnet werden. Es ist also softwareabhängig, welche Attribute zugeordnet werden können. Objektinformationen, die in den Platzhaltern ergänzt werden, sind zudem nicht standardisiert.[25] Eine Weiterverwendung in anderen Softwareprogrammen ist nicht immer unmittelbar möglich. In der Praxis kommt es immer wieder zu Problemen beim IFC-Datenaustausch. Objekte werden nicht vollständig angezeigt oder fehlerhaft miteinander verknüpft.

Auf Basis dieser Auswertungen kann konstatiert werden, dass in der IFC-Dateistruktur bereits Optionen bestehen, das Baumaterial genauer zu beschreiben. Die insgesamt acht Platzhalter „$" aus den Zeilen #303, #321 und #323 bieten die Möglichkeit, druckrelevante Parameter in der IFC-Datei zu speichern. Das Baumaterial direkt betreffend, sind die betontechnologischen Eigenschaften für den Druckprozess genauer zu deklarieren. So könnten z. B. erforderliche Druckfestigkeiten nach bestimmten Zeitintervallen (direkt nach Austritt, nach 10 min,

---

[24]An 2018, S. 52.

[25]van Treeck et al. 2016, S. 32.

1 Stunde, 24 Stunden, etc.) hinterlegt werden. Diese Daten könnten anschließend in eine Slicing-Software überführt und als Basis für den Slicing dienen. Leider sind die bestehenden Slicing-Programme nicht mit einer IFC-Schnittstelle ausgestattet. Daher ist aktuell die Umsetzung über einen IFC-basierten Datenaustausch technisch noch nicht möglich.

4.3.4 Mögliche Exportdateiformate etablierter BIM-Software

In Tabelle 4.1 werden etablierte BIM-Softwareprogramme und deren mögliche Exportdateiformate, die aktuell als Basis für den digitalen Datenfluss von Beton-3D-Druckverfahren dienen können, übersichtlich zusammengefasst.

Tabelle 4.1 Etablierte BIM-Softwareprogramme und mögliche Exportdateiformate[26]

Datei-format		BIM	Neue 3D-Druckformate			Angewandte Dateiformate im 3D-Druck					
		IFC	AMF	3MF	SLC	STL	FBX	IGES	STEP	OBJ	VRML
Revit		✓	×	×	×	Plugin	✓	Plugin	×	Plugin	×
Allplan		✓	×	×	×	✓	×	×	×	Plugin	✓
Rhinoceros		Plugin	✓	✓	✓	✓	✓	✓	✓	✓	✓
ArchiCAD		✓	×	×	×	✓	✓	×	×	✓	✓
Vectorworks		✓	×	×	×	✓	✓	✓	✓	✓	×

Die Software Rhinoceros überzeugt durch die Vielzahl der möglichen Export-dateiformate. In (Al Jassmi et al. 2018) wird angemerkt, dass sich das Programm in Verbindung mit dem Plugin Grasshopper3D sowie der Steuerungssoftware von KUKA außerordentlich gut für den Feinfilamentdruck mit einem Industrierobo-ter eignen. Die Software Rhinoceros ist eine klassische CAD-Software, die über

---

[26]In Anlehnung an Krause und Otto 2019, S. 175.

ein Plugin zur BIM-Software erweitert werden kann.[27] Die Bauteilkataloge sind allerdings ausbaufähig. Hier bietet Autodesk Revit eine anwendungsfreundliche Oberfläche und einen umfangreichen BIM-Bauteilkatalog an. Dem gegenüber sind die möglichen Exportdateiformate im Hinblick auf den 3D-Druck aktuell sehr begrenzt. Dies gilt auch für die BIM-Softwareprogramme Allplan, ArchiCAD und Vectorworks.

Zusammenfassend hat die Untersuchung geeigneter BIM-Exportdateiformate ergeben, dass für den Beton-3D-Druck prinzipiell drei Varianten des Datenexports aus BIM möglich sind:

a) über bereits angewandte Datenformate des 3D-Drucks (z. B. STL, OBJ, STEP),
b) über neuentwickelte Datenformate des 3D-Drucks (AMF, 3MF, SLC) und
c) über das BIM-Standardformat IFC.

Eine Empfehlung zur Modifizierung der bestehenden digitalen Prozesskette und weitere Erläuterungen folgen in Abschnitt 4.5. Im nächsten Abschnitt wird näher auf das Slicing eingegangen.

4.4   Slicing

4.4.1   Überblick

In Abschnitt 2.4.2 wurde bereits auf das Slicing als Teilprozess der digitalen Prozesskette beim kleinformatigen 3D-Druck eingegangen. Innerhalb des Slicings werden

- die dreidimensionale Objektstruktur in einzelne druckbare Schichten zerlegt,
- der Druckpfad definiert,
- alle notwendigen Druckparameter (z. B. Druckgeschwindigkeit, Fülldichte, Schichthöhe) festgelegt sowie
- zugehörige Maschinenbefehle generiert und als G-Code ausgegeben.

Im kleinformatigen 3D-Druck existieren zahlreiche Softwarelösungen, um diese Datentransformation umzusetzen. Wie in Abschnitt 2.2.4 beschrieben, ist

---

[27]D. h., dass ein Datenaustausch über das Datenformat IFC ist möglich. Außerdem können Bauteilkataloge heruntergeladen werden.

das FDM^{TM}-Verfahren sehr verbreitet und verfahrenstechnisch dem extrusionsbasierten Beton-3D-Druck ähnlich. FDM^{TM} ist aktuell führend bei Privatanwendern.
Auf dem Markt sind daher viele Slicing-Softwareprogramme erhältlich. Es handelt sich vorrangig um All-In-One-Lösungen,[28] die teilweise Open Source[29] im
Internet zum Download bereitgestellt werden. Um die Nutzbarkeit der angebote-
nen Slicing-Software für den extrusionsbasierten Beton-3D-Druck zu überprüfen,
wurden Analysen durchgeführt, die im nächsten Abschnitt zusammengefasst
werden.

4.4.2 Slicer-Software

Die weitaus größte Zahl der Slicer-Software sind für das FDM^{TM}-Verfahren konzipiert.[30] Die IT-Programme sind dabei alle ähnlich aufgebaut. Das Interface der
sehr etablierten Software Cura kann in sieben Teile unterschieden werden:

- Übergeordnete Einstellungen in der Taskleiste,
- Einstellungen des Modells im Druckbereich (Drehen, Skalieren, Bewegen,
  Spiegeln),
- Ansichtsoptionen (Solide, Röntgen- und Schichtendarstellung),
- Materialauswahl für zwei verschiedene Extruderdüsen (Bau- und Stützmate-
  rial),
- Druckeinrichtung – Einstellungen wichtiger Druckparameter (z. B.: Schichtdi-
  cke, Druck- und Bewegungsgeschwindigkeit, Fülldichte, Boden- und Deckel-
  stärke, Druckbreite für Ränder und Füllung, etc.),
- Objekt- und Bauraumvisualisierung und
- Druckdauer und Materialverbrauch.

Cura unterstützt alle etablierten und neuentwickelten 3D-Druckformate (vergleiche Tabelle 4.1 in Abschnitt 4.3.4). Der Import des BIM-Standarddateiformats
IFC ist mit Cura und allen anderen bekannten Slicer-Softwarelösungen aktuell
nicht möglich. Die lesbaren Dateien werden importiert, angezeigt und automatisch
auf Vollkommenheit geprüft. Einsteiger nutzen die empfohlenen Einstellungen

---

[28]Vergleiche Abschnitt 2.4.2.

[29]Open Source ist eine Bezeichnung für Software, deren Quelltext öffentlich und von Dritten
eingesehen, geändert und genutzt werden kann.

[30]Etabliert sind beispielsweise Craftware, KISSlicer, SliceCrafter, Netfabb, Simplify 3D,
Slic3r oder Cura.

der Druckeinrichtung. Eine benutzerdefinierte Druckeinrichtung ist möglich, allerdings an bestimmte Grenzeinstellungen gebunden. Werden diese überschritten, gibt das Programm eine Fehlermeldung aus. Bei der Eingabe einer Druckbreite von 20 cm, wie sie beim vollwandigen Beton-3D-Druck erforderlich ist, wird ein Fehler angezeigt. Die Einstellung soll hier 1,0 cm nicht überschreiten. Die Druckstrategie von Cura sieht vor, zunächst die äußeren Ränder zu drucken und die Struktur anschließend unter Berücksichtigung des Füllgrads[31] mit einer stabilisierenden Innenkontur[32] zu versehen.

FDM[TM]-Drucker verarbeiten in der Regel thermoplastische Kunststoffe. Die Düsendurchmesser betragen ca. 0,3 bis 0,8 mm. Um die Stabilität der Kunststoffobjekte zu gewährleisten, wurden spezielle Druckstrategien entwickelt und in die Software implementiert. Die Druckstrategie ist dem Contour Crafting (vergleiche Abschnitt 3.4.3) oder sonstigen Strangdruckverfahren (vergleiche Abschnitt 3.4.5) sehr ähnlich. Die open source Software Cura stellt für diese Beton-3D-Druckverfahren eine gute Basis dar, um die Software aufbauend gezielt auf die Belange des Beton-3D-Drucks anzupassen.

Wird dem gegenüber die übergeordnete Strategie des Vollwanddrucks (vergleiche Abschnitt 3.4.6) verfolgt, kann die Software Cura nicht als Basis dienen. Gemäß zuvor beschriebener Grenzeinstellungen lässt es die Software nicht zu, vollwandig zu drucken. Bei anderer etablierter Slicer-Software, wie Craftware, KISSlicer, SliceCrafter, Netfabb, Simplify 3D oder Slic3r liegt das gleiche Problem vor. Es können keine voll ausgefüllten Wandquerschnitte gedruckt werden. In weitergehenden Untersuchungen wurde der Oberflächenmodus[33] der Software Cura als eine Alternativlösung[34] eruiert, um das vollwandige Drucken zu simulieren. Allerdings führt diese Verfahrensweise zu Defiziten in der Wandoberfläche.

---

[31] Der Füllgrad der Struktur kann variabel von 0 % bis 100 % gewählt werden.

[32] Häufig im Zick-Zack-Muster, es sind auch andere Musterfüllungen einstellbar.

[33] Der Oberflächenmodus behandelt das Modell nur als Oberfläche. Beim Konstruieren sind Wände nur als Linien darzustellen, die eine Länge und Höhe besitzen. Die Modellierung kann z. B. in der Software SketchUp erfolgen. Im Oberflächenmodus von Cura wird den Linien eine Wanddicke zugewiesen. Die Wand wird dann als voll ausgefülltes Element, welches nur einmal überfahren wird, verstanden.

[34] Mit etablierter BIM-Software, z. B. Autodesk Revit, ist es nicht möglich solche Modelle zu generieren, da bei der Konstruktion des Bauteils „Wand" die Wandbreite immer mit angegeben werden muss. Der Grundriss muss dazu in einer anderen Software, wie z. B. SketchUp, nachmodelliert werden. Deshalb wird diese Lösung als „Alternativlösung" bezeichnet.

Durch die Zuweisung der Wandbreite zu einer Linie kommt es an Wandverbindungen zu Überlappungen oder Fehlstellen innerhalb der Objektoberfläche. In Abbildung 4.7 werden die beschriebenen Defizite anhand des Beispielmodells gezeigt.

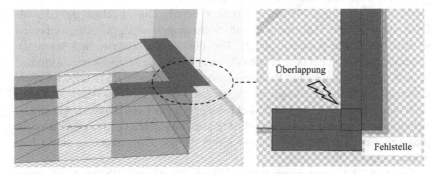

Abbildung 4.7 Defizite bei der simulativen Druckvorschau[35]

Aus den vorangegangenen Untersuchungen kann konstatiert werden, dass die am Markt verfügbare Slicing-Software nicht für den Vollwanddruck nutzbar ist. Die implementierten Druckstrategien sowie die vordefinierte Druckeinrichtung sind nicht auf die Randbedingungen des Beton-3D-Drucks angepasst. Um dies zu ermöglichen, sind weitreichende Eingriffe in die Programmierung erforderlich. Die Entwicklung angepasster Slicing-Softwareprogramme ist dringend notwendig, um den vollwandigen Beton-3D-Druck sicher und effizient zu beherrschen.

---

[35]In Anlehnung an: Lu 2017, S. 87.

4.5   Modifizierung der digitalen Prozesskette für den vollwandigen Beton-3D-Druck

In diesem Abschnitt werden die Erkenntnisse des vierten Kapitels zusammen-gefasst. Darüber hinaus werden Perspektiven zur Modifizierung der digitalen Prozesskette für den Beton-3D-Druck aufgezeigt.

Im kleinformatigen 3D-Druck existiert bereits eine durchgängige digitale Prozesskette, deren Datenformate und Softwareanwendungen stetig verbessert werden (vergleiche Abschnitt 4.3.2). Die digitale Prozesskette des Beton-3D-Drucks kann sich an der bestehenden digitalen Prozesskette orientieren. Aufgrund besonderer technologischer Randbedingungen des Beton-3D-Drucks ist diese jedoch zu modifizieren. Aktuell ist der digitale Datenfluss beim Beton-3D-Druck nicht durchgängig. Die G-Code-Maschinenbefehle zur Herstellung 3D-gedruckter Betonbauteile werden in den aktuellen Forschungsprojekten entweder händisch programmiert oder über eine fehleranfällige digitale Prozesskette in vielen Ein-zelschritten erstellt.

Durch die Anwendung von BIM eröffnen sich für den 3D-Druck mit Beton neue digitale Wege. Es ergeben sich deutliche Effizienzsteigerungen aus der Verbesserung der Planungstiefe, z. B. im Hinblick auf die Abspeicherung der notwendigen Eigenschaften des Druckmaterials Beton sowie der Möglichkeit, die Bauwerksplanung gezielt auf den 3D-Druckprozess abzustimmen (verglei-che dazu auch Abschnitt 4.2). Als weitere am Bau beteiligte Person könnte ein Fachplaner für 3D-Druck den Druckprozess für Betonbauteile präzise pla-nen. In Abbildung 4.8 wird die Modifizierung der digitalen Prozesskette für den vollwandigen Beton-3D-Druck dargestellt.

Der Dateiexport kann aus BIM mit Hilfe unterschiedlicher Dateiformate reali-siert werden (vergleiche Abschnitt 4.3). Daraus leiten sich zur Modifizierung der digitalen Prozesskette drei Varianten ab. Der Datenexport kann über

a) etablierte Dateiformate des kleinformatigen 3D-Drucks (z. B. STL, STEP oder OBJ),
b) neuentwickelte 3D-Druckdateiformate (AMF, 3MF oder SLC) und
c) das BIM-Standarddateiformat IFC erfolgen.

Die Varianten unterscheiden sich maßgeblich durch die übertragbare Daten-menge (vergleiche Abbildung 4.8, schraffierte Blöcke). Durch Nutzung der bereits etablierten Datenformate des kleinformatigen 3D-Drucks, Variante a), können lediglich geometrische Basisdaten aus BIM extrahiert werden. Darüber hinaus

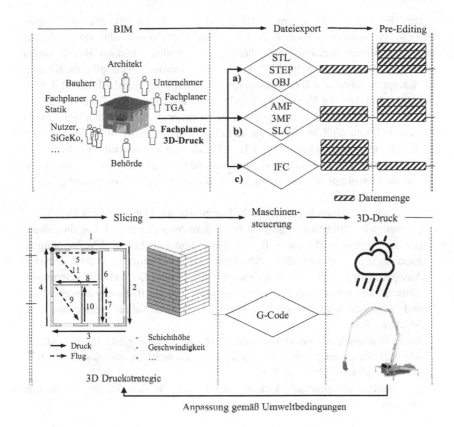

Abbildung 4.8 Modifizierung der digitalen Prozesskette beim vollwandigen Beton-3D-Druck

stellte sich heraus, dass die aus BIM exportierten STL-Dateien häufig Fehler in der Geometrie enthalten (vergleiche Abschnitt 4.3.1).

Die neuentwickelten 3D-Druckformate AMF, 3MF und SLC, Variante b), werden dem jetzigen Industriestandard STL in den kommenden Jahren starke Konkurrenz bieten. Sie ermöglichen es, zusätzliche Bauteilinformationen, wie z. B. Farbe, Textur und andere Materialeigenschaften, zu übertragen. Allerdings bieten die etablierten BIM-Softwareprogramme die neuentwickelten Dateiformate noch nicht als Exportdateiformat an (vergleiche Abschnitt 4.3.2).

Das BIM-Standarddateiformat IFC, Variante c), ist als zukunftsfähigste Variante einzustufen. Theoretisch kann das Dateiformat alle druckrelevanten Informationen speichern und übertragen. Allerdings können aktuell weder spezielle Druckparameter in BIM konfiguriert werden, noch gibt es Slicing-Softwareprogramme, die IFC-Dateien lesen können (vergleiche Abschnitt 4.3.3).

In Abhängigkeit der Variante a), b) oder c) ist die vorhandene Datenmenge vor dem Slicing um weitere Eingangsdaten zu erweitern. Alle notwendigen druckrelevanten Daten sind in einem zusätzlichen Prozessschritt, dem sogenannten „PRE-Editing", zu ergänzen (vergleiche Abbildung 4.8). Um den anschließenden Slicing-Prozess wirtschaftlich und prozesssicher durchführen zu können, muss eine breite Datenbasis des Druckobjekts vorhanden sein.[36] Dazu gehören:

– geometrische Stammdaten, wie z. B. Länge, Breite, Höhe des Objektes,
– geometrische Spezifizierungen, insbesondere hinsichtlich der Lagebeziehungen der Einzelbauteile, wie z. B. Wandverbindungen (Ecken, T-Verbindungen, Kreuzungen, vergleiche dazu Abschnitt 5.2.3), Öffnungen (Türen, Fenster, Aussparungen, vergleiche dazu Abschnitt 5.2.4) oder Querschnittsänderungen,
– statische und betontechnologische Kennwerte, wie z. B. Festigkeitskennwerte und Viskositätsverhalten nach bestimmten Zeitintervallen (vergleiche dazu Abschnitt 5.4),
– bauverfahrenstechnische (allgemeine und projektabhängige) Eingangsdaten, wie z. B. Reichweite sowie Anzahl der Druckmaschinen oder der Druckstartpunkt (vergleiche Abschnitt 5.5),
– allgemeine druckspezifische Eingangsdaten, wie z. B. Schichthöhe, Druck- und Fluggeschwindigkeit, Zeiten für Störstellen[37].

Im anschließenden Slicing werden: das 3D-Objekt in druckbare Schichten geteilt, ein wirtschaftlich optimierter Druckpfad generiert, die endgültigen Druckparameter (wie z. B. Schichthöhe, Druck- und Fluggeschwindigkeit) definiert und in Maschinensteuerungsdaten (G-Code) überführt. Bei den Analysen vorhandener Slicer-Software hat sich gezeigt, dass die frei am Markt verfügbaren Programme für den vollwandigen Beton-3D-Druck ungeeignet sind (vergleiche Abschnitt 4.4.2). Insbesondere sind die Teilung der 3D-Struktur in einzelne Druckabschnitte (vergleiche Abschnitt 5.5.3) und die Generierung eines optimalen Druckpfades (vergleiche Kapitel 6) unter Berücksichtigung der technologischen

---

[36]Krause et al. 2018.
[37]Störstellen werden im Abschnitt 5.3.5 aufgelistet und beschrieben.

Randbedingungen des vollwandigen Beton-3D-Drucks mangelhaft. Für die Prozesssicherheit des Beton-3D-Drucks ist es von außerordentlicher Bedeutung eine höchst präzise 3D-Prozessplanung durchzuführen. Wesentlicher Bestandteil dieser Planung ist die Entwicklung einer optimierten 3D-Druckstrategie. Als Ergebnis des Slicings werden die Maschinensteuerungsdaten in der Regel in Form eines G-Codes ausgegeben. Vor Ort sind die zum Ausführungszeitpunkt vorliegenden standort- und umweltabhängigen Druckvoraussetzungen des 3D-Drucks zu überprüfen. Sind Abweichungen gegenüber den ursprünglich angenommenen Druckvoraussetzungen festzustellen, ist die 3D-Druckstrategie unter Berücksichtigung aktueller Bedingungen anzupassen (vergleiche Abbildung 4.8).

Verfahrensspezifische Randbedingungen und geeignete Lösungsstrategien für den vollwandigen Beton-3D-Druck

5

5.1 Überblick

Im vorangegangenen Kapitel wurde beschrieben, dass für den vollwandigen Beton-3D-Druck

1) die aktuell bestehende digitale Prozesskette nicht durchgängig ist und
2) eine auf die technologischen Randbedingungen angepasste Slicing-Software entwickelt werden muss.

Für 1) wurden bereits mögliche Modifizierungen der aktuell bestehenden digitalen Prozesskette aufgezeigt. Um 2) zu realisieren, werden im Rahmen dieser Arbeit optimierte 3D-Druckstrategien entwickelt. Diese bilden die Basis für eine angepasste Slicing-Software. Ziel des vorliegenden Kapitels 5 ist es, die verfahrensspezifischen Randbedingungen für den vollwandigen Beton-3D-Druck umfassend zu beschreiben und geeignete Lösungsstrategien zur Optimierung der 3D-Druckstrategie aufzuzeigen. In Abbildung 5.1 werden die verfahrensspezifischen Randbedingungen des vollwandigen Beton-3D-Drucks und daraus abgeleitete Einflussfaktoren zur Optimierung der 3D-Druckstrategie übersichtlich dargestellt.

Die verfahrensspezifischen Randbedingungen können in sechs Hauptgruppen eingeteilt werden (vergleiche Abbildung 5.1). Diese haben wiederum grundlegenden Einfluss auf die Optimierung der 3D-Druckstrategie. Der vollwandige

M. Krause, *Baubetriebliche Optimierung des vollwandigen Beton-3D-Drucks*, Baubetriebswesen und Bauverfahrenstechnik, https://doi.org/10.1007/978-3-658-33417-8_5

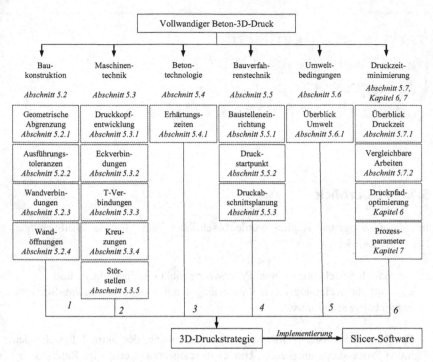

Abbildung 5.1 Optimierung der 3D-Druckstrategie beim vollwandigen Beton-3D-Druck

Beton-3D-Druck, im Speziellen das Verfahren CONPrint3D®, grenzt sich deutlich von anderen Beton-3D-Druckverfahren ab (vergleiche Abschnitt 3.5.2). Für die 3D-Druckstrategie von wesentlicher Bedeutung sind:

– die übergeordnete Strategie des Vollwanddrucks (vergleiche Abschnitt 3.4.6) und
– die baukonstruktive Anforderung, scharfkantige und kraftschlüssige Wandverbindungen, wie Ecken, T-Verbindungen oder Kreuzungen zu erzeugen.

Diese restriktiven Vorgaben haben z. B. direkten Einfluss auf:

- die Baumaschinentechnik, insbesondere die Neuentwicklung des Druckkopfes, der mit Hilfe definierter Bewegungsalgorithmen die Wandfertigung mit allen baulichen Besonderheiten ermöglichen soll,
- die Betontechnologie, dessen Betonrezepturen und -erhärtungseigenschaften speziell an die maschinelle Umsetzung der Extrusion (Betonfördermenge, Art und Weise der Extrusion, Geometrie der Extrusionsdüse, etc.) angepasst sein muss sowie
- die Bauverfahrenstechnik (z. B. Baustelleneinrichtung, Logistik, Druckabschnitte, Prozesssicherheit, etc.), die für die Umsetzung direkt auf der Baustelle geeignet sein muss.

Darüber hinaus wird die 3D-Druckstrategie durch die vorherrschenden Umweltbedingungen bestimmt. So unterscheidet sich die Fertigung im Werk maßgeblich von einer Baustellenfertigung. Die temperaturabhängige Betontechnologie beeinflusst beispielswiese die Druckgeschwindigkeit und die Erhärtungszyklen. Außerdem existieren wirtschaftliche Anforderungen an die neuartige Bautechnologie. Die Druckzeit ist dem folgeleistend zu minimieren.

Ein Ziel dieser Arbeit ist es, aus den verfahrensspezifischen Randbedingungen des vollwandigen Beton-3D-Drucks die maßgeblichen Einflussfaktoren auf die Optimierung der 3D-Druckstrategie abzuleiten. Die Erkenntnisse können in weiteren wissenschaftlichen Arbeiten genutzt werden, um z. B. eine angepasste Slicer-Software zu entwickeln. In den nächsten Abschnitten wird näher auf die zuvor beschriebenen sechs Hauptgruppen und deren Einflussfaktoren im Hinblick auf die Optimierung der 3D-Druckstrategie eingegangen.

5.2 Baukonstruktion

5.2.1 Geometrische Abgrenzung

Der mehrheitliche Fokus der Forschungsarbeiten im Beton-3D-Druck sieht vor, konventionelle Wandbauweisen aus Mauerwerk, Beton oder Trockenbau durch die innovative Beton-3D-Drucktechnik zu ersetzen. In diesem Abschnitt werden baukonstruktive Besonderheiten bei der Wandfertigung im Wohnungsbau genauer analysiert. Typische Wohnungsgrundrisse, die im Rohbau aus Mauerwerk, Beton oder Trockenbau gefertigt werden, können in folgende geometrische Einzelelemente zerlegt werden:

- gerade oder runde Wände mit verschiedenen Wandbreiten,
- Wandverbindungen (Ecken, T-Verbindungen, Kreuzungen),
- freie Wandenden,
- Öffnungen für Türen, Fenster oder TGA-Installationen.

In Anlage 2 ist ein hypothetischer Wohnungsgrundriss dargestellt, der alle möglichen Varianten vorgenannter Einzelelemente enthält. Die Einzelelemente werden weiterführend in Anlage 2 tabellarisch aufgelistet. Die Übersicht beinhaltet geometrisch relevante Bauteilinformationen und jeweils ein Beispiel mit Kurzbezeichnung sowie zugehöriger Erläuterung. Der neuentwickelte Druckkopf muss so konzipiert werden, dass möglichst alle Elemente maschinenseitig realisiert werden können.

5.2.2 Ausführungstoleranzen

Die DIN 18202 „Toleranzen im Hochbau – Bauwerke"[1] regelt die Ausführungsgenauigkeiten bei der Erstellung von Gebäuden. Die Regelungen der Norm bilden die wesentlichen Anforderungen hinsichtlich der Ausführungstoleranzen des Druckprozesses in Deutschland ab. Relevant sind im Speziellen folgende Regelungen der DIN 18202:

- Grenzabweichungen für Maße,
- Grenzwerte für Winkelabweichungen,
- Grenzwerte für Ebenheitsabweichungen.

Zum besseren Verständnis der nachfolgend aufgeführten Grenzwerte werden zunächst die Begriffe a) „Grenzabweichung" und b) „Stichmaß" in Abbildung 5.2 erläutert.

Anlage 3 enthält Auszüge und Tabellen aus der DIN 18202 sowie nähere Erläuterungen zur Anwendung in Verbindung mit dem Beton-3D-Druck. Die Ergebnisse der Analysen zur Ausführungsgenauigkeit nach DIN 18202 werden in Tabelle 5.1 und Abbildung 5.3 am Beispiel einer Wand mit (H · L =) 3,0 m · 3,0 m zusammengefasst.

---

[1]DIN 18202:2019–07.

a) „Grenzabweichung"

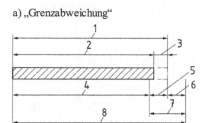

Legende

1 Nennmaß
2 Istmaß
3 Maßabweichung
4 Mindestmaß
5 untere Grenzabweichung (-)
6 obere Grenzabweichung (+)
7 Maßtoleranz
8 Höchstmaß

b) „Stichmaß"

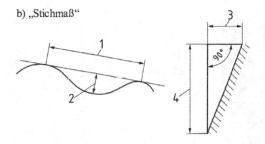

Legende

1 Messpunktabstand
2 Stichmaß Ebenheitsabweichung
3 Stichmaß Winkelabweichung
4 Nennmaß

Abbildung 5.2 Erläuterung der Begriffe a) „Grenzabweichung" und b) „Stichmaß"

Tabelle 5.1 Anforderungen an die zulässige Ausführungsgenauigkeit nach DIN 18202

Art der Ausführungstoleranz	Maßabweichung
Grenzabweichung für Maße gegenüber den Planunterlagen (Grund- und Aufriss) (Nennmaß über 1,0 m bis 3,0 m)	± 12 mm
Grenzabweichung für Maße bei lichten Öffnungen (Fenster, Türen, …) (Nennmaß bis 1,0 m)	± 10 mm
Winkelabweichung in der vertikalen und horizontalen Ebene (Nennmaß über 1,0 m bis 3,0 m)	± 8 mm
Ebenheitsabweichung innerhalb der Wand (bei Messpunktabstand 3,0 m)	± 13 mm
Ebenheitsabweichung zwischen den Schichten (bei Messpunktabstand bis 0,1 m)	**± 5 mm**

Grundriss Wand   Schnitt Wand   Grundriss Öffnung

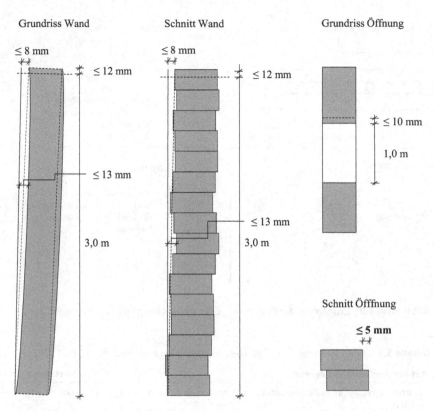

Abbildung 5.3 Ausführungstoleranzen am Beispiel einer Wand mit (H · L =) 3,0 m · 3,0 m

Aus den zuvor beschriebenen Anforderungen ist die zulässige Abweichung zwischen den Schichten in Höhe von ± 5 mm die maßgebende Angabe (vergleiche Tabelle 5.1, fett gedruckter Wert) für die zu erreichende Ausführungsgenauigkeit. Sollte die Abweichung aufeinanderfolgender Schichten größer ± 5 mm sein, so ist es darüber hinaus fraglich, ob die obere Schicht beim Druckvorgang formbeständig bleibt. Die Einhaltung von ± 5 mm ist also technisch und gesetzlich vorgeschrieben. Bauverfahrens- und maschinentechnisch gesehen ist die Einhaltung dieser Maßgenauigkeit unter Berücksichtigung wechselnder Umweltbedingungen eine große Herausforderung.

5.2.3 Kraftschlüssige Wandverbindungen

Prinzipiell kann in die drei Arten von Wandverbindungen: Ecke, T-Verbindung und Kreuzung unterschieden werden. CONPrint3D® sieht vor, scharfkantige 90°-Ecken auszubilden (vergleiche Abschnitt 3.5.2). Bei allen anderen Beton-3D-Druckverfahren werden die Innen- und Außenecken in der Regel rund, mit geringen Radien, ausgeführt. Dies hat zur Folge, dass eine Ecke in einem Zug und ohne Fuge ausgeführt werden kann. Bei T-Verbindungen und Kreuzungen, bei denen Einzelwände an bestehende Strukturen anzuschließen sind, kommt es hingegen immer zur Bildung einer „kalten" Fuge. Als „kalte" Fuge werden Bereiche im gedruckten Beton bezeichnet, bei denen der Verbund gestört ist. Dies ist in der Regel immer dann der Fall, wenn der Beton nicht „frisch-in-frisch" gedruckt wird.[2] Die Verbindung angrenzender Wände einfach stumpf herzustellen, ist statisch bedenklich. Um die statische Tragfähigkeit der Wandverbindungen zu erhöhen, sind sie immer als kraftschlüssige Verbindung herzustellen. Deshalb müssen verfahrenstechnische Lösungen erarbeitet werden, um die Kraftschlüssigkeit der Wandverbindungen zu gewährleisten. Dazu gibt es aus statischer Sicht drei Lösungsansätze, die eng an konventionelle Lösungen des Mauerwerkbaus[3] angelehnt sind:

a) Verzahnung durch alternierende[4] Schichtenanordnung (siehe Tabelle 5.2),
b) Stumpfstoß mit Edelstahl-Flachankersystem (siehe Tabelle 5.3),
c) Wandeinfassung (nur bei T-Verbindung oder Kreuzung, siehe Tabelle 5.4).

In Tabelle 5.2 bis Tabelle 5.4 werden die Lösungsansätze a) bis c) visuell verdeutlicht und unterhalb der jeweiligen Tabelle näher beschrieben. Abschließend wird eine zusammenfassende Bewertung der Lösungsansätze vorgenommen.

Die alternierende Verzahnung, Variante a) gemäß Tabelle 5.2, ist im Mauerwerksbau die gängigste Lösung, um Wände kraftschlüssig anzuschließen. Ziel der Verzahnung ist es, die Fugen so zu versetzen, dass die Tragfähigkeit so wenig wie möglich eingeschränkt ist. Besonders häufig wird die Verzahnung im Mauerwerksbau bei Eckverbindungen ausgeführt.[5]

---

[2]Weiterführend Nerella et al. 2019.
[3]Weiterführend Bundesverband der Kalksandsteinindustrie 2014.
[4]Der Begriff „alternierend" soll den schichtweisen Wechsel bei der Druckabfolge, z. B. „ungerade" Schicht – „gerade" Schicht, verdeutlichen.
[5]Bundesverband der Kalksandsteinindustrie 2014, S. 52.

Tabelle 5.2 Lösungsansatz a) Verzahnung durch alternierende Schichtenanordnung

Art der Wandverbindung	Schicht 1, 3, 5, … ("ungerade" Schicht)	Schicht 2, 4, 6, … ("gerade" Schicht)
Ecke		
T-Verbindung		
Kreuzung		

Tabelle 5.3 Lösungsansatz b) Stumpfstoß mit Edelstahl-Flachankersystem

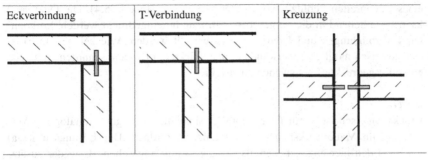

Eckverbindung	T-Verbindung	Kreuzung

Die Stumpfstoßtechnik mit Edelstahl-Flachankern gemäß Tabelle 5.3 wird im Mauerwerksbau sehr häufig aus arbeitstechnischen Gründen angewendet, um aussteifende Querwände nachträglich an tragende Wände anzuschließen. Sie gilt als besonders wirtschaftlich, da das Mauern von Verzahnungen deutlich aufwändiger ist. Die Edelstahl-Flachanker werden beim Mauern zunächst in die Lagerfugen eingelegt und sind nach unten abgewinkelt eingebaut. Um die Querwand nachträglich anzuschließen, werden die Anker hochgebogen und gleichermaßen in die Lagerfugen der Querwand eingemörtelt. Sofern die statische Bemessung nichts anderes vorsieht, kann die Stumpfstoßtechnik im Mauerwerksbau bei T-Verbindungen, Kreuzungen und sogar Ecken eingesetzt werden.[6]

Tabelle 5.4 Lösungsansatz c) Wandeinfassung (nur bei T-Verbindung und Kreuzung)

T-Verbindung	Kreuzung	Bemerkungen
l_{Einb}	l_{Einb}	Einbindelänge l_{Einb} sollte mindestens 1) größer 1/3 der Wandbreite, 2) größer 5 cm, betragen.

---

[6]Bundesverband der Kalksandsteinindustrie 2014, S. 64.

Der Ansatz c) sieht vor, in der Längswand eine gezielte Aussparung in Form eines wandbreiten Schlitzes vorzusehen (vergleiche Tabelle 5.4). Die Querwand kann anschließend in die vorgesehene Öffnung hineingedruckt werden. So könnten T-Verbindungen und Kreuzungen hergestellt werden. Wie bei Ansatz b) ist es theoretisch möglich, Querwände in nachfolgenden Druckabschnitten an bereits endfertig gedruckte Längswände anzuschließen.

Bewertung:
Druckstrategisch ist es für CONPrint3D® sinnvoll, die Fugen – analog der Verzahnung im Mauerwerksbau – alternierend anzuordnen. Der Lösungsansatz a) wird von den hier angegebenen als Vorzugslösung angesehen, da weder zusätzliche Facharbeiter noch Hilfsmittel erforderlich sind. Darüber hinaus existieren Erfahrungen aus dem Mauerwerksbau hinsichtlich der statischen Tragfähigkeit von Verzahnungen bei Wandverbindungen. Es gibt zahlreiche Kombinationsmöglichkeiten, wie Wandverbindungen verzahnt werden können. In Tabelle 5.2 wurden lediglich Beispiele gezeigt. In Abschnitt 5.3 wird auf weitere Varianten der Verzahnung eingegangen.

Ansatz b) stellt eine Möglichkeit dar, um nachträglich Querwände zu integrieren. Ein Facharbeiter kann während des Wanddrucks die Edelstahlanker gezielt in die Schichten einlegen. Die Querwand kann so in einem nachfolgenden Druckabschnitt problemlos an die bereits bestehende Wand angeschlossen werden. Ansatz c) ist möglich, die maschinenseitige Umsetzung ist allerdings sehr kleinteilig und aufwändig.

5.2.4 Wandöffnungen

5.2.4.1 Ansätze zur Integration von Wandöffnungen

Die Integration von Wandöffnungen für Türen und Fenster sowie andere Aussparungen, z. B. für TGA-Installationen, ist bei allen Beton-3D-Druckverfahren von besonderer Bedeutung. Die vier Begrenzungsflächen der Aussparung (Laibungen links und rechts, Sturz und Brüstung) sind maßgenau unter Beachtung der zulässigen Ausführungstoleranzen (vergleiche Abschnitt 5.2.2) herzustellen. In Tabelle 5.5 werden drei theoretische Lösungsansätze zur Integration von Wandöffnungen vorgestellt und visualisiert.

Tabelle 5.5 Lösungsansätze zur Integration von Wandöffnungen

Lösungsansatz und Erklärung	Visualisierung[7]
a) 3D-Druck von Füllmaterial: Ansatz a) wird bereits bei gängigen Verfahren des kleinformatigen 3D-Drucks angewandt. Bei Hohlräumen, Auskragungen oder Öffnungen wird ein zweites Material 3D-gedruckt, das als temporäre Abstützung dient. Dieses Füllmaterial wird nachträglich wieder entfernt.	
b) Einsatz einer Rahmenschalung: Ansatz b) sieht vor, zusätzliche Rahmenschalungen im Bereich der Aussparung anzuordnen. Dieser Ansatz ist eng an die gängige Praxis des konventionellen Betonbaus angelehnt.	
c) Fertigteilsturz mit temporärer Unterstützung: Bei Ansatz c) überbrückt ein konventioneller Fertigteilsturz den Öffnungsbereich. Da die Tragfähigkeit des frischen Betons im Auflagerbereich nicht ausreichend ist, sind temporäre Montagestützen zu errichten.	

Bewertung:
Langfristig gesehen bietet der Ansatz a) im Bauwesen die Möglichkeit, Gebäude gänzlich autonom, ohne zusätzliches Hilfspersonal zu fertigen. Allerdings ist hierzu eine zusätzliche Druckdüse erforderlich, die im Bereich der Aussparung ein druckfestes, nachhaltiges – bestenfalls wiederverwertbares – Füllmaterial

---

[7]Bild für a): TUD-BM.

druckt, welches nach Druckabschluss leicht entfernbar ist. Im Rahmen des Forschungsvorhabens „BioConSupport"[8] wird ein solches Material entwickelt. Die Entwicklung eines passenden Multidüsen-Druckkopfes ist zum jetzigen Zeitpunkt nicht absehbar.

Bei Ansatz b) ist die Positionierung der Rahmenschalung auf dem frisch gedruckten Beton, z. B. auf einer Brüstung, problematisch. Bevor die Schalung montiert werden kann, müsste der Beton für eine gewisse Zeit aushärten können, um die ausreichende Tragfähigkeit zu besitzen. Außerdem sollen Beton-3D-Druckverfahren schalungsfrei umgesetzt werden. Deshalb wird der Ansatz b) im Rahmen dieser Arbeit nicht weiterverfolgt.

Als in der Praxis umsetzungsfähig und wirtschaftlich kann Ansatz c) bewertet werden. Nachfolgend wird näher auf diese Ausführungsvariante eingegangen. Abbildung 5.4 unterstützt die folgende Beschreibung der Verfahrensweise am Beispiel einer Fensteröffnung.

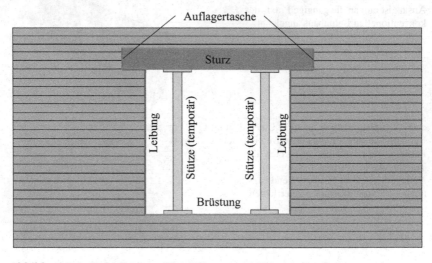

Abbildung 5.4 Herstellung von Wandöffnungen am Beispiel eines Fensters

Bis zur erforderlichen Brüstungshöhe[9] werden die Schichten zunächst ohne Unterbrechungen erzeugt. In den anschließenden Schichten wird im Bereich der

---

[8]Kohl 2017.

[9]Zur Gewährleistung der Absturzsicherung sind in Deutschland Mindestmaße für Brüstungshöhen einzuhalten. Diese werden in jedem Bundesland mit der jeweils gültigen

Öffnung kein Beton extrudiert. Der Druckkopf wird an die Öffnung heranfahren und in der Laibung (vergleiche Abbildung 5.4) ein freies Wandende erzeugen. Anschließend erfolgt eine Flugstrecke[10] über die gesamte Öffnungsbreite. Danach wird die zweite Laibung hergestellt und die Schicht weitergedruckt.[11] Die Vorgänge wiederholen sich bis zur Oberkante der Wandöffnung. Den oberen Abschluss bildet ein Betonfertigteilsturz, der in gedruckte Auflagertaschen eingelegt wird. Die Auflagertaschen (vergleiche Abbildung 5.4) sind analog einer Laibung in den Abmessungen des Betonfertigteilsturzes herzustellen. Der Sturz kann anschließend z. B. durch einen Facharbeiter unter Einsatz eines Versetzgerätes eingelegt werden. Zukünftig ist ein autonomes Versetzen avisiert. Da der frisch gedruckte Beton zum Zeitpunkt des Einlegens nicht die nötige Auflagerfestigkeit aufweist, wird die Eigenlast des Sturzes über temporäre Stützen [12] abgetragen. Diese sind z. B. auf den bereits ausreichend festen Schichten der Brüstungsebene zu positionieren. Die Lastverteilung der zwei punktförmigen Stützenlasten erfolgt durch ein Querbrett auf den gesamten Brüstungsbereich. Sollte die notwendige Betonfestigkeit der Brüstung nicht erreicht sein, werden vier Stützen mit zwei Querjochen angeordnet und auf der Boden- oder Deckenplatte fixiert. Die Schichten ab Oberkante (OK) Sturz sind anschließend unterbrechungsfrei zu drucken. Die genaue Höhe und Lage der Aussparung wird durch die gegebene Architektur vorgegeben. Die Schichtenabfolge ist demnach genau zu planen.

Landesbauordnung geregelt. In Sachsen ist die Sächsische Bauordnung (SächsBO) mit § 38 Abs. 3 und Abs. 4 maßgebend. Typische Brüstungshöhen sind 90 cm und 1,10 m.

[10]Die Begriffe „Flugstrecke" oder „Flugweg" definieren im Rahmen dieser Arbeit einen Fahrtweg des Druckkopfes, bei dem keine Betonextrusion stattfindet.

[11]Hinweis: Die nachträgliche Montage des Fensters muss luftdicht erfolgen. Dies wird in der Regel durch Systemlösungen, z. B. vorkomprimierte Dichtungsbänder, spritzbare Dichtstoffe mit Hinterfüllmaterial oder Ähnliches erreicht. Es kann daher erforderlich sein, die Laibungsfläche vor der Fenstermontage mit einem Putzglattstrich zu versehen, um eine ausreichende Ebenheit der Fläche zu erreichen. Durch die Schichtenstruktur und den ggf. minimalen Schichtenversatz kann es ohne diese Vorbereitungen passieren, dass die Konstruktion nicht luftdicht ausführbar ist. Bei Windangriff können bereits kleinste Löcher in der Abdichtung dazu führen, dass Zugluft entsteht und die Dauerhaftigkeit der Konstruktion beeinträchtigt ist.

[12]In der gängigen Baupraxis werden dazu sogenannte EURO-Stützen verwendet.

5.2.4.2 Individuelle Anpassung der Schichthöhen

Im vorherigen Abschnitt wurde die Herstellung einer Wandöffnunng mittels Fertigteilsturz genauer beschrieben. Dabei ist es erforderlich, die geplanten Höhen, z. B. für OK Brüstung, OK Auflager oder OK Sturz im Rahmen der geregelten Ausführungstoleranzen (vergleiche Abschnitt 5.2.2) zu realisieren. Um ein genaues Höhenmaß zu erreichen, ist es für diese Teilbereiche unerlässlich, die Regelschichthöhe anzupassen. Dies kann methodisch über vier Varianten realisiert werden. In Tabelle 5.6 werden Lösungsansätze zur individuellen Höhenanpassung dargestellt und erklärt.

Tabelle 5.6 Lösungsansätze zur individuellen Höhenanpassung

Lösungsansatz und Erklärung	Visualisierung
a) Die Höhe einer Schicht ist während des Druckes variierbar.	Visualisierung Schichthöhe nach oben anpassbar Schichthöhe nach unten anpassbar
b) Die Bereiche der Höhenanpassung werden zuerst als einzelne Teilschichten gedruckt. Anschließend werden die Regelschichten an die bereits gedruckten Teilschichten angeschlossen.	
c) Die Bereiche der Höhenanpassung werden nachträglich mit Hilfe von Teilschichten hergestellt.	
d) Die Höhen der letzten oder der beiden letzten Schichten (h_{AS}) vor einem angepassten Bereich werden vermittelt, so dass die erforderliche Endhöhe erreicht wird.[13]	Regelschicht Schichthöhe angepasst (h_{AS}) Regelschicht

---

[13] Sollte die Höhe der letzten Schicht unterhalb der druckbaren Mindesthöhe liegen, so werden die letzten beiden Schichten vermittelt. Die Abbildung rechts in Tabelle 5.6 d) zeigt genau diesen Ausführungsfall.

Bewertung:
Bei Variante a) muss der Druckkopf in der Lage sein, die Schichthöhe individuell zu reduzieren. Im Bereich der Brüstung und der Auflagertasche kann es erforderlich sein, die Schichthöhe von oben zu mindern. Oberhalb des Sturzes wird eine Reduzierung der Schichthöhe von unten der Regelfall sein (vergleiche Visualisierung Variante a) in Tabelle 5.6). Die Variante a) ist aus baubetrieblicher Sicht die wirtschaftlichste, da die gewünschte Höhe nach oben und unten fortlaufend angepasst werden kann. Dadurch werden minimale Zeitverluste garantiert. Maschinentechnisch ist dieser Lösungsansatz allerdings diffizil, da parallel zur Anpassung der Schichthöhe die Betonförderung sehr präzise anzupassen ist. Die Förder- und Ausgabemengen sind ohnehin mit den Fahrbewegungen zu synchronisieren sowie genauestens auf die jeweilige Betonrezeptur abzustimmen. Ansatz a) ist wirtschaftlich aussichtsreich und sollte maschinenseitig umgesetzt werden. Zum jetzigen Zeitpunkt ist der Druckkopf noch nicht in der Lage eine individuelle Höhenanpassung nach Lösungsansatz a) umzusetzen.

Die Ansätze b) und c) setzen voraus, dass der Druckkopf die anzupassenden Schichthöhen in Form von separaten Teilschichten erzeugt. Teilschichten sind Schichten mit reduzierter Höhe, die nur in den erforderlichen Bereichen der Höhenanpassung gesondert erstellt werden. In Lösungsansatz b) wird eine Teilschicht als erster Arbeitsgang erzeugt. Nachträglich erfolgt der Anschluss der Regelschicht an die bereits gedruckte Teilschicht. In Ansatz c) wird die Teilschicht nachträglich eingesetzt. Beide Ansätze haben zur Folge, dass der optimierte Druckpfad nicht wie in den Regelschichten verfolgt werden kann. Dies verursacht Unregelmäßigkeiten im Druckprozess, die zur Bildung „kalter" Fugen führen können.

Variante d) sieht vor, die Höhen der beiden letzten Schichten vor einem angepassten Bereich zu vermitteln. Die beiden letzten Schichten werden folglich in verminderter Schichthöhe gedruckt. Vorteilhaft ist dabei, dass ein kontinuierlicher Druck garantiert wird. Die Zeit, die zwischen der Schichtablage einzelner Schichten vergeht, bleibt gleich. Außerdem werden sehr geringe Schichthöhen, z. B. in Höhe von 0,5 cm vermieden. Nachteilig ist es, dass eine zusätzliche Umrundung des Grundrissgraphen stattfindet.

Im Rahmen der Simulationsstudie dieser Arbeit (siehe Kapitel 7) wird Variante d) angewendet. Diese Variante wird ausgewählt, da Variante a) mit dem aktuellen Entwicklungsstand des Druckkopfes (vergleiche Abschnitt 5.3) noch nicht umgesetzt werden kann. Die Umsetzung der Variante a) wird aus druckstrategischer Sicht ausdrücklich empfohlen und sollte innerhalb der nächsten Entwicklungsstufen des Druckkopfes berücksichtigt werden. Gegenüber Variante b) und c) hat

Variante d) den Vorteil, dass der Druck kontinuierlich abläuft. Außerdem werden „kalte" Anschlussfugen vermieden.

5.2.4.3 Exkurs: Produktion der Stürze

Zur tragfähigen Integration von Wandöffnungen sind oberhalb der Öffnung Stürze vorzusehen. Prinzipiell gibt es im Zusammenhang mit dem Beton-3D-Druck dafür drei Ausführungsvarianten:

a) Einbau eines Fertigteilsturzes,
b) Produktion von Stürzen mittels Beton-3D-Druck (im Werk oder auf der Baustelle),
c) Integration der Sturzproduktion in den Prozessfluss des Beton-3D-Drucks.

Variante a) ist in der konventionellen Praxis eine gängige Methode. Es gibt verschiedene Arten von Fertigteilstürzen mit unterschiedlichen Abmessungen. Gängige Höhen sind z. B. bei Flachstürzen 7,1 cm oder 11,5 cm und bei Normalstürzen 17,5 cm oder 25,0 cm. Gemäß statischer Anforderung und der jeweiligen Öffnungsbreite sind diese gezielt auszuwählen. Zur Umsetzung der Variante a) sind ein Facharbeiter und ein der Sturzmasse entsprechendes Hebezeug vorzuhalten.

Darüber hinaus ist es vorstellbar, die Stürze gemäß Variante b) mittels Beton-3D-Druck zu produzieren. Die Stürze könnten dazu aus mindestens zwei Schichten gedrucktem Beton hergestellt werden. Die Produktion kann im Werk oder auf der Baustelle stattfinden. Zunächst wird eine Schicht Beton in der notwendigen Sturzlänge gedruckt. Auf diese Schicht kann ein Facharbeiter die erforderliche Stahlbewehrung legen oder eindrücken. Die zweite Schicht überdeckt diese Bewehrung wiederum mit Beton. Dieser Vorgang kann mehrmals wiederholt werden, bis die Sturzhöhe erreicht und die erforderliche Bewehrungsmenge im Beton positioniert sind. Der Sturz könnte so aus mehreren Schichten Beton und Bewehrungslagen bestehen. Nach dem Erreichen der erforderlichen Betonfestigkeit kann der gedruckte Betonsturz eingelegt werden. Diese Variante hätte den Vorteil, dass die Sturzhöhe ein Vielfaches der gedruckten Regelschichthöhe beträgt. Wie bei Variante a) sind auch hier ein Facharbeiter und Hebezeug für die Sturzmontage vorzuhalten.

Die Integration der Sturzproduktion in den Prozessfluss des Beton-3D-Drucks ist wirtschaftlich wünschenswert. Analog der temporären Unterstützung eines Fertigteilsturzes (vergleiche Abbildung 5.4, Abschnitt 5.2.4.1) könnte ein Schalbrett die erste Betonschicht oberhalb der Wandöffnung in Form halten. Dann erfolgt das Auflegen oder Eindrücken der horizontalen Bewehrung. Anschließend werden die Schichten fortlaufend gedruckt. Nach Aushärten des Betons könnte die temporäre Unterstützung entfernt werden.[14]

Die Varianten b) und c) basieren zum jetzigen Zeitpunkt auf theoretischen Überlegungen. Zu prüfen ist hier insbesondere die statische Machbarkeit. Aufgrund der fehlenden Bügelbewehrung, die in der Regel die auftretenden Querkräfte abträgt, erscheinen die Varianten b) und c) aus statischer Sicht fraglich. Deshalb kann zum aktuellen Zeitpunkt nur Variante a) als umsetzungsfähig eingestuft werden.

5.3 Baumaschinentechnik

5.3.1 Entwicklungskonzepte des Druckkopfes

Höchst bedeutend für die technische Umsetzung des vollwandigen Beton-3D-Drucks ist die prozesssichere Betonextrusion mit Hilfe eines Druckkopfes. In Abschnitt 3.5.3 wurde bereits auf den Stand der Forschungsaktivitäten von CONPrint3D® eingegangen. Der neuentwickelte Druckkopf besteht aus den Komponenten des Extrusions-, Dosier- und Formungssystems. Der Vollwanddruck und die Vorgabe scharfkantige Wandverbindungen zu erzeugen, sind als Alleinstellungsmerkmale im weltweiten Forschungsumfeld zu betrachten. Diese Anforderungen prägen im Besonderen die Entwicklung des Formungssystems (FS) für den Druckkopf. Aktuell gibt es verschiedene Konzepte, die in Tabelle 5.7 gezeigt und kurz zusammengefasst werden.

Alle Konzepte haben aktuell noch Defizite, die es gilt, in weiteren Entwicklungsstufen maschinenseitig zu beheben. So kann beispielsweise

– FS 1 aufgrund des Lichtraumprofils der Austrittsdüse nicht an bestehende Wände anschließen,
– FS 2 aufgrund starrer Seitenbleche nicht alle benötigten Verzahnungstechniken bei Wandverbindungen (vergleiche Abschnitt 5.3.2 bis 5.3.4) realisieren,
– die Wandbreite bei FS 3 nicht variiert werden.

---

[14]Sollte es möglich sein, die Drucktechnologie während des Druckes vom Vollwanddruck auf den Strangdruck zu ändern, ist eine zusätzliche Variante basierend auf dem Strangdruck mit nachträglicher Verfüllung (vergleiche Abschnitt 3.4.2) denkbar. Dabei werden zunächst im Sinne einer Randschalung die zwei äußeren Betonschichten gedruckt. Anschließend wird ein Bewehrungskorb eingelegt. Danach erfolgt das Ausgießen des Sturzes mit fließfähigem Beton.

Tabelle 5.7　Entwicklungskonzepte des Formungssystems[15]

	FS 1: Starre Austrittsdüse	FS 2: Gleitschalung	FS 3: Vertikale Formbleche
Bild			
Eigenschaften	– Drehbar bewegliche Ver-tikalachse ($\alpha = \pm 180°$), – Verschlussfunktion für Abschlüsse, – Austrittsdüse starr, in unterschiedlichen Querschnitten reproduzierbar, – Beton wird in steifer Konsistenz „gelegt", Formung durch Querschnitt der Austrittsdüse.	– Drehbar bewegliche Vertikalachse ($\alpha = \pm 180°$), – Zwei seitliche starre Formungsbleche, – Verschlussfunktion, Austrittsdüse horizontal verschiebbar, – Beton wird in steifer Konsistenz „gelegt", Formung durch seitliche Formungsbleche.	– Drehbar bewegliche Vertikalachse ($\alpha = \pm 180°$), – Vier vertikal bewegliche Formungsbleche, – Schichthöhe über bewegliche Formbleche einstellbar, – Beton wird in mittelsteifer Konsistenz vertikal „verfüllt", Formung erfolgt durch vier vertikale Bleche.

Im Rahmen dieser Arbeit sollen die bestehenden Konzepte nicht im Detail bewertet werden. Im Fokus stehen vielmehr druckstrategische Untersuchungen. Ziel ist es, sowohl den wirtschaftlichsten Druckpfad zu nutzen, als auch die baukonstruktiv bedingte Verzahnungstechnologie (vergleiche Abschnitt 5.2.3) bei Wandverbindungen zu berücksichtigen. Dies macht es erforderlich, Wandverbindungen in verschiedenen Ausführungsvarianten zu erstellen, um den Festigkeitsverlust durch „kalte" Fugen möglichst zu minimieren. In den weiteren Abschnitten wird genauer auf die verschiedenen Ausführungsvarianten bei rechtwinkligen Ecken, T-Verbindungen und Kreuzungen eingegangen.

5.3.2　Ausführung von Ecken

Ein Knotenpunkt, an den zwei Wände einseitig anschließen, wird auch als „Ecke" bezeichnet. Aus der Perspektive des Druckkopfes kann bei Erreichen einer Ecke in zwei Arten unterschieden werden: a) „Ecke rechts" und b) „Ecke links". Zur Vereinfachung werden die nachfolgenden Erläuterungen lediglich auf die „Ecke

---

[15]TUD-BM.

rechts" bezogen (vergleiche Tabelle 5.8). Für die „Ecke links" gelten die gleichen Randbedingungen. Die Ausführung ist allerdings spiegelverkehrt.

Eine scharfkantige 90°-Ecke kann durch das Zusammenfügen zweier Einzelwände erstellt werden. Der Druckkopf wird in jeder Schicht zunächst einzelne Bewegungen zur Erstellung eines freien Wandendes, wie z. B. Bremsen bis zum Stillstand, Beton abschneiden oder verschiedene Bleche auf- und absenken, ausführen müssen. Anschließend wird er sich neu positionieren und die zweite Wand an die bereits vorhandene Schicht der ersten Wand anschließen. Die dabei entstehende vertikale Anschlussfuge sollte aufgrund des sehr frischen Betons nahezu ohne Verlust der Verbundfestigkeit, also als „warme" Fuge, ausgeführt werden können. Trotzdem ist es erforderlich, jede Schicht versetzt zu verzahnen, um statisch belastbare Wandecken zu fertigen. In Tabelle 5.8 wird die Ausführung der „Ecke rechts" visuell dargestellt und erläutert.

Tabelle 5.8 Ausführung von „Ecke rechts"

Schicht 1, 3, 5, …	Schicht 2, 4, 6, …	*Bemerkungen*
		Die Einzelbewegungen des Druckkopfes werden dazu führen, dass zwischen den angrenzenden Schichten vertikale Anschlussfugen enstehen (gestrichelt). Da es sich um „frisch-in-frisch"-Fugen handelt, ist wenig Festigkeitsverlust zu erwarten. Trotzdem wird empfohlen, die Ecken generell schichtweise zu verzahnen.

5.3.3 Ausführung von T-Verbindungen

T-Verbindungen sind Knotenpunkte mit drei angrenzenden Wänden. Aus der Perspektive des Druckkopfes ist beim erstmaligen Erreichen des Knotenpunktes eine Fortsetzungsrichtung auszuwählen. Vorzugsweise ist zunächst die gerade Fortsetzung zu favorisieren. Anschließend wird der Druckkopf nach n-Kanten zu dem Knotenpunkt zurückkehren. Entweder er druckt auf den Knotenpunkt zu (Tabelle 5.9, Nr. 1) oder davon weg (Tabelle 5.9, Nr. 2).

Tabelle 5.9   Ausführung von T-Verbindungen mit gerader Fortsetzung

Nr.	Schicht 1, 3, 5, …	Schicht 2, 4, 6, …	*Bemerkungen*
1			Unweigerlich entstehen bei T-Verbindungen „kalte" Fugen. Dies wird hier durch verschiedene Farben des Betons und durchgezogene Linien gekennzeichnet. Die T-Verbindungen sind zwingend zu verzahnen. Die Ausführung der Schichten 2, 4, 6, … ist aufwändiger, da zunächst zwei freie Enden zu erstellen sind. Anschließend ist „hineinzudrucken".
2			

Sollte der wirtschaftlichste Druckpfad vorsehen, beim erstmaligen Erreichen der T-Verbindung zunächst rechtwinklig abzubiegen, so ist die Verzahnung gemäß Tabelle 5.10 auszuführen.

Bemerkungen:

1) Um die Festigkeitsverluste der T-Verbindung zu minimieren, ist gemäß Abschnitt 5.3.2 eine Verzahnung der Ecke auszuführen. Dazu werden die ungeraden Schichten (1, 3, 5,…) zusätzlich alternierend verzahnt (siehe Schicht 1, 5, 9, … und Schicht 3, 7, 11, …).
2) Es gibt weitere Ausführungsvarianten (siehe dazu auch Abschnitt 5.3.2, „Ecke links") bei denen die gleichen Randbedingungen gelten. Es unterscheidet sich lediglich die Reihenfolge der Bewegungen. Die Verzahnung ist in diesen Fällen in Anlehnung an die oben genannten Varianten auszuführen.

Tabelle 5.10 Ausführung von T-Verbindungen mit rechtwinkliger Fortsetzung

Nr.	Schicht 1, 5, 9, …	Schicht 2, 4, 6, …	Schicht 3, 7, 11, …
1			
2			

5.3.4 Ausführung von Kreuzungen

Wandkreuzungen sind Knotenpunkte, an die vier Wände angrenzen. Aus der Perspektive des Druckkopfes gibt es am Knotenpunkt drei mögliche Fortsetzungsrichtungen. Um eine möglichst konstruktiv belastbare Verbindung zu gewährleisten, ist am Knotenpunkt die gerade Fortsetzung zu favorisieren. Damit werden die angrenzenden Wände am stabilsten verbunden.

Tabelle 5.11 stellt den Fahrweg des Druckkopfes mit gerader Fortsetzung am Knotenpunkt dar.

Tabelle 5.11 Ausführung bei Kreuzungen mit gerader Fortsetzung

Schicht 1, 3, 5, …	Schicht 2, 4, 6, …	Bemerkungen
		In Schicht 1, 3, 5, … muss der Druckkopf an die bereits vorhandene Schicht herandrucken (Schritt n + 1), jene überspringen und dann wieder ansetzen (Schritt n + 2). In Schicht 2, 4, 6, … werden zunächst freie Enden in Schichtbreite erzeugt, um anschließend hindurch zu drucken.

Darüber hinaus kann es im Hinblick auf den wirtschaftlichsten Druckpfad erforderlich sein, am Knotenpunkt zunächst rechtwinklig abzubiegen. Daraus ergeben sich drei Ausführungsvarianten, die in Tabelle 5.12 dargestellt sind. Um alle vier Wände kraftschlüssig anzuschließen, sind bei den drei Varianten jeweils vier verschiedene Druckstrategien (in Schicht 1, 5, 9 …; in Schicht 2, 6, 10, …; in Schicht 3, 7, 11, … und in Schicht 4, 8, 12, …) alternierend anzuwenden.

Die Varianten Nr. 2 und Nr. 3 der Tabelle 5.12 werden in der Praxis selten vorkommen, da ein wirtschaftlicher Druckpfad unter Minimierung der Flugstrecken gebildet wird. Bei Variante 1 ist kein Flugweg erforderlich. So wird diese Variante den Regelfall bei rechtwinkliger Fortsetzung an einer Kreuzung darstellen.

Tabelle 5.12 Ausführung bei Kreuzungen mit rechtwinkliger Fortsetzung

Nr.	Schicht 1, 5, 9, …	Schicht 2, 6, 10, …	*Bemerkungen*
1	Schicht 3, 7, 11, …	Schicht 4, 8, 12, …	Diese Variante wird den Regelfall darstellen, falls eine rechtwinklige Fortsetzung bei einer Kreuzung vorgesehen ist. Die Ecken sind jeweils zusätzlich gemäß Abschnitt 5.3.2 zu verzahnen. Dadurch enstehen vier verschiedene Druckstrategien, die im Wechsel anzuwenden sind.

(Fortsetzung)

Tabelle 5.12 (Fortsetzung)

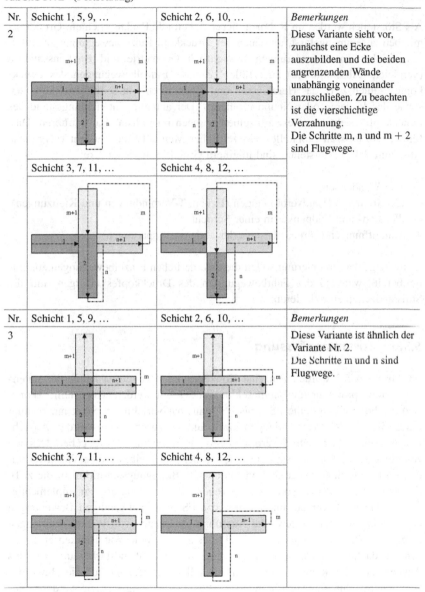

Nr.	Schicht 1, 5, 9, …	Schicht 2, 6, 10, …	Bemerkungen
2			Diese Variante sieht vor, zunächst eine Ecke auszubilden und die beiden angrenzenden Wände unabhängig voneinander anzuschließen. Zu beachten ist die vierschichtige Verzahnung. Die Schritte m, n und m + 2 sind Flugwege.
	Schicht 3, 7, 11, …	Schicht 4, 8, 12, …	
Nr.	Schicht 1, 5, 9, …	Schicht 2, 6, 10, …	Bemerkungen
3			Diese Variante ist ähnlich der Variante Nr. 2. Die Schritte m und n sind Flugwege.
	Schicht 3, 7, 11, …	Schicht 4, 8, 12, …	

5.3.5   Störstellen mit Stillstandzeiten

Als Störstellen werden im Rahmen dieser Arbeit alle Punkte in einem Grundriss-graphen zusammengefasst, an denen der Druckkopf Einzelbewegungen ausführt, um die lokalen Anforderungen hinsichtlich Geometrie und Baukonstruktion (vergleiche Abschnitt 5.2) zu erfüllen. Zu den Einzelbewegungen des Druck-kopfes zählen z. B. das Herablassen und Hochfahren von seitlichen Glättkellen sowie das Rotieren oder Neupositionieren. Der aktuelle Entwicklungsstand des Druckkopfes sieht vor, diese Einzelbewegungen im Stillstand auszuführen. Dies führt dazu, dass an Störstellen ein zeitlicher Mehraufwand entsteht (vergleiche Abschnitt 7.3.3). Störstellen sind in einem Grundriss insbesondere:

- freie Wandenden,
- alle Arten von Wandverbindungen (Ecken, T-Verbindungen und Kreuzungen),
- alle Start- und Endpunkte in einer Schicht,
- Wandöffnungen (Türen, Fenster oder andere Aussparungen).

Im Zuge der Optimierung sollen die erforderlichen Einzelbewegungen zukünf-tig bereits während der Fahrbewegungen des Druckkopfes erfolgen, um die Stillstandzeiten zu reduzieren.

5.3.6   Zusammenfassung

Im Abschnitt 5.3 wurden zunächst Konzepte des Formungssystems, die seitens der Stiftungsprofessur für Baumaschinen entwickelt werden, vorgestellt. Aktuell sind die Formungssysteme FS 1 bis FS 3 aus baubetrieblicher Sicht nur bedingt ausgereift. Um Wandverbindungen kraftschlüssig zu erzeugen, wurden Ausfüh-rungsvarianten für Ecken, T-Verbindungen und Kreuzungen vorgegeben. Das neu zu entwickelnde Formungssystem muss in der Lage sein, all diese Wandverbin-dungen herzustellen. Dazu sind entsprechende Bewegungsalgorithmen, die z. B. das Auf- und Abfahren von Blechen regeln, in die Steuerung zu implementie-ren. In Anlage 4 werden am Beispiel von FS 3 die notwendigen Bewegungen des Druckkopfes für ausgewählte Ausführungsvarianten von Wandverbindungen dargestellt. Darüber hinaus muss der Druckkopf variable Wandstärken erzeugen können, da Innenwände in der Regel eine geringere Wandstärke aufweisen als Außenwände. Im Rahmen dieser Arbeit soll nicht genauer auf die Bewegun-gen und maschinelle Ausführung des Druckkopfes eingegangen werden. Dies liegt im Aufgabenbereich der Maschinenentwicklung. Gleiches gilt für den Groß-raummanipulator, am Beispiel von CONPrint3D® die Autobetonpumpe, die den Druckkopf geometrisch präzise führen muss. Im Abschnitt 5.5 wird noch einmal näher auf den Standplatz und die Reichweite des Großgerätes eingegangen.

5.4 Betontechnologie

5.4.1 Erhärtungszeiten

Die Materialentwicklung für die Herstellung von Betonbauteilen im 3D-Druck steht aktuell im wissenschaftlichen Fokus. Die Anzahl der Veröffentlichungen ist in diesem Fachbereich außergewöhnlich hoch. In Abschnitt 3.3.5 wurde bereits auf die notwendigen – nahezu gegensätzlichen – rheologischen Eigenschaf-ten des Betons eingegangen. Diese beeinflussen maßgeblich die zu verfolgende 3D-Druckstrategie. Abbildung 5.5 dient als Übersicht und fasst nachfolgende Beschreibungen in einer Grafik zusammen.

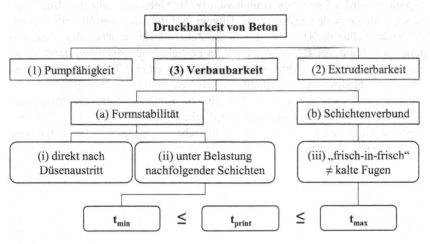

Abbildung 5.5 Einflussfaktor Betontechnologie auf die Optimierung der 3D-Druckstrategie

Um Beton zu drucken, muss er (1) pumpfähig, (2) extrudierbar und (3) verbaubar sein.[16] Während (1) und (2) generell zur Umsetzung des Verfahrens zu gewährleisten sind, ist (3) durch die angewandte 3D-Druckstrategie bedingt über minimale und maximale Zeitgrenzen steuerbar. Die „Verbaubarkeit" vereint die beiden notwendigen Eigenschaften, (a) formstabile Einzelschichten zu erzeugen und (b) einen ausreichenden Verbund zwischen den Schichten zu erzielen. Die Erhärtung soll einerseits zügig erfolgen, damit die Betonschicht ihren Eigenlasten (i) und den Belastungen überlagerter Schichten (ii) standhält. Andererseits sollen sich die Schichten „frisch-in-frisch" miteinander verbinden (iii), um die Ausbildung von „kalten" Fugen zu verhindern. Daraus ergeben sich minimale (t_{Min}) und maximale (t_{Max}) Zeitgrenzen, die bei der optimierten 3D-Druckstrategie berücksichtigt werden müssen. Die Druckzeit zwischen den Schichten (t_{Print}) muss also innerhalb der Zeitgrenzen t_{Min} und t_{Max} liegen. Die Zeitgrenzen sind von der jeweiligen Betonrezeptur abhängig.[17] Theoretisch ist es möglich, die Erhärtungseigenschaften des Betons durch gezielte Anpassung auf das jeweilige Anwendungsszenario und die erforderlichen Ablagezeiten einzustellen. So ist es denkbar, dass bei kleinen Grundrissen (z. B. bei Garagen, Bungalows, Einfamilienhäuser) eine sehr schnell abbindende Rezeptur eingesetzt wird. Dem gegenüber wird bei größeren Grundrissen (z. B. Mehrfamilienhäuser, Bürokomplexe, Geschosswohnungsbau) eine längere Abbindezeit sinnvoll sein, da mit steigender Größe der Druckabschnitte die Zeitabstände zwischen den Schichten zunehmen. Sollte der Beton zu schnell an Festigkeit gewinnen und damit keine Frisch-in-frisch-Verbundwirkung erzielt werden, so ist eine Teilung des Grundrisses in verschiedene Druckabschnitte vorzusehen (vergleiche Abschnitt 5.5.3.3). Im Rahmen dieser Arbeit wird der zeitliche Einfluss einer Grundrissteilung in zwei Druckabschnitte untersucht (vergleiche Abschnitt 5.4). Für die hier vorliegende Arbeit werden als betontechnologische Zeitgrenzen $t_{Min} = 3$ min und $t_{Max} = 20$ min angenommen.[18]

---

[16]Nerella 2019 und Nerella et al. 2020.

[17]Weiterführend wird hier u. a. auf Le et al. 2012a; Buswell et al. 2018; Schutter et al. 2018; Perrot et al. 2016; Marchment et al. 2017; Nerella et al. 2019 verwiesen.

[18]In Absprache mit TUD-IfB.

5.5   Bauverfahrenstechnik

5.5.1   Baustelleneinrichtung

Unter dem Begriff Bauverfahrenstechnik sind jegliche ingenieurmäßigen Methoden und Prinzipien, die zur Planung und Umsetzung direkt auf der Baustelle angewendet werden, zu verstehen. Im Rahmen dieser Arbeit kann nicht auf alle ausführungsrelevanten Punkte im Detail eingegangen werden. Die Arbeit beschränkt sich zunächst auf allgemeine Beschreibungen zur Logistik und Baustelleneinrichtung. Anschließend werden druckstrategische Aspekte genauer analysiert.

Grundsätzlich ist davon auszugehen, dass sich die erforderliche Baustelleneinrichtung[19] beim vollwandigen Beton-3D-Druck gegenüber anderen Rohbauaktivitäten (z. B. Mauerwerksbau, Beton- und Stahlbetonbau) reduzieren wird. Die automatisierte Bauweise wird weiterhin das notwendige Baustellenpersonal reduzieren. Aktuell wird z. B. für CONPrint3D® vorgesehen, zwei Arbeitskräfte einzusetzen, einen Baumaschinenführer und einen Facharbeiter. Demnach werden weniger Aufenthalts- und Sanitärcontainer notwendig sein. Für die Zeit des Rohbaus kann zudem auf ein Fassadengerüst verzichtet werden. Für die zunächst noch konventionell vorgesehenen Stahlbetonarbeiten der Decken werden Konsolgerüste eingesetzt. Zusätzliche Montagearbeiten, wie z. B. das Einlegen der Fertigteilstürze (vergleiche Abschnitt 5.2.4), werden aus dem Bauwerksinneren getätigt. Die Betonlogistik ist stark davon abhängig, welche Betoneinbaumengen letztlich auf der Baustelle erreicht werden können. Aktuell genügen ca. 2,5 m³/h, um wirtschaftlich gegenüber dem Mauerwerksbau bestehen zu können.[20] Für diese Menge wird es sinnvoll sein, das Material in Silos auf der Baustelle vorzuhalten. Je nach Einbauort und -situation sind zwei unterschiedliche Methoden denkbar. Eine Möglichkeit besteht darin, eine Trockenmischung in Silos zu lagern, um den Beton mittels mobiler Mischanlage direkt vor Ort anzumischen. Eine andere Möglichkeit ist der Einsatz fertig gemischtem Beton. Dieser könnte aus einem Werk in der Nähe der Baustelle stammen. Durch gezielte Zugabe von Additiven kann die Hydratation gezielt verzögert oder beschleunigt werden. Sollten Betoneinbaumengen von mehr als 10 m³/h erreicht werden, wird die Anlieferung von Transportbeton mittels Fahrmischer die wirtschaftlichste Variante darstellen.[21]

---

[19]Weiterführende Literatur: Schach und Otto 2017.

[20]Schach et al. 2017, S. 361–363, Otto et al. 2020.

[21]Vergleiche Hackbarth 2019.

Die modifizierte ABP wird am Einsatztag zur Baustelle fahren. Im Vorfeld sollte die Baustelle besichtigt und ein bestmöglicher Maschinenstandplatz mit den erforderlichen Abstützmaßen (vergleiche Abbildung 5.6) gefunden werden. Dabei sollte die Reichweite und Reichhöhe des Verteilermastes berücksichtigt werden. In Abbildung 46 werden beispielhaft einige Modelle der Fa. Putzmeister mit den jeweiligen Parametern vorgestellt.[22]

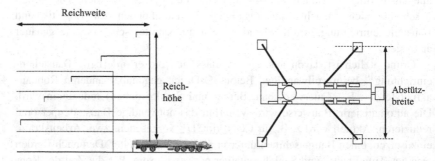

Abbildung 5.6   Ausgewählte Modell der Fa. Putzmeister mit zugehörigen Parametern[23]

Um alle Gebäudeteile zu erreichen, bietet sich ein zentraler Standplatz an. Abbildung 5.7 zeigt zentrale Standplätze am Beispiel unterschiedlicher Bauwerksgeometrien.

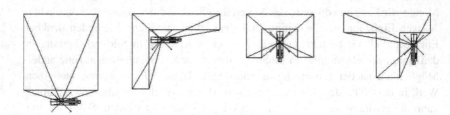

Abbildung 5.7   Beispiele für zentrale Standplätze der modifizierten ABP[24]

---

[22]Weiterführende Informationen unter Putzmeister 2019.
[23]In Anlehnung an Schach und Otto 2017, S. 46 und S. 47
[24]Weber 2018, S. 22

Unter Umständen sind nicht alle Bauteile von einem Standplatz aus erreichbar. Mit zunehmender Gebäudehöhe nimmt die Reichweite der Maschine ab (vergleiche Abbildung 5.6). Das Bauwerk ist demzufolge etagenweise in Druckabschnitte aufzuteilen, die von verschiedenen Standplätzen aus die Erreichbarkeit der Bauteile garantieren. Die Druckabschnitte können entweder von einer Maschine nacheinander oder zeitlich parallel von mehreren Maschinen erzeugt werden. Falls mehrere Druckmaschinen eingesetzt werden, ist die gegenseitige Berührung auszuschließen. Dies kann die optimierte Druckstrategie der Einzelmaschinen deutlich beeinflussen.[25] Die Tragfähigkeit der Standplatzuntergründe ist für das sichere Aufstellen der Maschine und den reibungslosen Ausführungsprozess zu gewährleisten.

Im Anschluss an die Positionierung wird die vermessungstechnisch unterstützte Kalibrierung der Druckmaschine erfolgen. Dazu könnte ein Vermessungspunkt der Grundstücksgrenze dienen. Zusätzlich werden zwei Theodoliten aufgestellt, die beim Druckprozess die geometrisch präzise Steuerung des Druckkopfes gewährleisten sollen. Die Prozesssicherheit spielt eine wesentliche Rolle bei der Umsetzung des Druckverfahrens. In Abschnitt 5.6 wird nochmals auf die Schwierigkeiten im Hinblick auf unterschiedliche Umweltbedingungen eingegangen.

Für die Optimierung der 3D-Druckstrategie sind die Wahl des Druckstartpunktes und die Bildung von Druckabschnitten von wesentlicher Bedeutung. In den nächsten Abschnitten wird auf beide Themen vertiefend eingegangen.

5.5.2 Auswahl des Druckstartpunktes

Es bietet sich an, den Druckstartpunkt möglichst in unmittelbarer Nähe des von der Maschine entferntesten Bauwerkspunktes zu definieren. Analog des konventionellen Betonbaus sollte versucht werden, von diesem Punkt beginnend alle zu druckenden Bauteile zu erstellen, um so sukzessive in Richtung der Druckmaschine voran zu schreiten. Damit wird die Gefahr minimiert, bereits gedruckte Wände durch den Schwenkbereich des Verteilermastes oder des Druckkopfes zu beschädigen.

---

[25]Beispielsweise sind hier Pufferzonen in Überlappungsbereichen einzuplanen, in die zeitgleich nur eine Maschine eindringen darf. Dies kann Reduzierungen bei der Druckgeschwindigkeit oder Abweichungen von der optimierten Druckpfadplanung zur Folge haben. In (Zhang und Khoshnevis 2009) und (Zhang und Khoshnevis 2013) werden dazu vertiefende Untersuchungen durchgeführt.

Innerhalb eines Druckabschnittes kann das Erstellen einer Schicht als Zyklus betrachtet werden, der erst vollständig beendet ist, wenn die endgültige Wandhöhe erreicht ist. Die Druckroute einer Schicht endet also im Startpunkt. Jegliche Wandverbindungen (vergleiche Abschnitt 5.2.3) sind als Startpunkt nicht zu empfehlen, da sich durch den großen Zeitabstand zwischen Start und Ende an der Verbindungsstelle eine „kalte" Fuge ausbildet. Um die Druckzeit zu minimieren, bieten sich Startpunkte an, bei denen der Druckkopf in jedem Zyklus ohnehin aus der Ruheposition starten muss. Dies ist an jedem freien Wandende der Fall. Sollte kein freies Wandende in unmittelbarer Nähe des von der Maschine entferntesten Bauwerkspunktes vorhanden sein, so ist die nächstliegende Türöffnung zu wählen. Der Druck beginnt somit an der ersten Laibung und endet mit einer Leerfahrt über die Länge der Türöffnung. Im Anschluss wird der Druckkopf um eine Schichthöhe angehoben und der Zyklus beginnt erneut. Oberhalb des Sturzes entstehen durchgehende Schichten. Somit kommt es vertikal zur Ausbildung einer „kalten" Fuge an der Start-Ende-Verbindung. Um eine durchgehende „kalte" Fuge in vertikaler Richtung zu vermeiden, sollte der Startpunkt analog Abschnitt 5.5.3.2 versetzt werden.

5.5.3 Druckabschnittsplanung

5.5.3.1 Horizontale Druckabschnitte

Die Bauteile sollen monolithisch erzeugt werden. So ist es als zwingende Bedingung anzusehen, dass die Schichtung bis zur endgültigen Wandhöhe stets frisch-in-frisch erfolgt. Ein Tagesabschluss auf geringerer Wandhöhe ist möglichst zu vermeiden, da sich umlaufend horizontal eine „kalte" Verbindungsfuge bildet. Störungen infolge von Havarien oder wechselnder Umweltbedingungen (vergleiche Abschnitt 5.6) können allerdings dazu führen, dass die Tagesleistung nicht erfüllt wird und die Wand nach Tagesabschluss nur zum Teil erzeugt ist. In diesen Ausnahmefällen sind Vorkehrungen zu treffen, um den Schichtenverbund zu erhöhen. Abbildung 5.8 verdeutlicht die Situation und stellt mögliche Methoden zur Herstellung eines ausreichenden Schichtenverbunds vor.

5.5.3.2 Vertikale Druckabschnitte

Innerhalb der Druckabschnittsplanung ist genau zu überlegen, wo und wie die Verbindung der vertikalen Druckabschnitte erfolgen soll. Im einfachsten Anwendungsfall handelt es sich um ein freies Wandende. Der senkrechte Abschluss kann

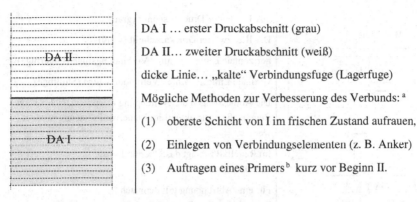

DA I ... erster Druckabschnitt (grau)

DA II ... zweiter Druckabschnitt (weiß)

dicke Linie... „kalte" Verbindungsfuge (Lagerfuge)

Mögliche Methoden zur Verbesserung des Verbunds: [a]

(1) oberste Schicht von I im frischen Zustand aufrauen,

(2) Einlegen von Verbindungselementen (z. B. Anker)

(3) Auftragen eines Primers [b] kurz vor Beginn II.

[a]Labortechnische Untersuchungen zur Eignung der genannten Methoden liegen aktuell noch nicht vor. Im Rahmen dieser Arbeit können lediglich umsetzungsfähige Methoden vorgeschlagen werden. Die Analysen sind nicht Bestandteil der baubetrieblichen Forschungstätigkeiten.
[b]Als Primer werden im Bauwesen häufig Grundierungen bezeichnet, die als Haftbrücke dienen. Dies könnte z. B. analog des Mauerwerkbaus ein geeigneter Dünnbettmörtel sein.

Abbildung 5.8 Konstruktive Verbindung von horizontalen Druckabschnitten

problemlos als vertikaler Druckabschnittswechsel genutzt werden. Aus den geometrischen Überlegungen gemäß Abschnitt 5.2.1 stehen als weitere Möglichkeiten für Abschnittswechsel

a) gerade Wände,
b) Wandverbindungen oder
c) Öffnungen zur Verfügung.

Um die Stellen für Abschnittswechsel festzulegen, ist das Bauwerk zunächst statisch zu analysieren. Dabei sind Bereiche zu lokalisieren, die aufgrund höherer Lasten nicht in verschiedene Druckabschnitte getrennt werden können. Als Abschnittswechsel bieten sich in vielen Fällen gerade Wände, Variante a), an. Analog des konventionellen Mauerwerkbaus könnte bei geraden Wänden eine Abtreppung realisiert werden. Abbildung 5.9 zeigt die Teilansicht einer geraden Wand mit vertikalem Abschnittswechsel als Abtreppung.

Außerdem gibt es die Möglichkeit, eine gerade Wand einfach stumpf zu stoßen und in die einzelnen Schichten einen Edelstahlanker (vergleiche Tabelle 5.3, Abschnitt 5.2.3) einzulegen. Allerdings wird diese Verbindung nur bei nichttragenden Wänden im Bauwerksinneren angewendet werden können, da nur sehr geringe Kräfte übertragen werden.

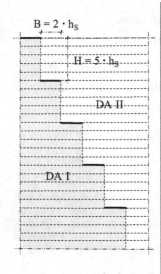

DA I … erster Druckabschnitt (grau)

DA II… zweiter Druckabschnitt (weiß)

horizontale Linie… „kalte" Verbindungsfuge (Lagerfuge)

vertikale Linie… „kalte" Verbindungsfuge (Stoßfuge)

Die Abmessungen der Abtreppung orientieren sich an den Regelmaßen, die aktuell im Mauerwerksbau angewendet werden.

Im Regelfall beträgt das Überbindemaß:

$l_{ol} = 0,4 \cdot$ Höhe [a]

Für eine Abtreppung gilt demnach [b]:

Breite Lagerfuge $B = 2 \cdot h_S$

Höhe Stoßfuge $H = 5 \cdot h_S$

Im Bereich der Lager- und Stoßfugen sind Maßnahmen zu ergreifen, um den Verbund der Schichten zu verbessern (vergleiche Abbildung 5.8).

[a]Bundesverband der Kalksandsteinindustrie 2014, S. 16, Bild 1/ 9.
[b]h_S: Schichthöhe.

Abbildung 5.9 Druckabschnittswechsel mittels Abtreppung bei geraden Wänden

Variante b), Wandverbindungen als Druckabschnittswechsel zu nutzen, ist statisch zu prüfen. So werden beispielsweise die Außenecken eines Gebäudes nicht als Abschnittswechsel dienen können, da zu hohe statische Anforderungen an die Verbindung bestehen. Dem gegenüber sind statisch weniger belastete Wandverbindungen, z. B. im Bauwerksinneren, als Abschnittswechsel nutzbar. Gemäß Abschnitt 5.2.3, Tabelle 5.3, können geringer belastete Ecken, T-Verbindungen und Kreuzungen z. B. mit Hilfe von Edelstahlankersystemen verbunden werden. Es ist also zu konstatieren, dass b) Wandverbindungen unter statischen Einschränkungen als Abschnittswechsel genutzt werden können.

Als weitere Alternative für vertikale Abschnittswechsel sind c) Öffnungen nutzbar. Dabei empfehlen sich hohe Öffnungen, wie z. B. Türen, deren Laibungslänge möglichst groß ist. Der Bereich der Laibung kann als freies Wandende mit senkrechtem Abschluss betrachtet werden. Gemäß Abschnitt 5.2.4 sind oberhalb der Öffnung Auflagertaschen für den Sturz vorzusehen. Die darüber liegenden

Schichten werden gemäß Variante a) abgetreppt. Abbildung 5.10 zeigt das Prinzip von Abschnittswechseln bei Öffnungen.

Abbildung 5.10
Druckabschnittswechsel im
Bereich von Öffnungen

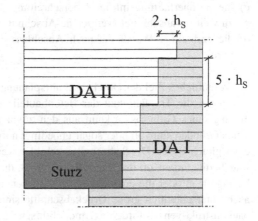

Bewertung:
Falls kein freies Wandende in der Nähe eines vertikalen Druckabschnittswechsels zur Verfügung steht, ist Variante c), ein Druckabschnittswechsel an einer möglichst großen Öffnung, zu wählen. In der Rangfolge abwärts sollten anschließend Variante a), gerade Wände und als letzte Möglichkeit Variante b), statisch gering belastete Wandverbindungen, gewählt werden.

5.5.3.3 Bildung von Druckabschnitten
Bei Hochbauprojekten wird im konventionellen Stahlbetonbau in der Regel eine Schalungsplanung [26] durchgeführt, die das Bauwerk in verschiedene Schalungs- und Betonierabschnitte einteilt. Eine ähnliche Arbeitsvorbereitung ist beim Beton-3D-Druck erforderlich. Bei größeren Projekten ist das Bauwerk in sinnvolle Druckabschnitte einzuteilen. Eine genaue Druckabschnittsplanung ist immer dann durchzuführen, wenn

---

[26]Weiterführend Berner et al. 2014.

a) der Drucker infolge zu geringer Reichweite nicht alle Bauwerksteile erreicht (vergleiche Abschnitt 5.5.1),

b) mehrere Drucker gleichzeitig eingesetzt werden sollen,

c) die Betonerhärtung infolge Überschreitung der maximalen Zeitgrenze (t_{Max}) zu weit voranschreitet (vergleiche Abschnitt 5.4) oder

d) die endgültige Wandhöhe nach Abschluss eines Arbeitstages nicht erreicht wird.

Wesentliches Ziel der Druckabschnittsplanung ist es, den Einfluss von „kalten" Fugen auf die Tragfähigkeit der Betonbauteile möglichst gering zu halten. Die Teilung eines Grundrisses kann aus den zuvor beschriebenen verfahrenstechnischen Gründen sinnvoll oder sogar unbedingt notwendig sein. In der Regel sollten etwa gleich große Druckabschnitte gebildet werden. Die drucktechnologischen Randbedingungen auf der Baustelle, wie z. B. die Gebäudeform, die Umgebungsbedingungen oder die einzuhaltenden Ruhezeiten können aber dazu führen, dass auch unterschiedlich große Druckabschnitte sinnvoll sein können. Aufgrund der baukonstruktiven Anforderung, monolithische Betonwände zu erzeugen, sollten stets vertikale Druckabschnitte (vergleiche Abschnitt 5.5.3.2) gebildet werden. Horizontale Druckabschnitte sind zu vermeiden (vergleiche Abschnitt 5.5.3.1). In Abbildung 5.11 wird die Vorgehensweise zur Bildung von vertikalen Druckabschnitten in einem Flussdiagramm gezeigt. Darin werden die einzelnen Prozess- und Entscheidungsschritte der Druckabschnittsplanung dargestellt.

Eine vertikale Teilung des Grundrisses ist gemäß Abschnitt 5.5.3.2 vorzugsweise an möglichst hohen Wandöffnungen durchzuführen. Da der Druckkopf zur Erstellung der Laibungskante ohnehin anhalten muss, wird an diesen Stellen nahezu kein zusätzlicher Zeitaufwand entstehen. Außerdem werden dadurch im Bereich der Öffnung keine „kalten" Fugen erzeugt. Wichtig ist es, die Anordnung der Druckschichten oberhalb – und bei Fenstern auch unterhalb – der Wandöffnung genau zu planen, um baukonstruktiv kraftschlüssige Verbindungen der einzelnen Druckabschnitte zu erzeugen.

Im Rahmen dieser Arbeit wurden lediglich ausgewählte bauverfahrenstechnische Betrachtungen durchgeführt, die für die Optimierung der 3D-Druckstrategie relevant sind. Dabei wurden Möglichkeiten erarbeitet, wie und wo Verbindungsstellen zwischen Druckabschnitten hergestellt werden können. Diese Methoden sind zukünftig in praktischen Tests zu untersuchen und statisch nachzuweisen.

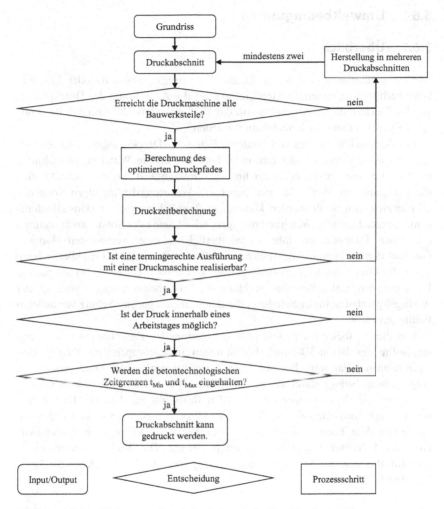

Abbildung 5.11 Bildung von Druckabschnitten beim Wanddruck einer Etage

5.6   Umweltbedingungen

5.6.1   Überblick

Die Umweltbedingungen, wie z. B. die Witterungs-, Standort- oder Erschlie-ßungsverhältnisse, haben direkten Einfluss auf die Ausführung des Druckprozesses. Im Rahmen dieses Abschnitts soll der Einfluss „Umwelt" lediglich im Sinne eines Exkurses thematisch andiskutiert werden.

Bei der Ausführung des vollwandigen Beton-3D-Drucks, angewendet als Ortbetonbauweise direkt auf der Baustelle, beeinflussen die Witterungsverhältnisse insbesondere die Prozesssicherheit und -geschwindigkeit. So unterscheidet sich die Fertigung im Werk, bei der konstante Witterungsbedingungen vorliegen oder gezielt eingestellt werden können, maßgeblich von einer Baustellenfertigung. Unterschiedliche Wetterbedingungen, wie Regen oder Sonne sowie niedrige oder hohe Temperaturen, führen unweigerlich zu einer veränderten Hydratation und damit Erhärtung des Betons. Darüber hinaus ist der Frischbeton beim Beton-3D-Druck den äußeren Bedingungen sofort nach Düsenaustritt ausgesetzt. Beim konventionellen Betonbau verbleibt der Frischbeton hingegen während der Anfangshydratation in der Schalung, die damit als temporärer Schutz vor äußeren Einflüssen dient.

Um die Wettbewerbsfähigkeit zum konventionellen Betonbau zu gewährleisten, sollte der Beton-3D-Druck bei üblichen mitteleuropäischen Wetterbedingungen anwendbar sein. Bei niedrigen Temperaturen ist der Druckprozess im Allgemeinen, bedingt durch die verlangsamte Hydratation und damit Erhärtung, zu verzögern. Hohe Temperaturen werden dazu führen, dass die Hydratation beschleunigt wird. Demzufolge kann und muss schneller gedruckt werden, da die notwendige Formstabilität (t_{Min}), aber auch der Verlust der Verbundwirkung der Schichten (t_{Max}) eher eintreten werden. Die Temperaturverhältnisse sind im Rahmen der Druckabschnittsplanung (vergleiche Abschnitt 5.5.3) zu berücksichtigen.

Zur praxistauglichen Anwendung sollte der Beton-3D-Druck bei Temperaturen von 5 °C bis 30 °C prozesssicher umgesetzt werden können.[27] Bei Lufttemperaturen unterhalb von 5 °C ist die Hydratation über geeignete Maßnahmen sicherzustellen. Dies kann z. B. durch

- Betonrezepturen sogenannter „Winterbetone" (z. B. Verwendung höherer Zementgehalte oder von Zementen mit höherer Wärmeentwicklung sowie niedrigem Wasser-Zementwert (w/z-Wert), Erwärmung des Zugabewassers und / oder der Gesteinskörnung),
- Schutz des jungen Betons vor Wärmeverlust und Frost über thermische Nachbehandlung (z. B. mittels Einhausung und Beheizung der Betonbauteile) geschehen.

Bei kalten Temperaturen ist der Beton nicht nur vor Wärme- sondern auch vor Feuchtigkeitsverlust zu schützen, da bei kaltem, trockenem Wetter der Feuchtigkeitsgehalt der Luft sehr gering sein kann. Feuchtigkeitsverlust ist darüber hinaus vor allem bei höheren Temperaturen > 30 °C zu erwarten. Durch den Wegfall der schützenden Schalung ist der Beton besonders anfällig gegenüber oberflächennaher Verdunstung. Um die Verdunstung von Wasser, insbesondere bei direkter Sonneneinstrahlung, gering zu halten, ist die Betonoberfläche ständig feucht zu halten. Dies kann z. B. durch:

- Abdecken der Betonoberfläche mit dampfdichten Folien oder anderen wasserspeichernden Abdeckungen,
- Ständiges Befeuchten mit Wasser (Besprühen mit feinem Nebel, später Bespritzen) oder anderen Nachbehandlungsmitteln mit nachgewiesener Eignung erfolgen.

---

[27]Gemäß DIN 1045-3 „Tragwerke aus Beton, Stahlbeton und Spannbeton – Teil 3: Bauausführung – Anwendungsregeln zu DIN EN 13670" sind konventionelle Betonierarbeiten nur innerhalb des Temperaturbereichs von 5 °C bis 30 °C ohne zusätzliche Maßnahmen umsetzbar. Bei Lufttemperaturen zwischen 5 °C und –3 °C muss die Betontemperatur beim Einbringen stets > 5 °C (bei bestimmten Betonsorten sogar > 10 °C) betragen. Bei Lufttemperaturen unterhalb von –3 °C muss die Betontemperatur beim Einbringen generell > 10 °C betragen und sollte durch geeignete Maßnahmen mindestens 3 Tage auf > 10 °C gehalten werden. Der Beton darf i. d. R. erst dann druchfrieren, wenn seine Temperatur wenigstens 3 Tage 10 °C nicht unterschritten hat und bereits eine Druckfestigkeit von 5 N/mm^2 vorliegt. Die Frischbetontemperatur darf im Allgemeinen + 30 °C nicht überschreiten. Ansonsten ist auch hier über geeignete Nachbehandlungsmaßnahmen sicherzustellen, dass keine negativen Folgen zu erwarten sind.

Die Nachbehandlung der Betonbauteile wird bei der Ausführung des Beton-3D-Drucks im Vergleich zum konventionellen Betonbau einen deutlich höheren Stellenwert einnehmen.[28] Von einer ausreichenden Nachbehandlung ist im konventionellen Betonbau ohne Anwendung der genannten Maßnahmen auszugehen, wenn die relative Luftfeuchtigkeit 85 % nicht unterschreitet.[29] Demnach wird feuchtes Wetter oder Nieselregen auch beim Beton-3D-Druck äußerst förderlich sein, wohingegen stärkerer Regen die Formbeständigkeit des frisch gedruckten Betons beeinträchtigen wird. Regenereignisse können z. B. zum Auswaschen oder Auslaufen des Betons im Schichtrandbereich führen.

Darüber hinaus werden Windereignisse die Ausführungsgenauigkeit des Druckprozesses beeinflussen. Geometrische Druckabweichungen in Lage und Höhe der abgelegten Betonschichten sind zu vermeiden (vergleiche Abschnitt 5.2.2). Durch Windeinwirkung wird das Druckgerät verformt werden. Es kann z. B. zum Schwanken des Druckkopfes führen. Die Prozesssicherheit des Druckgerätes sollte bis Windstärke 5 durch geeignete maschinentechnische Entwicklungen sichergestellt werden.[30] Wind wird außerdem die zuvor beschriebene oberflächennahe Verdunstung verstärken. Problematisch sind des Weiteren Havarien oder unerwartete Wetterumschwünge, die zu Druckunterbrechungen oder im schlimmsten Fall Druckabbrüchen führen können. In diesen Fällen sind geeignete Maßnahmen, z. B. gemäß Abschnitt 5.5.3.1, Abbildung 5.8, zu treffen.

Die endgültige Steuerungssoftware der Beton-3D-Druckmaschine muss in der Lage sein, während des Druckprozesses individuell auf die aktuell vorliegenden Umweltbedingungen reagieren zu können. Bei unerwarteten Wetterbedingungen wird es z. B. erforderlich sein, quasi zeitgleich die geplante 3D-Druckstrategie anzupassen. Eine Verzögerung oder Beschleunigung des Druckprozesses hat immer eine Änderung der Druckabschnittsplanung zur Folge, die dann weitsichtig anzupassen sind. Die Entwicklung einer intelligenten Steuerungssoftware ist maßgebend, um den Beton-3D-Druck sicher und wirtschaftlich umsetzen zu können.

Zum aktuellen Untersuchungszeitpunkt sind die Auswirkungen unterschiedlicher Umweltbedingungen nur bedingt einzuschätzen. Im Rahmen dieser Arbeit werden die Auswirkungen der Umweltbedingungen nicht weiterführend betrachtet.

---

[28] Seitens Betontechnologie ist das Thema „Schwinden" schwer beherrschbar. Weiterführend dazu Nerella 2019.

[29] Gemäß DIN 1045–3, Absatz NA. 4. Es ist sehr wahrscheinlich, dass beim Beton-3D-Druck eine generelle Nachbehandlung, unabhängig vom Feuchtigkeitsgehalt der Luft stattfinden muss, da der Beton sofort und gänzlich den Umweltbedigungen ohne den temporären Schutz der Schalung ausgesetzt ist.

[30] Vgl. Kunze et al. 2017, S. 95.

5.7 Druckzeitminimierung

5.7.1 Überblick

Ein wesentliches Kriterium für eine erfolgreiche Markteinführung von innovativen Bauverfahren ist die wirtschaftliche Konkurrenzfähigkeit zu konventionellen Bauverfahren. Um die Wirtschaftlichkeit von Beton-3D-Druckverfahren zu maximieren, ist eine zeitoptimierte 3D-Druckstrategie zu entwickeln. Ein wesentliches Ziel der Optimierung ist die Minimierung der Druckzeit. Geringe Druckzeiten garantieren wiederum geringe Baukosten, da diese maßgeblich von der Vorhaltezeit für die Druckmaschine bestimmt werden. Eine reduzierte Bauzeit hat außerdem zur Folge, dass

– sowohl die Lohnkosten des druckbegleitenden und des überwachenden Personals als auch
– die Kosten für die Vorhaltung der Baustelleneinrichtung reduziert werden und
– das Bauwerk insgesamt schneller fertig gestellt werden kann, was beim Bauherrn zu sinkenden Finanzierungskosten und einem früheren Nutzungsbeginn (ggf. auch früheren Mieterlösen) führt.

Die zu minimierende Druckzeit ist abhängig von:

(1) der Länge des wegoptimierten Druckpfades,
(2) der Druck- und Fluggeschwindigkeit,
(3) der gedruckten Schichthöhe und
(4) dem zusätzlichen Zeitaufwand, der an Störstellen (vergleiche Abschnitt 5.3.5), wie Wandverbindungen oder Öffnungen, entsteht.

Ziel dieser Arbeit ist es, einen für den vollwandigen Beton-3D-Druck geeigneten Lösungsalgorithmus für (1) zu erarbeiten (vergleiche Kapitel 6) und die Einflussfaktoren (2), (3) und (4) in Sensitivitätsanalysen genauer zu untersuchen (vergleiche Kapitel 7).

Im nachfolgenden Abschnitt werden zunächst andere Forschungsarbeiten zur Druckpfadoptimierung beschrieben.

5.7.2 Vergleichbare Forschungsarbeiten zur Druckpfadoptimierung

Bei den meisten kleinformatigen 3D-Druckverfahren ist es von großer Bedeutung, dass die Extrusion mit einer möglichst gleichmäßigen Geschwindigkeit erfolgt. Die Druckköpfe geben das Material mit nahezu konstanter Fördermenge ab. Es ist schwierig, die Fördermenge genau an die aktuelle Geschwindigkeit des Druckkopfes anzupassen. Z. B. werden abrupte Start- und Stoppvorgänge vermieden. Die Optimierung erfolgt weniger weg- sondern eher geschwindigkeitsoptimierend.[31]

Druckpfadprobleme wurden im Rahmen der Forschung zum FDM^{TM}-Verfahren (vergleiche Abschnitt 2.2.4) ausführlich untersucht.[32] Bei FDM^{TM} und anderen kleinformatigen 3D-Druckverfahren ist die Anzahl an Punkten, die zum Druck der Modelle angefahren werden müssen, sehr groß. Um den Rechenaufwand der Prozessoren zu begrenzen, arbeiten aktuelle Slicing-Softwareprogramme, wie z. B. Cura, noch häufig nach der Methodik des „Nächsten-Nachbarn". Dabei wird der Punkt als nächstes angefahren, der dem aktuellen Standort des Druckkopfes am nächsten liegt. Die Methodik wird so lange verfolgt, bis alle Punkte einer Schicht erreicht sind.[33] Die Ergebnisse, die mit der Methode des „Nächsten-Nachbarn" erzielt werden, liegen oft deutlich entfernt von der optimalen Lösung. Deshalb wird aktuell noch sehr intensiv daran geforscht, Algorithmen zu entwickeln, die geringe Rechenleistung erfordern, deren Ergebnisse aber näher an der exakten Lösung liegen. Es gibt dazu sehr viele mathematische Lösungsansätze, die Annäherungen an die exakte Lösung darstellen. In (Ganganath et al.) wird für die Lösung des Problems z. B. der Christofides-Algorithmus empfohlen.

Die Randbedingungen des kleinformatigen 3D-Drucks unterscheiden sich deutlich von denen, die beim vollwandigen Beton-3D-Druck (vergleiche Kapitel 5) zu beachten sind. Die Strategie des Vollwanddrucks führt dazu, dass die mit dem Grundriss vorgegebene Punktewolke^{34} viel geringer im Vergleich zu Bauteilen beim FDM^{TM}-Verfahren ist. Außerdem sind einige Algorithmen darauf ausgelegt, die Geschwindigkeit des Druckkopfes zu verstetigen. Dem

---

[31]Thompson und Hwan-Sik 2014, S. 1555.

[32]z. B.: Park 2003 und Kim 2010.

[33]Fok et al., S. 2.

[34]Punktewolke bedeutet in diesem Zusammenhang die Menge an Punkten bzw. Knoten in einem vorgegebenen Vektorraum. Beim vollwandigen Beton-3D-Druck werden die Punkte durch die Wandverbindungen vorgegeben (vergleiche Kapitel 6). Bei FDM^{TM}-Verfahren sind deutlich mehr Punkte bei einem Bauteil vorhanden. Deshalb kommen andere Algorithmen zur Wegoptimierung in Betracht.

gegenüber wird es beim vollwandigen Beton-3D-Druck durch die konstruktiv bedingte Verzahnung (vergleiche Abschnitt 5.2.3) zu häufigem Abbremsen und Beschleunigen des Druckkopfes kommen. Die Optimierungsalgorithmen des kleinformatigen 3D-Drucks sind daher nur bedingt für den vollwandigen Beton-3D-Druck geeignet.

Im Hinblick auf die Druckpfadoptimierung wurde im Bereich Beton-3D-Druck bisher wenig veröffentlicht. In (Lim et al. 2012) wird beschrieben, dass die Druckpfadoptimierung des CP (vergleiche Abschnitt 3.4.4) vorsieht, die Druckgeschwindigkeit, ähnlich dem FDM^{TM}, zu verstetigen. Dies ermöglicht einen kontinuierlichen Druckvorgang mit möglichst wenigen Start- und Stoppvorgängen. Es wird auf eine eigens entwickelte Optimierungssoftware verwiesen, mit der Einsparungen bei der Druckzeit in Höhe von 30 % realisiert werden können. Nähere Informationen wurden dazu nicht veröffentlicht.[35]

Die Forschungsarbeiten zur Druckpfadoptimierung von CC (vergleiche Abschnitt 3.4.3) durch (Zhang und Khoshnevis) [36] sind besonders relevant, da sich die Grundsätze der Pfadoptimierung zum vollwandigen Beton-3D-Druck sehr ähneln. So wird beispielsweise vorausgesetzt, dass

- ein wegoptimierter Druckpfad durch eine praktisch orientierte Methode gesucht wird,
- eine Schicht innerhalb eines Druckabschnitts vollständig beendet ist, ehe die nächste Schicht begonnen werden kann,
- innerhalb einer Schicht die Wandsegmente nacheinander bis zum Wiedererreichen des Startpunktes erzeugt werden und
- der Druckkopf bei Öffnungen über die gesamte Länge inaktiv („air time") ist.

Dem gegenüber sind folgende Unterschiede zum vollwandigen Beton-3D-Druck festzustellen:

- Die Einzelschichten sind beim CC immer gleich, außer bei Schichten, die Öffnungen enthalten.
- Für die Erstellung eines Wandsegmentes muss der CC-Druckkopf mehrere Überfahrungen durchführen.
- Ecken werden beim CC „rund" produziert. Darüber hinaus unterscheiden sich die Bewegungsalgorithmen des Druckkopfes bei der Erstellung von Wandverbindungen erheblich.

---

[35]Lim et al. 2012, S. 265.

[36]Zhang und Khoshnevis 2009, Zhang und Khoshnevis 2013.

In den Veröffentlichungen wird darauf hingewiesen, dass die Druckzeit und die Baukosten maßgeblich durch die Druckpfadoptimierung bestimmt werden. Die Vorgehensweise zur Optimierung wird wie folgt beschrieben: Anhand des gegebenen Grundrisses werden zunächst gerade Wände als Kanten und Wandverbindungen als Knoten definiert. Jede Kante soll einmal abgefahren werden. Der Startpunkt soll gleich dem Endpunkt sein. Es wird in „Bauzeit" – Bewegung mit Betonausgabe – und „Luftzeit" – Bewegung ohne Betonausgabe unterschieden. Ziel der Druckpfadoptimierung ist es, die „Luftzeit" auf ein Minimum zu reduzieren, da die „Bauzeit" durch den Grundrissplan über die Gesamtlänge der Wandsegmente bereits definiert ist und deshalb nicht signifikant abgemindert werden kann.[37]

Das Optimierungsproblem wird als modifiziertes Traveling Salesman Problem (TSP) definiert. Die optimale Route bedeutet dabei, den minimalen Hamiltonkreis (vergleiche Abschnitt 6.2.2) zu finden. Das Optimierungsproblem wird in Form von Gleichungen grob beschrieben. Einige mögliche Lösungsalgorithmen werden genannt. Ohne näher darauf einzugehen, wird zur Lösung des Problems schlussendlich der Helsgaun-Algorithmus[38] angewendet und als CC-TSP bezeichnet. Im Ergebnis der Druckpfadoptimierung werden Zeitersparnisse des CC-TSP von durchschnittlich 45 % gegenüber der Nächsten-Nachbar-Methode ermittelt.[39]

Der Helsgaun-Algorithmus gilt als sehr effizient bei der Lösung von TSP-Problemen. Er generiert zuverlässig exakte Lösungen oder Lösungen, die sehr nah an der exakten Lösung liegen. Im Allgemeinen gibt es eine Vielzahl von Lösungsansätzen für die gegebene Optimierungsaufgabe, wie z. B. der Lin-Kernighan-Algorithmus, der Algorithmus nach (Edmonds und Johnson 1973) oder nach (Raghavachari und Veerasamy 1999).[40] Viele davon wurden für Optimierungsprobleme mit einer sehr großen Anzahl an Knoten entwickelt. Sie sind demnach sehr komplex und nicht leicht zu implementieren.[41] Die minimalen und maximalen Zeitgrenzen der Betontechnologie (vergleiche Abschnitt 5.4) sowie die eingeschränkte Erreichbarkeit der Druckmaschine (vergleiche Abschnitt 5.5) bedingen es, die Grundrissstruktur in verschiedene Druckabschnitte einzuteilen. Die Anzahl an Kanten und Knoten ist durch diese Teilung des Grundrisses sehr begrenzt. Die gegebene Optimierungsaufgabe ist genauso effizient über Algorithmen lösbar, die deutlich einfacher aufgebaut sind. Dies reduziert einerseits den

---

[37]Zhang und Khoshnevis 2013, S. 54–56.

[38]Helsgaun 2000.

[39]Zhang und Khoshnevis 2013, S. 65.

[40]Khoshnevis et al. 2006, S. 317.

[41]Helsgaun 2000, S. 7.

Aufwand der softwareseitigen Implementierung und andererseits die notwendige Rechenleistung des Prozessors. Im nachfolgenden Kapitel 6 wird ein Algorithmus zur Druckpfadoptimierung für den vollwandigen Beton-3D-Druck gesucht, der Lösungen nahe des Optimums generiert und zweckmäßig und praktikabel angewendet werden kann.

Druckpfadoptimierung nach Methoden des Operations Research

6

6.1 Überblick

Operations Research (OR) befasst sich mit der Entwicklung und dem Einsatz mathematischer Modelle und Methoden zur Unterstützung von Entscheidungsprozessen.[1] OR wird interdisziplinär in den Wissenschaftsbereichen Angewandte Mathematik, Wirtschaftswissenschaften und Informatik angewendet. Die Druckpfadoptimierung zur Erzeugung der Wände in einem Grundriss kann den OR-Teildisziplinen der netzwerkorientierten und kombinatorischen Optimierung zugeordnet werden. Viele Optimierungsmodelle sind aus der Realität auf Netzwerke zurückzuführen. Sehr typisch sind Netzwerke für die Infrastruktur, wie z. B. Straßen-, Zug- oder Medienversorgungsnetze. Sie können mit Hilfe von Knoten und Kanten dargestellt und abhängig vom definierten Optimierungsziel kombinatorisch miteinander verbunden werden.

Ein Grundrissplan kann genauso in Knoten und Kanten zerlegt und im Sinne eines Netzwerkes abgebildet werden. Ziel der Optimierungsaufgabe ist es, die Druckzeit des vollwandigen Beton-3D-Drucks zu minimieren. Die Druckzeit ist im Wesentlichen von vier Kriterien abhängig (vergleiche Abschnitt 5.7.1). Dabei ist es zum aktuellen Forschungszeitpunkt nur bedingt möglich, belastbare Kennwerte für die Kriterien Druck- und Fluggeschwindigkeit des Druckkopfes, Höhe der gedruckten Betonschichten und dem zusätzlichen Zeitaufwand an Störstellen zu veranschlagen. Im Rahmen dieser Arbeit soll der Einfluss dieser Kriterien

---

[1] Suhl und Mellouli 2013, S. 5.

auf die Gesamtdruckzeit innerhalb einer Simulationsstudie geprüft werden (vergleiche Kapitel 7). In das Simulationsmodell muss ein geeigneter Algorithmus implementiert werden, der für einen gegebenen Grundriss den kürzesten Druckpfad findet. D. h., es wird nach einem Druckpfad gesucht, der die minimalen Flugwege des Druckkopfes enthält. Der kürzeste Druckpfad bedeutet bei den gegebenen Voraussetzungen, dass es sich auch um den schnellsten Druckpfad handelt. Auf diesen Zusammenhang wird in Abschnitt 6.5 noch einmal näher eingegangen.

Die Forschungslandschaft in der netzwerkorientierten und kombinatorischen Optimierung ist weitreichend. Zur Lösung dieses Optimierungsproblems sind zahlreiche Algorithmen vorhanden. Ziel dieses Kapitels ist es, eine Methodik herzuleiten, die zweckmäßig und prozesssicher zur Lösung des Optimierungsproblems angewendet werden kann. Zunächst werden Grundlagen der Graphentheorie vermittelt und die Optimierungsaufgabe in Bezug zu bekannten Problemstellungen gesetzt. Anschließend wird eine Vorgehensweise für die optimierte Druckpfadplanung des vollwandigen Beton-3D-Drucks erarbeitet. Dabei werden verwendete Eröffnungs- und Verbesserungsheuristiken sowie die Methodik zur Lösung des Routing-Problems beschrieben. Der ganzheitliche Lösungsalgorithmus wurde im Rahmen der Forschungsarbeiten zu einer IT-Anwendung weiterentwickelt. Diese Optimierungssoftware ist in der Lage, für jeden Grundriss einen optimierten Druckpfad zu generieren. Auf die Anwendung, die Funktionalität und den Aufbau der IT-Software wird am Ende des folgenden Abschnitts vollumfänglich eingegangen.

6.2   Grundlagen zur Druckpfadoptimierung

6.2.1   Begriffe der Graphentheorie

Eine Hochbauplanung in Form eines Grundrisses kann als ein Graph, bestehend aus Knoten (Wandverbindungen und freie Wandenden) und Kanten (gerade Wände), abgebildet werden. Grundrissgraphen sind in der Regel zusammenhängende Graphen, da alle Knoten direkt oder indirekt über Kanten miteinander verbunden sind.[2] Sollten Wände frei im Raum stehen, z. B. als Aufzugskern im Inneren eines Gebäudes, so ist der zugehörige Graph nicht zusammenhängend. Da die Gebäudeteile nicht unmittelbar über Wände miteinander verbunden sind, sollten nicht zusammenhängende Graphen separat betrachtet und als einzelne

---

[2]Clark und Holton 1994, S. 2.

Druckabschnitte behandelt werden. Ein Grundrissgraph ist außerdem ungerichtet, da für die einzelnen Kanten kein Richtungspfeil vorgegeben wird. Eine wichtige Kenngröße ist der Knotengrad des Knotens n (grad (n)). Zur Ermittlung von grad (n) werden alle vom Knoten ausgehenden Kanten gezählt. Tabelle 6.1 zeigt vorhandene Knotengrade eines Grundrissgraphen.

Tabelle 6.1 Knotengrade eines Grundrissgraphen

Freies Ende	Ecke	T-Verbindung	Kreuzung
$grad (n) = 1$	$grad (n) = 2$	$grad (n) = 3$	$grad (n) = 4$

Der Knotengrad grad (n) > 4 ist möglich, kommt aber im Hochbau eher selten vor. Sind alle Knoten mit jedem anderen Knoten direkt verbunden, handelt es sich um einen vollständigen Graphen.

Die weiteren Erläuterungen des Kapitel 6 werden durch einen Beispielgrundriss unterstützt. Es handelt sich hierbei um das digiCON^2-Beispielgebäude aus Abschnitt 3.5.3. In Anlage 1 befindet sich der vermaßte Grundriss. Um die Erläuterungen verständlich darzustellen, wird zunächst der Grundriss ohne Bauwerksöffnungen behandelt. In Abbildung 6.1 wird anhand dieses Beispiels die Transformation aus

a) dem vereinfachten Grundriss zur
b) Darstellung des Grundrisses als ungerichteten Graphen mit Angabe von grad (n) und
c) dem vollständigen Graphen gezeigt.

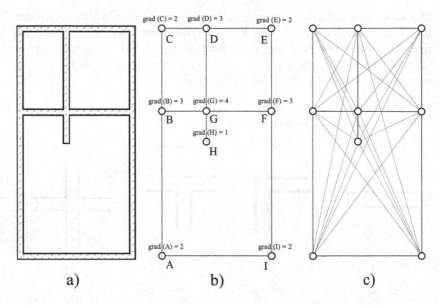

Abbildung 6.1 Transformation aus dem vereinfachten Grundriss zum vollständigen Graph

Beim Schritt von a) nach b) ist die Mittellinie der Wände maßgebend. Jede Wandverbindung oder jedes freie Wandende wird als Knoten, davon abgehende Wände werden als Kanten definiert. Der Knotengrad entspricht dabei der Anzahl abgehender Kanten. Schritt c) zeigt den zugehörigen vollständigen Graphen. Jeder Knoten ist dabei mit jedem anderen Knoten direkt verbunden.

Als Weg wird eine endliche Folge von Knoten bezeichnet, die jeweils durch eine Kante direkt miteinander verbunden sind. Falls der Startknoten identisch mit dem Endknoten ist, wird der Weg als Kreis bezeichnet.[3] In der netzwerkorientierten Optimierung sind zwei Kreise besonders bekannt. Als Eulerkreis werden kantenorientierte Kreiszyklen bezeichnet, die alle Kanten eines gegebenen Netzwerks genau einmal enthalten. Der Hamiltonkreis enthält dem gegenüber alle Knoten eines gegebenen Netzwerks und verbindet diese als Rundweg.[4]

---

[3]Tittmann 2011, S. 15.
[4]Gritzmann 2013, S. 57.

6.2.2   Bezug zu bekannten Optimierungsproblemen

In diesem Abschnitt wird das gegebene Optimierungsproblem des vollwandigen Beton-3D-Drucks in Bezug zu bekannten Optimierungsproblemen gesetzt. Als Einleitung wird darüber hinaus ein kurzer historischer Überblick gegeben.

Im 18. Jahrhundert beschrieb Leonard Euler (1707–1782) das unlösbare Königsberger Brückenproblem. Königsberg besitzt zwei Inseln, die vom Festland aus über sieben Brücken erreichbar sind. Die Bewohner der Stadt beschäftigte die Frage, ob es einen Rundweg gibt, der alle Brücken genau einmal überquert. Euler modellierte das Problem mittels Knoten und Kanten. Er erkannte, dass alle Knoten einen ungeraden Knotengrad besitzen. Deshalb gibt es einen solchen Rundweg nicht. Mindestens eine Brücke ist doppelt zu überqueren, um alle Brücken zu erreichen.[5]

Mehr als 200 Jahre später, um 1960, wird ein Optimierungsproblem bei Postboten in China mit dem Namen „Chinese Postman Problem" (CPP) bekannt. Ein Briefträger sucht im Straßennetz einen Rundweg, um die Post auszutragen. Die Optimierungsaufgabe bestand darin, die Laufstrecke des Postboten zu minimieren. In Straßen, die nur einmal begangen werden, wird die Post auf beiden Straßenseiten ausgetragen. Werden Straßen zweimal abgelaufen, wird zuerst die eine Straßenseite bedient, beim zweiten Mal wird die Post schließlich auf der anderen Straßenseite verteilt.[6]

Im sogenannten „Traveling Salesman Problem" (TSP) ist ein Reisender auf der Suche nach dem kürzesten Rundweg, über den alle ausgewählten Städte einmal zu erreichen sind. Auch hier werden die Städte als Knoten abgebildet. Der Fokus verlagert sich bei diesem Problem auf das kürzeste Erreichen von allen Knotenpunkten. Durch Hinzufügen der minimalen Verbindungskanten wird ein optimierter Rundweg, der sogenannte Hamiltonkreis, gebildet.[7]

Bei der Pfadplanung des vollwandigen Beton-3D-Drucks ist es das Optimierungsziel, einen minimalen Rundweg zu ermitteln, der alle Kanten des Grundrissgraphen genau einmal beinhaltet. Um einen effizienten Rundweg zu generieren, können zusätzliche Verbindungskanten eingefügt werden. Diese können bereits im Grundrissgraphen enthalten sein und doppelt genutzt werden, oder sie werden dem Grundrissgraphen als neue Kanten hinzugefügt. Die zusätzlichen Verbindungskanten sind bei der späteren Umsetzung des Verfahrens die Flugwege, also Strecken, in denen der Druckkopf keinen Beton ausgibt. In Abbildung 6.2 werden CPP-, TSP- und Rundwege des vollwandigen Beton-3D-Drucks am Beispielgrundriss gezeigt.

---

[5]Nitzsche 2004, 2004, S. 18.
[6]Clark und Holton 1994, 1994, S. 107.
[7]Krumke und Noltemeier 2005, S. 50.

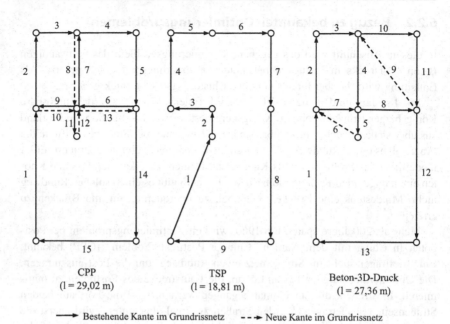

CPP
(l = 29,02 m)

TSP
(l = 18,81 m)

Beton-3D-Druck
(l = 27,36 m)

⟶ Bestehende Kante im Grundrissnetz   - - -► Neue Kante im Grundrissnetz

Abbildung 6.2 Lösungen am Beispielgrundriss[8]

CPP und TSP stimmen in einigen Sachverhalten mit der Pfadplanungsaufgabe des vollwandigen Beton-3D-Drucks überein. Das CPP ist kantenorientiert und sucht nach einem Rundweg, der alle Kanten einmal beinhaltet. Häufig ist ein solcher Rundweg nur möglich, wenn ausgewählte Kanten doppelt genutzt werden. Beim CPP werden also keine zusätzlichen Kanten eingefügt. Da der Postbote lediglich das Straßennetz nutzen kann, werden bestehende Kanten stattdessen doppelt genutzt (vergleiche gestrichelte Linien in Abbildung 6.2).[9] Beim vollwandigen Beton-3D-Druck können dem gegenüber Strecken „überflogen" werden. So können sowohl bereits vorhandene Kanten genutzt als auch zusätzliche Kanten im Grundrissgraphen integriert werden. Dies wird in Abbildung 6.2 verdeutlicht. Beim Beton-3D-Druck wurden die zusätzlichen Kanten mit den Nummern

---

[8]Die Länge l gibt die Länge des Gesamtweges, bestehend aus den durchgezogenen und den gestrichelten Linien, an.

[9]siehe Abbildung 6.2, CPP, Wege mit den Nummern 7 und 8, 9 und 10, 11 und 12 und 6 und 13.

6 und 9 eingefügt. Die Angaben der Gesamtlängen verdeutlichen die Einsparung durch die neu eingefügten Kanten (gestrichelt dargestellt) gegenüber dem CPP.

Das TSP unterscheidet sich auf den ersten Blick sehr offensichtlich von der gesuchten Pfadplanungsaufgabe, da das Problem knotenorientiert ist. Bei genauerer Auseinandersetzung mit dem TSP sind allerdings deutliche Ähnlichkeiten festzustellen. Beim TSP wird ein Rundweg gebildet, der die Einzelpunkte mit Hilfe der kürzesten Verbindungskanten miteinander verknüpft. Diese werden aus der Menge der Kanten des vollständigen Graphen (vergleiche Abbildung 6.1, c) ermittelt. Um den kürzesten Rundweg zu finden, ist die Summe aller Kantenlängen zu minimieren. Diese Vorgehensweise kann bei der Optimierung des vollwandigen Beton-3D-Drucks zur Ermittlung der kürzesten Flugstrecken genutzt werden.

Wie zuvor beschrieben, weist das zu lösende Optimierungsproblem Ähnlichkeiten zum CPP und TSP auf. Innerhalb der Wissenschaft der netzwerkorientierten Optimierung existieren sehr viele Lösungsansätze, um CPP- oder TSP-basierte Aufgaben zu lösen (vergleiche Abschnitt 5.7.4). Allerdings können die vorhandenen Lösungsalgorithmen von CPP- oder TSP-Problemen nicht direkt genutzt, sondern müssen angepasst werden. Viele dieser Ansätze sind außerdem für weitaus umfangreichere Optimierungsaufgaben mit einer sehr hohen Anzahl an Kanten oder Knoten entwickelt worden. Die nächsten Abschnitte befassen sich mit einer geeigneten Methodik, die für das gegebene Optimierungsproblem des vollwandigen Beton-3D-Drucks zweckmäßig und prozesssicher eingesetzt werden kann.

6.3 Wegoptimierte Druckpfadplanung für den vollwandigen Beton-3D-Druck

6.3.1 Grundlagen und allgemeine Vorgehensweise

Die wegoptimierte Druckpfadplanung des vollwandigen Beton-3D-Drucks hat das Ziel, im gegebenen Grundrissgraphen einen Eulerkreis (vergleiche Abschnitt 6.2.1) zu ermitteln, der alle Kanten des Grundrisses genau einmal enthält. Die dazu notwendigen zusätzlichen Kanten sind ein Extrakt aus dem vollständigen Graphen und hinsichtlich ihrer Gesamtlänge zu minimieren.

Ein Eulerkreis kann immer dann gebildet werden, wenn der Graph zusammenhängend ist und alle Knoten über einen geraden Knotengrad verfügen.[10] Dies

---

[10]Hußmann und Lutz-Westphal 2007, S. 79.

ist bei Grundrissgraphen nur in Einzelfällen gegeben, z. B. bei einer einfachen Garage mit vier Außenwänden. In der Regel sind Grundrissgraphen stärker verzweigt und beinhalten Knoten mit dem Knotengrad 1 bis 4. Sind ungerade Knoten im Grundrissgraphen enthalten, so ist die Anzahl dieser Knoten stets gerade, also ein Vielfaches von zwei.[11] Dies lässt sich leicht erklären. Das Einfügen einer Kante führt stets dazu, dass der Knotengrad bei zwei Knoten (Anfangsknoten und Endknoten) erhöht wird. In Abbildung 6.3 wird der Beispielgrundriss als Graphdarstellung schrittweise erzeugt und verdeutlicht dabei diese Aussage.

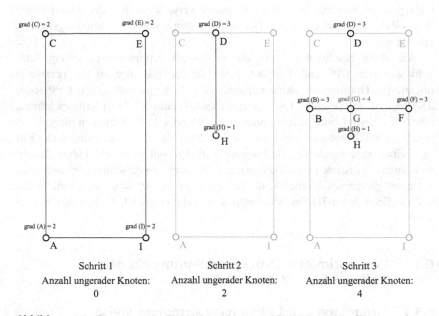

Abbildung 6.3 Erzeugung des Beispielgrundrisses und Veränderung der Knotengrade

---

[11] Hußmann und Lutz-Westphal 2007, S. 79.

Zunächst sind nur die vier Außenwände dargestellt (Schritt 1). Der Knotengrad aller vier Knoten ist grad (n) = 2. Folglich liegen keine ungeraden Knoten vor. Das Einfügen der Innenwand D-H (Schritt 2) bewirkt, dass ein Knoten H in Form eines freien Endes mit grad (H) = 1 und ein Knoten D mit grad (D) = 3 entsteht. Die Anzahl ungerader Knoten beträgt damit zwei. Das Einsetzen der Innenwand B-F (Schritt 3) bewirkt schließlich, dass drei neue Knoten B, G und F gebildet werden, wobei grad (B) = grad (F) = 3 und grad (G) = 4. Insgesamt liegen somit vier ungerade Knoten (B, D, F und H) vor. Die Anzahl der ungeraden Knoten bleibt in einem zusammenhängenden Graphen also immer gerade.

Um einen Eulerkreis zu ermitteln, sind alle ungeraden Knoten zu eliminieren. Dies geschieht, indem zusätzliche Verbindungskanten in den Graphen integriert werden. Um den kürzesten Weg herauszufinden, ist die Länge aller Verbindungskanten zu minimieren. Die ungeraden Knoten sind dazu in einem ersten Schritt zu identifizieren. Der Knotengrad dieser Knoten muss um genau eins erhöht werden. Dies ist zu realisieren, indem jeweils zwei Knoten durch eine Kante miteinander verbunden werden.[12] Dieser Prozess wird Matching[13] genannt. Um den kürzesten Rundweg zu ermitteln, ist die Gesamtlänge der Matching-Kanten zu minimieren. Dazu wird aus den identifizierten Knoten ein vollständiger Graph (vergleiche Abbildung 6.1, c) entwickelt. Das Matching ist vollständig, wenn alle Knoten einbezogen sind. Die Optimierungsaufgabe besteht darin, diejenigen Matching-Kanten auszuwählen, deren Gesamtlänge am kürzesten ist. Dies wird in der Kombinatorik als „Minimum-Weight-Perfect-Matching" bezeichnet. In Abbildung 6.3 sind die ungeraden Knoten B, D, F und H erkennbar. Diese Knoten werden nun alle miteinander verbunden, sodass ein vollständiger Graph entsteht. Da die Knotenanzahl n = 4 ist, beträgt die Anzahl der gesuchten Matching-Kanten n/2 = 2. Innerhalb der Optimierungsaufgabe soll nun die Summe der Matching-Kanten minimiert werden. Das Prinzip des Minimum-Weight-Perfect-Matchings wird in Abbildung 6.4 anhand der identifizierten ungeraden Knoten des Beispielgrundrisses B, D, F und H gezeigt.

---

[12]Da stets eine gerade Anzahl von Knoten (n) mit ungeradem Knotengrad vorliegt, ist zur Verbindung eine Anzahl an Kanten von n/2 erforderlich.

[13]Ins Deutsche übersetzt, bedeutet der Begriff „Paarung".

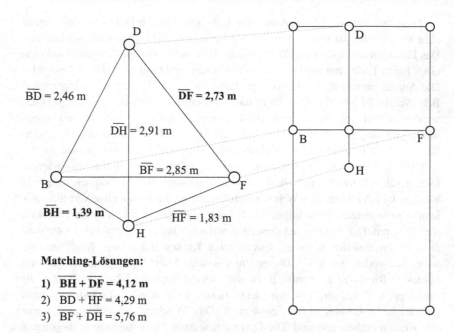

$\overline{BD} = 2,46\ m$ $\overline{DF} = 2,73\ m$

$\overline{DH} = 2,91\ m$

$\overline{BF} = 2,85\ m$

$\overline{BH} = 1,39\ m$ $\overline{HF} = 1,83\ m$

Matching-Lösungen:

1) $\overline{BH} + \overline{DF} = 4,12\ m$
2) $\overline{BD} + \overline{HF} = 4,29\ m$
3) $\overline{BF} + \overline{DH} = 5,76\ m$

Abbildung 6.4 Minimum-Weight-Perfect-Matching für den Beispielgrundriss

Das Ergebnis des Minimum-Weight-Perfect-Matchings ist für dieses Beispiel 4,12 m und schließt die Matching-Kanten B–H und D–F ein. An diesem einfachen Beispiel wurden lediglich 4 Knoten mit ungeradem Grad identifiziert. Die Prozedur ist bei den drei möglichen Matching-Lösungen des Beispiels händisch gut nachvollziehbar. Bei größeren Grundrissgraphen liegt eine deutlich höhere Anzahl an ungeraden Knoten vor. Die Anzahl möglicher Matching-Kanten steigt rapide an. Tabelle 6.2 stellt den Anstieg möglicher Matching-Lösungen mit zunehmendem Knotengrad rechnerisch dar.

Tabelle 6.2 Anzahl der möglichen Matching-Lösungen in Abhängigkeit der Knotenzahl n[14]

Anzahl Knoten	Anzahl möglicher Matching-Lösungen
2	1
4	$3 \cdot 1 = 3$
8	$7 \cdot 5 \cdot 3 \cdot 1 = 105$
12	$11 \cdot 9 \cdot 7 \cdot 5 \cdot 3 \cdot 1 = 10.395$
16	$15 \cdot 13 \cdot 11 \cdot 9 \cdot 7 \cdot 5 \cdot 3 \cdot 1 = 2.027.025$
20	$19 \cdot 17 \cdot 15 \cdot 13 \cdot 11 \cdot 9 \cdot 7 \cdot 5 \cdot 3 \cdot 1 = 654.729.075$
n	$(n-1) \, \text{x} \, (n-3) \, \text{x} \, (n-5) \dots \text{x} \, 1 = \prod_{i=1}^{n/2} \{ n - (2 * i - 1) \}$

Bereits bei 20 Knoten gibt es über 654 Mio. Möglichkeiten, ein Matching zu erzielen. In der kombinatorischen Optimierung ist es daher üblich, zur Lösung derartiger Probleme lokale Suchheuristiken einzusetzen. Unter der Bezeichnung Heuristik werden Methoden zusammengefasst, die mit begrenztem Wissen in kurzer Zeit zu wahrscheinlichen Aussagen und praktikablen Lösungen führen.[15] Zunächst wird mit Hilfe einer Eröffnungsheuristik eine Ausgangslösung ermittelt. Anschließend werden Verbesserungsheuristiken angewendet. Diese führen so lange lokale Verbesserungen durch, bis keine Veränderungen bei der Lösung mehr eintreten. Diese Vorgehensweise hat sich für derartige Probleme etabliert. Da mit dem ersten Schritt viele Lösungsmöglichkeiten ausgeschlossen werden, wird eine zu hohe Rechenleistung verhindert. Gleichzeitig werden trotzdem sehr genaue Ergebnisse generiert.[16] In den Abschnitten 6.3.2 und 6.3.3 wird genauer auf geeignete Eröffnungs- und Verbesserungsheuristiken eingegangen, die bei der Optimierungsaufgabe des vollwandigen Beton-3D-Drucks angewendet werden können.

Die Matching-Kanten werden anschließend in den ursprünglichen Graphen integriert und stellen bei der Umsetzung des vollwandigen Beton-3D-Drucks die Flugstrecken des Druckkopfes dar. Die eingefügten Matching-Kanten bewirken, dass alle im Grundriss bzw. Graphen enthaltenen Knoten einen geraden Knotengrad besitzen. Solche Graphen werden als „eulersch" bezeichnet. Dadurch ist es möglich, zusammenhängende Rundwege zu generieren, bei denen alle enthaltenen Kanten genau einmal enthalten sind und deren Start- und Endpunkt gleich ist. An dieser Stelle soll noch einmal herausgestellt werden, dass es eine Vielzahl

---

[14]In Anlehnung an: Weber 2018, S. 35; Pearson und Bryant 2005, S. 112 ff.

[15]Pillkahn 2012, S. 170.

[16]Grundmann 2003, S. 65.

möglicher Rundwege gibt, diese aber alle gleich lang sind.[17] Für das sogenannte Routing-Problem existieren wiederum Algorithmen, wie z. B. die Algorithmen von Hierholzer oder Fleury. Das Routing-Problem und deren Lösung wird erneut im Abschnitt 6.3.4 analysiert.

In diesem Abschnitt wurde die allgemeine Vorgehensweise für die wegoptimierte Druckpfadplanung beim vollwandigen Beton-3D-Druck vorgestellt. Die einzelnen Prozessschritte werden in Abbildung 6.5 durch ein Struktogramm zusammengefasst.

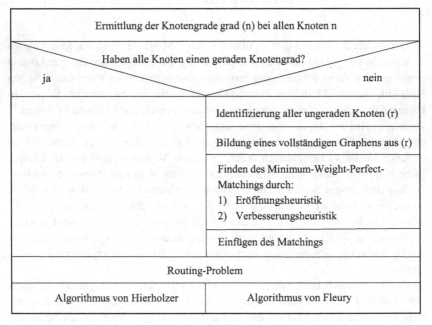

Abbildung 6.5 Struktogramm zur allgemeinen Vorgehensweise bei der Wegoptimierung[18]

---

[17]Ein sehr gutes Beispiel ist hier das Zeichen- und Rätselspiel für Kinder: „Haus vom Nikolaus". Es gibt insgesamt 44 verschiedene Lösungen, um das Haus vom gleichen Startpunkt aus zu zeichnen.

[18]In Anlehnung an: Weber 2018, S. 31.

6.3.2   Geeignete Eröffnungsheuristik

Eröffnungsheuristiken werden genutzt, um schnell und praktikabel zu einer ersten Lösung des Problems zu gelangen. Häufig werden dazu Greedy-Algorithmen verwendet. Greedy-Algorithmen gehen bei der Lösungsfindung schrittweise vor. Mit jedem Iterationsschritt wird die aktuell beste Alternative ausgewählt und Zug um Zug weiterverfolgt. So wird sukzessive eine Gesamtlösung aufgebaut. Sehr bekannte Greedy-Verfahren sind z. B. der Algorithmus von Kruskal[19], die Nächste-Nachbar-Heuristik [20] oder der Prim-Algorithmus.[21] Diese Algorithmen verfolgen das Ziel, einen minimalen Spannbaum zwischen bestehenden Knoten herzustellen. Ein Spannbaum ist ein zusammenhängender, ungerichteter Graph. Es werden also minimale Verbindungsstrukturen gesucht. Diese Aufgabe kommt sehr häufig in der kombinatorischen Optimierung vor. Zur Lösung des Matching-Problems beim vollwandigen Beton-3D-Druck wird dem gegenüber nur eine Teilmenge aus diesem minimalen Spannbaum benötigt. Die Algorithmen können demnach nicht ohne Änderungen angewendet werden.

Ein Lösungsansatz ist es, einen alternierenden Spannbaum zu entwickeln, der abwechselnd eine minimale Verbindungskante und eine maximale Verbindungskante aneinanderfügt. Anschließend werden die maximalen Verbindungskanten gelöscht. Diese Methodik wird im Rahmen der vorliegenden Arbeit „MIN-MAX" genannt. Im Ergebnis liegt eine Eröffnungslösung für das Minimum-Weight-Perfect-Matching vor. In Abbildung 6.6 wird die Vorgehensweise beim MIN-MAX-Verfahren in Einzelschritten anhand des Beispielgrundrisses gezeigt. Als Basis liegen die ungeraden Knoten B, D, H und F vor. Ziel der Optimierung ist es, ein minimales Matching zu erreichen.

---

[19]Weiterführend Nickel et al. 2014, S. 136.
[20]Weiterführend Borgwardt 2001, S. 489.
[21]Weiterführend Borgwardt 2001, S. 437.

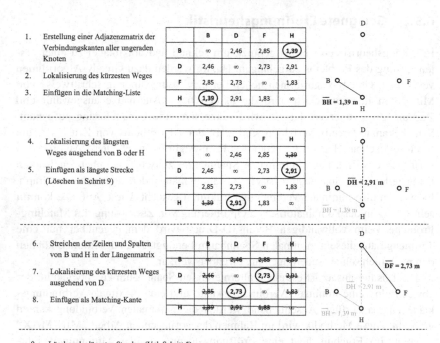

1. Erstellung einer Adjazenzmatrix der Verbindungskanten aller ungeraden Knoten
2. Lokalisierung des kürzesten Weges
3. Einfügen in die Matching-Liste

4. Lokalisierung des längsten Weges ausgehend von B oder H
5. Einfügen als längste Strecke (Löschen in Schritt 9)

6. Streichen der Zeilen und Spalten von B und H in der Längenmatrix
7. Lokalisierung des kürzesten Weges ausgehend von D
8. Einfügen als Matching-Kante

9. Löschen der längsten Strecken (Vgl. Schritt 5)

Abbildung 6.6   Einzelschritte beim MIN-MAX-Verfahren[22]

Eine andere Möglichkeit ist es, sukzessive die minimalen Matching-Kanten aus der Matrix heraus zu lösen. Zunächst wird dabei die kürzeste Distanz aus der Längenmatrix ausgesucht und als Matching-Kante gewählt. Daraufhin werden Spalten und Zeilen der betreffenden Knoten gelöscht. Im nächsten Schritt wird erneut die kürzeste Distanz gesucht und eingefügt. Die Methode kann als MIN-Verfahren bezeichnet werden. Die Prozedur scheint dem ersten Anschein nach zielführend zu sein. Allerdings ergibt es sich häufig, dass die letzte Matching-Kante sehr lang ausfällt, da alle anderen Knoten bereits belegt sind. Untersuchungen anhand

---

[22]In Anlehnung an: Weber 2018. Zum Begriff Adjazenzmatrix (Schritt 1): Eine Adjazenzmatrix ist eine symmetrische Matrix, in der alle Knoten jeder Spalte und Zeile zugeordnet werden. Falls eine Verbindung der Knoten untereinander besteht, so wird der Abstand der beiden Knoten in die jeweilige Zeile und Spalte eingetragen. Sind die Knoten nicht verbunden, wird eine Null gewählt. Die Verbindung eines Punktes mit sich selbst wird mit dem Wert unendlich definiert. In der Literatur wird die Adjazenzmatrix im gegebenen Kontext häufig auch als Gewichtsmatrix bezeichnet.

von 100 Grundrissen mit je 20 Knoten zeigten, dass das MIN-MAX-Verfahren zu besseren Erstlösungen gegenüber dem MIN-Verfahren führt.[23] Im Rahmen dieser Arbeit wird das MIN-MAX-Verfahren als geeignete Eröffnungsheuristik ausgewählt.

6.3.3   Geeignete Verbesserungsheuristik

Um die Erstlösung eines Matchings genauer an die exakte Lösung anzunähern, werden Austausch- und Verbesserungsverfahren eingesetzt. Mit nk-opt-Verfahren [24] wird geprüft, ob verbesserte Ergebnisse des Matchings vorhanden sind. Dabei werden die Kanten solange ausgetauscht, bis sich keine weiteren Optimierungen ergeben. Um den Rechenaufwand zu begrenzen, werden in der Regel 2k-opt-, 3k-opt- oder maximal 4k-opt-Verfahren eingesetzt. Die Methodik wird zunächst anhand des 2k-opt-Verfahrens erklärt. Zwei Knoten einer Matching-Kante werden dabei mit zwei Knoten einer anderen Matching-Kante neu kombiniert. Dadurch entstehen alternative Kanten, deren Länge mit den Ausgangskanten verglichen werden. Es wird sukzessive geprüft, ob sich durch eine der Neukombinationen eine Längenoptimierung gegenüber der Erstlösung ergibt. Sollten Verbesserungen erzielt werden, so ist die Erstlösung durch die neue Lösung zu ersetzen. In der Programmierung wird diese Prozedur in der Regel als Schleife[25] ausgeführt. Diese Prüfung wird bei allen Zweier-Kombinationsmöglichkeiten durchgeführt. Das Verfahren bricht ab, sobald sich keine weiteren Verbesserungen innerhalb eines Schleifendurchlaufs ergeben. In Abbildung 6.7 werden die Verfahrensschritte anhand des Beispiels erläutert.

Das 3k-opt-Verfahren erweitert das Vorgehen, indem 3 Kanten auf kürzere Kombinationsmöglichkeiten geprüft werden. Das 3k-opt führt zunächst eine Optimierung nach dem 2k-opt-Verfahren durch. Anschließend werden 3 Kanten in die Optimierungsschleife integriert und auf kürzere Neukombinationen geprüft. Werden dadurch Verbesserungen erzielt, so werden diese Kanten durch die neuen Kanten ersetzt. Das 4k-opt-Verfahren erweitert das Vorgehen um eine anschließende Vierkantenoptimierung. Untersuchungen anhand von drei unterschiedlichen

---

[23] Vergleiche Weber 2018, S. 85.

[24] Diese Lösung ist abgeleitet von n-opt-Verfahren, die zur Verbesserung symmetrischer TSP-Probleme herangezogen werden. Siehe hierzu weiterführend Nickel et al. 2014, S. 228.

[25] Als Schleife wird in der Informatik ein Anweisungsblock bezeichnet, der solange wiederholt wird, bis ein Abbruchkriterium erfüllt ist.

1. Auswahl einer Matching-Kante
   (hier Kante 1 ist BH),
2. Auswahl einer zweiten Matching-
   Kante (hier Kante 2 ist DF),

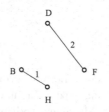

3. Auflösung der Matching-Kanten und Bildung neuer Kombinationen,

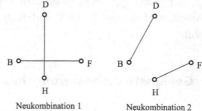

Neukombination 1   Neukombination 2

4. Prüfung, ob sich dadurch Längenverbesserungen ergeben.
5. Falls Neukombinationen kürzer, ersetzen der Erstlösung.

Abbildung 6.7 Verfahrensschritte beim 2k-opt-Verfahren

Grundrissen mit 10, 14 und 20 ungeraden Knoten ergaben spätestens nach dem 4k-opt-Verfahren die exakten Lösungen des Optimierungsproblems.[26]

Eine wichtige Kenngröße zur IT-gestützten Lösung von kombinatorischen Optimierungsproblemen ist die erforderliche Rechenleistung. In Tabelle 6.3 werden die Ergebnisse einer Studie der Rechenleistung an drei Grundrissgraphen gezeigt. Dabei wird die Rechenleistung der Verfahren MIN-MAX als geeignetes Eröffnungsverfahren sowie die Verbesserungsheuristiken 2k-opt, 3k-opt und 4k-opt in Millisekunden [ms] angegeben. Zur Berechnung wurde ein Laptop aktuellen Standards verwendet.

Tabelle 6.3 Exemplarischer Vergleich der Rechendauer ausgewählter Heuristiken[27]

Anzahl ungerader Knoten	MIN-MAX [ms]	2k-opt [ms]	3k-opt [ms]	4k-opt [ms]
10	1,05	1,20	1,67	4,76
14	2,00	2,15	6,34	44,28
20	4,00	4,39	18,23	243,93

Die Ergebnisse zeigen, dass die Verfahren MIN-MAX und 2k-opt verhältnismäßig geringe Rechenleistungen erfordern. Bei 20 ungeraden Knoten liegt das Ergebnis in etwa bei jeweils 4 ms. Das 3k-opt-Verfahren benötigt bei 20

[26] Weber 2018, S. 83.
[27] In Anlehnung an: Weber 2018, S. 90.

ungeraden Knoten etwas mehr als das 4,5-fache. Bei 4k-opt-Verfahren steigt die Rechenleistung sehr deutlich an. Die Lösung bei 20 ungeraden Knoten dauert mit dem 4k-opt-Verfahren etwa 0,25 s. Dies entspricht in etwa der 55-fachen Rechenleistung verglichen mit dem 2k-opt-Verfahren.

Im Rahmen dieser Arbeit wird das 4k-opt-Verfahren als geeignete Verbesserungsheuristik gewählt. Die Rechenleistung ist mit 0,25 s bei 20 ungeraden Knoten immer noch vertretbar. Qualitativ werden sehr genaue Lösungen erzielt. Die Anwendung eines 5k-opt-Verfahrens ist für das gegebene Optimierungsproblem nicht sinnvoll, da der Verbesserungserfolg im Verhältnis zum stark ansteigenden Rechenaufwand als gering eingestuft werden kann.

6.3.4 Lösung für das Routingproblem

In den vorangegangenen Abschnitten wurde eine geeignete Methodik erarbeitet, um das minimale Matching innerhalb eines Grundrissgraphen zu finden. Wie bereits im Abschnitt 6.3.1 beschrieben, gibt es nun eine Vielzahl von Möglichkeiten, um eine durchgehende Rundreise mit gleichem Start- und Endpunkt zu finden. In der kombinatorischen Optimierung wird diese Problematik als „Routingproblem" bezeichnet.

Ziel ist es einen zeitoptimierten Eulerkreis zu finden. Dabei werden alle Kanten des „eulerschen" Graphen genau einmal genutzt. An dieser Stelle ist noch einmal herauszustellen, dass die verschiedenen Rundwege der Logik folgend alle die gleiche Länge aufweisen, d. h. die Länge der Druck- und Flugstrecken sind in der Summe bei allen Rundreisen gleich. Allerdings kann die Route die Druckzeit elementar beeinflussen. Wie bereits in Abschnitt 5.3 beschrieben, können die Wandverbindungen auf unterschiedliche Weisen erzeugt werden. Folglich nehmen die verschiedenen Ausführungsvarianten unterschiedliche Zeiten in Anspruch (vergleiche Abschnitt 7.3.3). In Abschnitt 6.5 wird dieser Punkt noch einmal aufgegriffen.

Um das sogenannte Routing-Problem zu lösen, können verschiedene Algorithmen angewendet werden. Sehr bekannt sind z. B. der Algorithmus von Hierholzer und der Algorithmus von Fleury. Bei beiden Algorithmen sind die Herangehensweisen einfach nachvollziehbar. Der Algorithmus von Fleury wurde im Jahr 1883 veröffentlicht und geht schrittweise vor. Zunächst wird, von einem Startknoten beginnend, eine Erstkante ausgewählt. Als Folgekante kann nun jede Kante gewählt werden, die keine Brückenkante ist. Als Brückenkante wird eine Kante bezeichnet, die den zusammenhängenden Graphen in zwei Teilgraphen zerlegt.

So werden Teile des Graphen abgeschnitten und sind danach nicht mehr erreichbar. Der Algorithmus muss also bei jedem Teilschritt prüfen, ob es sich um eine Brückenkante handelt. Werden stets Kanten gewählt, die keine Brückenkanten sind, entsteht am Ende ein Eulerkreis.[28]

Hierholzers Algorithmus wurde erst nach seinem Tod im Jahr 1871 bekannt. Die nachfolgenden Erläuterungen werden durch Abbildung 6.8 unterstützt.

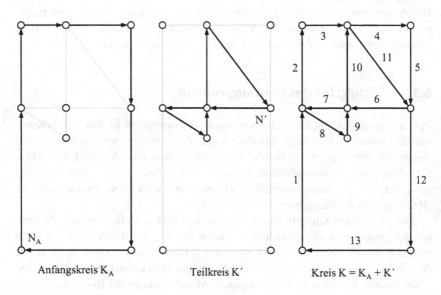

Anfangskreis K_A Teilkreis K´   Kreis K = K_A + K´

Abbildung 6.8 Algorithmus von Hierholzer am Beispielgrundriss

Der Algorithmus von Hierholzer sieht vor, zunächst ausgehend von einem beliebigen Startknoten N_A einen Anfangskreis K_A zu bilden. K_A kann beliebig viele Kanten enthalten. Der Startknoten N_A ist gleich dem Endknoten. In der Regel enthält der Anfangskreis K_A nicht alle Kanten des Graphen. Es ist nun ein Knoten N' aus dem Kreis K_A zu wählen, von dem eine noch nicht besuchte Kante ausgeht. In der Regel erfolgt die Suche nach N' rückwärts. Das heißt, die erste Prüfung, ob unbesuchte Kanten vorhanden sind, findet am letzten Knoten vor dem Endknoten von K_A statt. Sollten an diesem Knoten unbesuchte Kanten

---

[28]Weiterführend Büsing 2010, S. 64.

angrenzen, wird er zum neuen Start- und Endknoten N´ für einen Kreis K´. Dieser enthält wiederum beliebig viele Kanten, die allerdings nicht dem Anfangskreis K_A angehören. Am Ende werden K_A und K´ in einem Kreis K zusammengeführt. Nun wird geprüft, ob alle Kanten des Graphen im Kreis K enthalten sind. Ist dies nicht der Fall, werden weitere Kreise K´´, K´´´, etc. nach gleicher Vorgehensweise erzeugt. D. h. mit dem Algorithmus von Hierholzer werden systematisch Teilkreise gebildet und schlussendlich zu einem Gesamtkreis zusammengesetzt.[29] Im Rahmen dieser Arbeit wird der Algorithmus von Hierholzer als geeigneter Lösungsansatz für das Routing-Problem gewählt.

6.4   IT-Software zur Ermittlung wegoptimierter Druckpfade

6.4.1   Überblick

In den vorangegangenen Abschnitten wurde beschrieben, wie wegoptimierte Druckpfade innerhalb eines Grundrissgraphen gefunden werden können. Die Einzelschritte wurden anhand eines Beispielgrundrisses verdeutlicht. Dieser Grundrissgraph hat nur sehr begrenzte Abmessungen und besitzt eine geringe Anzahl an zugehörigen Knoten und Kanten. Zukünftig sollen Wohngebäude erstellt werden, deren Grundrissgraphen deutlich komplexer sind. Um den optimierten Druckpfad zu generieren, ist der Einsatz von Informationstechnik (IT) erforderlich. Im Zuge dieser Arbeit wurde eine Optimierungssoftware entwickelt, die den minimalen Eulerkreis eines Grundrissgraphen berechnet.[30] Die Programmiersprache der Software ist Python.[31] Als integrierte Entwicklungsumgebung[32] dient das Programm Spyder.[33] In den nächsten Abschnitten wird näher auf die Optimierungssoftware eingegangen.

---

[29]Vergleiche auch Büsing 2010, S. 61–63.

[30]Die Quellcodes der Optimierungssoftware wurden in Weber 2018 erarbeitet.

[31]Aktuelle Version: Python 3.7.2.

[32]Integrated Development Environment (IDE).

[33]Aktuelle Version: Spyder 3.3.3.

6.4.2 Programmaufbau

Um das Programm überschaubar zu halten, wurde die Programmstruktur hierarchisch angelegt. Das Programm besteht aus einem Hauptprogramm und mehreren Unterprogrammen. Wie es in der strukturierten Programmierung üblich ist, wurde die Gesamtaufgabe modularisiert, d. h. in mehrere Teilaufgaben zerlegt. Aus dem Hauptprogramm werden verschiedene Unterprogramme aufgerufen, deren Algorithmen einzelne Teilaufgaben lösen. Mit Aufruf eines Unterprogramms beginnt dessen Befehlsabfolge. Am Ende der Befehlskette wird in das Hauptprogramm zurückgekehrt. Häufig werden dem Hauptprogramm die im Unterprogramm generierten Daten zugeführt. Die Programmierung folgt dem Prinzip der Top-down-Entwicklung, die ein Problem von oben nach unten, also vom Gesamtproblem zu immer kleineren Teilproblemen hin, löst.[34] In Abbildung 6.9 werden der Aufbau der IT-Software gezeigt und die jeweiligen Programminhalte kurz beschrieben.

Der ausführliche Programmtext in Form des Quellcodes befindet sich in Anlage 5 dieser Arbeit. Jede Programmzeile ist mit Kommentaren versehen, die den Quellcode verständlich erläutern. So sind die Programmbefehle problemlos in andere Programmiersprachen zu überführen oder in weiterführende Softwareprogramme zu implementieren.

6.4.3 Softwareanwendung und -funktionalität

Um die Software anzuwenden, ist zunächst das Hauptprogramm in die integrierte Entwicklungsumgebung Spyder zu importieren. Anschließend kann der Gebäudegrundriss im Unterprogramm „UP Grundriss" definiert werden. Im Eingabeschritt 1) sind dazu alle Wandverbindungen sowie freien Wandenden des Grundrissgraphen als Knotenpunkte durch eine x-Koordinate, eine y-Koordinate und einen namensgebenden Buchstaben anzugeben. Der Startpunkt ist gemäß Abschnitt 5.5.2 auszuwählen und als Knoten A zu bezeichnen. Stützen oder Laibungen von Öffnungen sind analog der freien Wandenden als Knoten zu definieren. Im Eingabeschritt 2) werden die Knotenpunkte noch einmal in einer Knotenliste aufgeführt. Der Eingabeschritt 3) sieht vor, alle Kanten des Grundrissgraphen einzugeben. Dazu werden alle Verbindungen zwischen den einzelnen Knotenpunkten aufgelistet. Der Gebäudegrundriss ist nun als Graph vollständig im Programmteil „UP Grundriss" hinterlegt. Um die Optimierungssoftware auszuführen, ist das Hauptprogramm zu starten. Alle weiteren Programmschritte

---

[34]Kurbel 1990, S. 53–54.

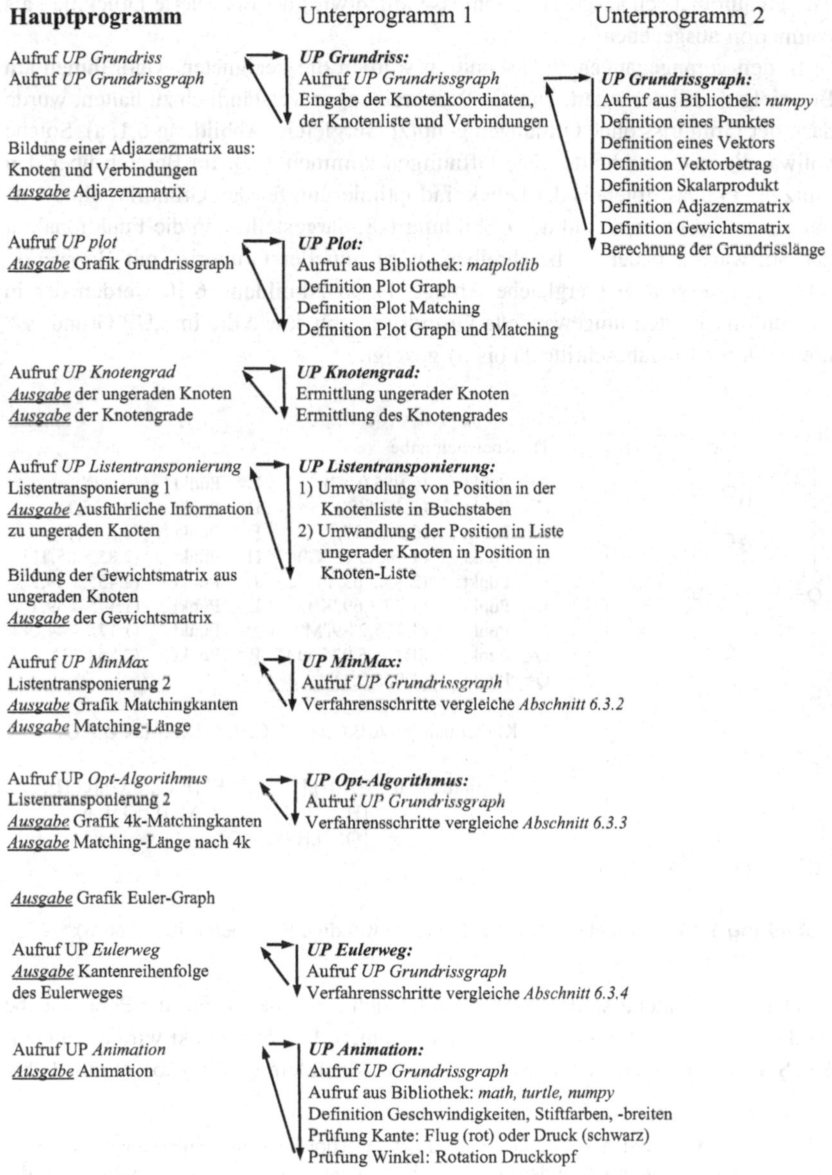

Hauptprogramm   Unterprogramm 1   Unterprogramm 2

Aufruf *UP Grundriss*
Aufruf *UP Grundrissgraph*   ***UP Grundriss:***
                                  Aufruf *UP Grundrissgraph*   ***UP Grundrissgraph:***
                                  Eingabe der Knotenkoordinaten,   Aufruf aus Bibliothek: *numpy*
                                  der Knotenliste und Verbindungen Definition eines Punktes
Bildung einer Adjazenzmatrix aus: Definition eines Vektors
Knoten und Verbindungen   Definition Vektorbetrag
Ausgabe Adjazenzmatrix   Definition Skalarprodukt
                                                                   Definition Adjazenzmatrix
                                                                   Definition Gewichtsmatrix
Aufruf *UP plot*   ***UP Plot:***   Berechnung der Grundrisslänge
Ausgabe Grafik Grundrissgraph   Aufruf aus Bibliothek: *matplotlib*
                                  Definition Plot Graph
                                  Definition Plot Matching
                                  Definition Plot Graph und Matching

Aufruf *UP Knotengrad*   ***UP Knotengrad:***
Ausgabe der ungeraden Knoten   Ermittlung ungerader Knoten
Ausgabe der Knotengrade   Ermittlung des Knotengrades

Aufruf *UP Listentransponierung* ***UP Listentransponierung:***
Listentransponierung 1   1) Umwandlung von Position in der
Ausgabe Ausführliche Information   Knotenliste in Buchstaben
zu ungeraden Knoten   2) Umwandlung der Position in Liste
                                     ungerader Knoten in Position in
Bildung der Gewichtsmatrix aus   Knoten-Liste
ungeraden Knoten
Ausgabe der Gewichtsmatrix

Aufruf *UP MinMax*   ***UP MinMax:***
Listentransponierung 2   Aufruf *UP Grundrissgraph*
Ausgabe Grafik Matchingkanten   Verfahrensschritte vergleiche *Abschnitt 6.3.2*
Ausgabe Matching-Länge

Aufruf UP *Opt-Algorithmus*   ***UP Opt-Algorithmus:***
Listentransponierung 2   Aufruf *UP Grundrissgraph*
Ausgabe Grafik 4k-Matchingkanten Verfahrensschritte vergleiche *Abschnitt 6.3.3*
Ausgabe Matching-Länge nach 4k

Ausgabe Grafik Euler-Graph

Aufruf UP *Eulerweg*   ***UP Eulerweg:***
Ausgabe Kantenreihenfolge   Aufruf *UP Grundrissgraph*
des Eulerweges   Verfahrensschritte vergleiche *Abschnitt 6.3.4*

Aufruf UP *Animation*   ***UP Animation:***
Ausgabe Animation   Aufruf *UP Grundrissgraph*
                                  Aufruf aus Bibliothek: *math, turtle, numpy*
                                  Definition Geschwindigkeiten, Stiftfarben, -breiten
                                  Prüfung Kante: Flug (rot) oder Druck (schwarz)
                                  Prüfung Winkel: Rotation Druckkopf

Abbildung 6.9 Programmaufbau der IT-Optimierungssoftware

werden automatisch ausgeführt. Schlussendlich wird der optimierte Druckpfad als Animation ausgegeben.

In den vorangegangenen Abschnitten wurden die geeigneten Algorithmen am Beispielgrundriss erläutert. Um die Beschreibungen verständlich zu halten, wurde dazu der Grundriss ohne Öffnungen genutzt (vergleiche Abbildung 6.1, a). Solche vollwandigen Querschnitte ohne Öffnungen kommen z. B. im Bereich über den Stürzen vor. Das Ergebnis der Druckpfadoptimierung für den Grundriss ohne Öffnungen ist im rechten Bild der Abbildung 6.8, dargestellt. Um die Funktionalität der Software genauer zu beschreiben, wird nun der Grundriss mit Bauwerksöffnungen verwendet (vergleiche Anlage 1). In Abbildung 6.10 werden der in Knoten und Kanten umgewandelte Grundrissgraph sowie die im „UP Grundriss" notwendigen Eingabeschritte 1) bis 3) gezeigt.

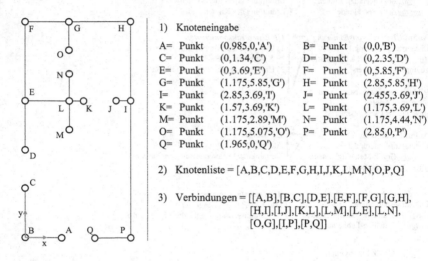

1) Knoteneingabe

A= Punkt	(0.985,0,'A')	B= Punkt	(0,0,'B')
C= Punkt	(0,1.34,'C')	D= Punkt	(0,2.35,'D')
E= Punkt	(0,3.69,'E')	F= Punkt	(0,5.85,'F')
G= Punkt	(1.175,5.85,'G')	H= Punkt	(2.85,5.85,'H')
I= Punkt	(2.85,3.69,'I')	J= Punkt	(2.455,3.69,'J')
K= Punkt	(1.57,3.69,'K')	L= Punkt	(1.175,3.69,'L')
M= Punkt	(1.175,2.89,'M')	N= Punkt	(1.175,4.44,'N')
O= Punkt	(1.175,5.075,'O')	P= Punkt	(2.85,0,'P')
Q= Punkt	(1.965,0,'Q')		

2) Knotenliste = [A,B,C,D,E,F,G,H,I,J,K,L,M,N,O,P,Q]

3) Verbindungen = [[A,B],[B,C],[D,E],[E,F],[F,G],[G,H],
              [H,I],[I,J],[K,L],[L,M],[L,E],[L,N],
              [O,G],[I,P],[P,Q]]

Abbildung 6.10 Beispielgrundrissgraph und notwendige Eingabeschritte 1) bis 3)[35]

Der Koordinatenursprung (0,0) befindet sich im Punkt B. Für die Punktangabe wird stets die Mittellinie der Wand angenommen. Der Startpunkt wird an der linken Seite der Eingangstür (Punkt A) gewählt. Nachdem die Eingabeschritte 1) bis

---

[35]Die Punkte A-Q werden durch eine x-Koordinate, y-Koordinate und einen namensgebenden Buchstaben ('...') definiert. In der Programmiersprache Python wird zur Beschreibung der genauen Koordinaten ein Punkt (.) anstelle eines Kommas (,) verwendet. Das Komma dient dazu, die Eingabewerte zu trennen.

3) im „UP Grundriss" erfolgt sind, kann das Hauptprogramm gestartet werden. Die Software durchläuft nun den Programmablauf des Hauptprogramms gemäß Abbildung 6.9. Im Folgenden wird darauf eingegangen, welchen Output die Optimierungssoftware im Verlauf des Hauptprogramms liefert. Zunächst wird eine Adjazenzmatrix (vergleiche Abschnitt 6.3.2) aller Knoten gebildet. Die Größe der Matrix ist gleich der Länge der Knotenliste. In diesem Fall ergibt sich eine Matrix mit 17 Zeilen und 17 Spalten. Nun werden die Spalten und Zeilen der Knoten, zwischen denen eine Verbindung besteht, mit der jeweiligen Verbindungslänge[36] gefüllt. Die sich ergebende Matrix wird im Hauptprogramm dargestellt.[37] Im nächsten Programmschritt wird eine Grafik des Grundrissplans ausgegeben. So können Eingabefehler optisch identifiziert werden. Abbildung 6.11 zeigt die visuelle Darstellung des eingegebenen Grundrissgraphen.

Abbildung 6.11 Visuelle Darstellung des Grundrissgraphen (unmaßstäblich)

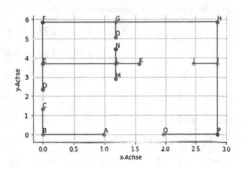

Die Darstellung der Graphen ist optisch etwas verzerrt. Für die grafischen Darstellungen wird die Datei „matplotlib" aus der Python-Bibliothek genutzt. Im nächsten Programmschritt werden die ungeraden Knoten berechnet und ausgegeben. Anstelle von Buchstaben werden zunächst Knotenziffern ausgegeben, da das Programm die Knoten durchzählt.[38] Zum besseren Verständnis werden anschließend die ausführlichen Informationen zu den identifizierten Knoten mit ungeradem Knotengrad aufgelistet. Dazu ist eine Listentransponierung erforderlich, die die ermittelten Knotenzahlen zu den namensgebenden Buchstaben zuordnet. Für den gegebenen Grundrissgraphen gibt das Programm folgende Informationen aus:

---

[36]Die Verbindungslänge ergibt sich aus dem Betrag des zugehörigen Vektors.

[37]Auf die Darstellung der Adjazenzmatrix wird hier verzichtet.

[38]Python beginnt mit der Zahl Null. Punkt A ist also „0", Punkt B ist „1", Punkt C ist „2", etc.

Die ungeraden Knoten sind: [0, 2, 3, 4, 6, 8, 9, 10, 12, 13, 14, 16]

Ausführliche Informationen der Knoten:

[(0.985, 0, 'A'), (0, 1.34, 'C'), (0, 2.35, 'D'), (0, 3.69, 'E'), (1.175, 5.85, 'G'), (2.85,
3.69, 'I'), (2.455, 3.69, 'J'), (1.57, 3.69, 'K'), (1.175, 2.89, 'M'), (1.175, 4.44, 'N'),
(1.175, 5.075, 'O'), (1.965, 0, 'Q')]

Im nächsten Programmschritt wird aus den identifizierten Knoten eine sogenannte Gewichtsmatrix [39] gebildet. Gemäß Abschnitt 6.3.1 werden alle ungeraden
Knoten imaginär zu einem vollständigen Graphen verbunden. Die Matrix enthält
somit alle Verbindungslängen zwischen den ungeraden Knoten. Das Programm
gibt für das Beispiel folgende Gewichtsmatrix aus:

Aus ihnen ergibt sich die Gewichtsmatrix:

[inf	*1.66*	*2.55*	*3.82*	*5.85*	*4.13*	*3.97*	*3.74*	*2.9*	*4.44*	*5.08*	*0.98]*
[1.66	*inf*	*1.01*	*2.35*	*4.66*	*3.69*	*3.40*	*2.83*	*1.95*	*3.32*	*3.92*	*2.38]*
[2.55	*1.01*	*inf*	*1.34*	*3.69*	*3.15*	*2.80*	*2.06*	*1.29*	*2.40*	*2.97*	*3.06]*
[3.82	*2.35*	*1.34*	*inf*	*2.46*	*2.85*	*2.46*	*1.57*	*1.42*	*1.39*	*1.82*	*4.18]*
[5.85	*4.66*	*3.69*	*2.46*	*inf*	*2.73*	*2.51*	*2.20*	*2.96*	*1.41*	*0.77*	*5.90]*
[4.13	*3.69*	*3.15*	*2.85*	*2.73*	*inf*	*0.40*	*1.28*	*1.86*	*1.84*	*2.17*	*3.79]*
[3.97	*3.40*	*2.80*	*2.46*	*2.51*	*0.40*	*inf*	*0.88*	*1.51*	*1.48*	*1.89*	*3.72]*
[3.74	*2.83*	*2.06*	*1.57*	*2.20*	*1.28*	*0.88*	*inf*	*0.89*	*0.85*	*1.44*	*3.71]*
[2.9	*1.95*	*1.29*	*1.42*	*2.96*	*1.86*	*1.51*	*0.89*	*inf*	*1.55*	*2.18*	*3.00]*
[4.44	*3.32*	*2.40*	*1.39*	*1.41*	*1.84*	*1.48*	*0.85*	*1.55*	*inf*	*0.63*	*4.51]*
[5.08	*3.92*	*2.97*	*1.82*	*0.77*	*2.17*	*1.89*	*1.44*	*2.18*	*0.63*	*inf*	*5.14]*
[0.98	*2.38*	*3.06*	*4.18*	*5.90*	*3.79*	*3.72*	*3.71*	*3.00*	*4.51*	*5.14*	*inf]*

Im Anschluss führt das Programm die Verfahrensschritte des MIN-MAX-
Verfahrens gemäß Abbildung 6.6, Abschnitt 6.3.2 aus. Nach der Befehlsabfolge
des „UP MinMax" gibt das Programm eine Eröffnungslösung aus. Das Ergebnis
wird in einer Grafik präsentiert. Außerdem wird die Matching-Länge angegeben.
Danach folgt im Hauptprogramm der Aufruf des „UP Opt-Algorithmus". Darin

---

[39]Der Begriff Gewichtsmatrix wird in der Literatur oft im Zusammenhang mit dem
„Minimum-Weight-Perfect-Matching" genannt. Es handelt sich um eine Adjazenzmatrix, die
hier nur die ungeraden Knoten des Graphen beinhaltet und alle Verbindungslängen zwischen
den Knoten erfasst.

wird die Eröffnungslösung verbessert, indem eine 4k-Optimierung stattfindet. Das Programm arbeitet dabei die Verfahrensschritte gemäß Abschnitt 6.3.3 ab. Das Ergebnis der 4k-Optimierung wird analog der Eröffnungslösung unter Angabe der Matching-Länge grafisch dargestellt. In Abbildung 6.12 werden die am Beispiel generierten Programmergebnisse des Minimum-Weight-Perfect-Matchings gezeigt.

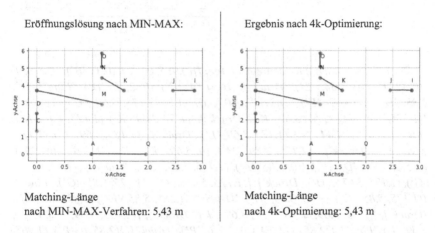

Eröffnungslösung nach MIN-MAX: Ergebnis nach 4k-Optimierung:

Matching-Länge   Matching-Länge
nach MIN-MAX-Verfahren: 5,43 m   nach 4k-Optimierung: 5,43 m

Abbildung 6.12 Ergebnisse des Minimum-Weight-Perfect-Matchings

Für das Beispiel wird bereits mit dem MIN-MAX-Verfahren die genaue Lösung generiert. Dadurch ergibt sich bei Anwendung der 4k-Optimierung keine weitere Verbesserung der Eröffnungslösung. Bei größeren Grundrissgraphen kann das Ergebnis durch die 4k-Optimierung deutlich verbessert werden.

Im nächsten Programmschritt werden der ursprüngliche Grundrissgraph und das Endergebnis des Minimum-Weight-Perfect-Matchings zu einem Eulergraph zusammengesetzt. Der Eulergraph enthält nur noch Knoten mit geradem Knotengrad. Abbildung 6.13 zeigt den Eulergraph für das Beispielprojekt.

Anschließend wird im Hauptprogramm das „UP Eulerweg" aufgerufen. In der Befehlsabfolge werden die Verfahrensschritte des Algorithmus von Hierholzer gemäß Abschnitt 6.3.4 umgesetzt. Der Algorithmus generiert eine Rundtour, die jede Kante genau einmal beinhaltet. Dieser Eulerweg wird im Programm zunächst als Kantenreihenfolge in geschriebener Form ausgegeben. Dabei werden Druckkanten mit „Druck" und Flugkanten mit „Flug" bezeichnet. Für das Beispiel gibt das Programm folgende Kantenreihenfolge aus:

Abbildung 6.13 Visuelle
Darstellung des
Eulergraphen

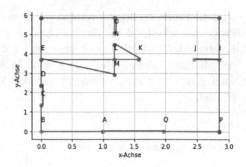

Der Eulerweg hat die Kantenreihenfolge: [[(0.985, 0, 'A'), (0, 0, 'B'), 'Druck'],
[(0, 0, 'B'), (0, 1.34, 'C'), 'Druck'], [(0, 1.34, 'C'), (0, 2.35, 'D'), 'Flug'], [(0,
2.35, 'D'), (0, 3.69, 'E'), 'Druck'], [(0, 3.69, 'E'), (1.175, 3.69, 'L'), 'Druck'],
[(1.175, 3.69, 'L'), (1.57, 3.69, 'K'), 'Druck'], [(1.57, 3.69, 'K'), (1.175, 4.44, 'N'),
'Flug'], [(1.175, 4.44, 'N'), (1.175, 3.69, 'L'), 'Druck'], [(1.175, 3.69, 'L'), (1.175,
2.89, 'M'), 'Druck'], [(1.175, 2.89, 'M'), (0, 3.69, 'E'), 'Flug'], [(0, 3.69, 'E'),
(0, 5.85, 'F'), 'Druck'], [(0, 5.85, 'F'), (1.175, 5.85, 'G'), 'Druck'], [(1.175, 5.85,
'G'), (1.175, 5.075, 'O'), 'Druck'], [(1.175, 5.075, 'O'), (1.175, 5.85, 'G'), 'Flug'],
[(1.175, 5.85, 'G'), (2.85, 5.85, 'H'), 'Druck'], [(2.85, 5.85, 'H'), (2.85, 3.69, 'I'),
'Druck'], [(2.85, 3.69, 'I'), (2.455, 3.69, 'J'), 'Druck'], [(2.455, 3.69, 'J'), (2.85,
3.69, 'I'), 'Flug'], [(2.85, 3.69, 'I'), (2.85, 0, 'P'), 'Druck'], [(2.85, 0, 'P'), (1.965,
0, 'Q'), 'Druck'], [(1.965, 0, 'Q'), (0.985, 0, 'A'), 'Flug']]

Abschließend wird im Hauptprogramm das „UP Animation" aufgerufen. Es
öffnet sich automatisch ein zweites Fenster, in dem eine Animation des Druckverfahrens abläuft. Der Druckkopf ist hier quadratisch dargestellt und beginnt
beim Startpunkt A. Bei Richtungsänderung ist eine Drehbewegung des Druckkopfes erkennbar. Die Druckkanten werden schwarz dargestellt. Flugkanten werden
hingegen rot gekennzeichnet. Wenn der Druckkopf eine Druckkante abfährt, hat
er eine schwarze Farbe. Bei Flugkanten wird er rot dargestellt. Die Animation
ist beendet, wenn der Druckkopf alle Kanten genau einmal abgefahren hat und
abschließend zum Ausgangsunkt zurückgekehrt ist. Das linke Bild in Abbildung 6.14 zeigt das Standbild nach Programmende. Die endgültige Druckroute
wird im rechten Bild gezeigt. Diese wurde anhand der Animation und der zuvor
ausgegebenen Kantenreihenfolge abgeleitet und übersichtlich durchnummeriert.
Mit durchgezogenen Pfeilen werden Druckkanten dargestellt, gestrichelte Pfeile
zeigen hingegen Flugkanten.

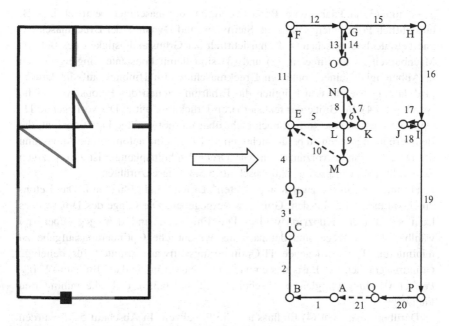

Abbildung 6.14   Ergebnis der Animation (links) und endgültige Druckroute (rechts)

6.5   Zusammenfassung und Verallgemeinerbarkeit

In diesem Kapitel wurde das Vorgehen, die Anwendung und die Funktionalität der entwickelten IT-Optimierungssoftware beschrieben. Die Software ist in der Lage, für jeden Grundrissgraphen den wegoptimierten Druckpfad zu finden. Der wegoptimierte Druckpfad beinhaltet die minimalen Flugwege und ist unter den gegebenen Voraussetzungen gleichzeitig auch der schnellste Druckpfad. Diese Aussage wird nachfolgend noch einmal begründet.

Wie bereits im Abschnitt 5.7.1 beschrieben wurde, ist die zu minimierende Druckzeit maßgeblich abhängig von:

(1) der Länge des wegoptimierten Druckpfades,
(2) der Druck- und Fluggeschwindigkeit,
(3) der gedruckten Schichthöhe sowie
(4) dem zusätzlichen Zeitaufwand, der an Störstellen entsteht.

(2) und (3) sind dabei unter Berücksichtigung der maschinenspezifischen (z. B. hinsichtlich Positioniergenauigkeit, Steifigkeit und Dynamik der Druckmaschine) und betontechnologischen (z. B. hinsichtlich der Grünstandfestigkeit des Betons) Machbarkeit zu maximieren. (2) und (3) sind damit konstante Eingangsgrößen in Abhängigkeit einer konkreten Druckmaschine. Im Hinblick auf die Druckpfadplanung beeinflussen lediglich die Erhärtungszeiten des Betons (vergleiche Abschnitt 5.4) die Größe der realisierbaren Druckabschnitte. Die vorliegende IT-Optimierungssoftware verfügt noch nicht über die notwendige Funktionalität, die Betonerhärtungszeiten zu berücksichtigen und z. B. eine automatische Anpassung der Druckabschnitte vorzunehmen. Die Druckabschnittsplanung ist zum jetzigen Zeitpunkt noch händisch gemäß Abschnitt 5.5.3.3 durchzuführen.

(1) teilt sich in die zwei Komponenten „Druck" und „Flug" auf. Das Betondruckvolumen wird mit dem Grundriss vorgegeben. Die Länge des Druckweges kann somit nicht reduziert werden. Die Flugwege sind dem gegenüber frei wählbar. Deren Wege sind demnach als wesentliche Optimierungsaufgabe zu minimieren. Die vorliegende IT-Optimierungssoftware ermittelt für beliebige Grundrissgraphen auf Basis des entwickelten Algorithmus das Minimum-Weigt-Perfect-Matching (vergleiche Abschnitt 6.3.2 und 6.3.3), d. h. die minimierten Flugwege.

Darüber hinaus hat (4) Einfluss auf die Druckzeit. In Abschnitt 5.3.5 wurden bereits Störstellen des vollwandigen Beton-3D-Drucks beschrieben. Störstellen werden genauso wie das Betondruckvolumen in Art und Häufigkeit durch den Grundriss vorgegeben. D. h. die Art und Anzahl der Störstellen kann durch eine Optimierung nicht reduziert werden. Allerdings ist der Druckpfad so zu wählen, dass die Erstellung der Störstellen möglichst schnell realisiert werden kann. In Abschnitt 7.3.3 werden die Ausführungsvarianten von Störstellen im Hinblick auf die Störzeiten untersucht. Dabei ist zunächst festzustellen, dass nur bei T-Verbindungen und Kreuzungen verschiedene Ausführungsvarianten und folglich unterschiedliche Störzeiten vorliegen (bei T-Verbindungen: $t = 26$ s bis $t = 29$ s; bei Kreuzungen: $t = 34$ s bis $t = 40$ s). Beide Zeitunterschiede sind relativ gering und haben nur bedingt Einfluss auf die Gesamtdruckzeit. Deshalb wurde in der IT-Software eine Optimierung in baukonstruktiver Hinsicht vorgesehen. Baukonstruktiv ist beim erstmaligen Erreichen der genannten Wandverbindungen eine gerade Fortsetzung empfehlenswert (vergleiche Abschnitt 5.3.4). Dadurch wird eine kraftschlüssige Verzahnung garantiert. In der IT-Optimierungssoftware wurde deshalb eine Restriktion vorgesehen, die beim erstmaligen Erreichen einer

T-Verbindung oder Kreuzung eine gerade Fortsetzung (vergleiche Abschnitt 7.3.3, Tg und Kg) wählt.[40]

Die entwickelte IT-Optimierungssoftware ermöglicht es, für beliebige Grundrissgraphen einen wirtschaftlichen Druckpfad zu generieren. Die Software kann als Bestandteil einer zukünftigen Slicing-Software für den vollwandigen Beton-3D-Druck dienen.

Im nächsten Kapitel wird eine zeitliche Simulationsstudie durchgeführt. Dabei werden wesentliche Prozessparameter variiert und hinsichtlich ihrer Sensitivität geprüft. Dies wird aufschlussgebend sein, um den Einfluss der verschiedenen Prozessparameter auf die Gesamtdruckzeit zu bewerten.

---

[40]Diese Fortsetzung kann allerdings nur ausgewählt werden, wenn dadurch immer noch eine „Rundtour" möglich ist. D. h. die nachfolgende Kante darf keine Brückenkante sein (vergleiche Abschnitt 6.3.4).

Simulationsstudie zur Analyse druckzeitbeeinflussender Prozessparameter

7

7.1 Einführung

7.1.1 Problemstellung und Zielsetzung

Beton-3D-Druckverfahren werden erhebliche wirtschaftliche Einsparpotenziale gegenüber etablierten Bauverfahren bescheinigt (vergleiche Abschnitt 3.2.2). Die Automatisierung hat einerseits zur Folge, dass die Lohnkosten stark vermindert werden. Andererseits erhöhen sich die Gerätekosten durch zusätzliche Investitionen in die Baumaschine. Der dabei wohl einflussreichste Faktor auf die erzielbare Wirtschaftlichkeit ist die reale Ausführungszeit der innovativen Verfahren. So werden die Einsparungen bei den Baukosten maßgeblich davon abhängen, wie lange die Druckmaschine vor Ort im Einsatz ist und wie hoch letztlich die Vorhaltekosten für diese Maschine sind.

Im Rahmen dieser Arbeit wird eine zeitliche Simulationsstudie des vollwandigen Beton-3D-Drucks am Beispiel des CONPrint3D®-Verfahrens durchgeführt. Ziel ist es, die druckzeitbeeinflussenden Prozessparameter, d. h.

a) die maximale Druckgeschwindigkeit und
b) die maximale Fluggeschwindigkeit des Druckkopfes sowie
c) die Ausführungszeiten für Störstellen, wie Wandverbindungen oder Öffnungen und
d) die Höhe der gedruckten Betonschichten,

© Der/die Autor(en), exklusiv lizenziert durch Springer Fachmedien Wiesbaden GmbH, ein Teil von Springer Nature 2021
M. Krause, *Baubetriebliche Optimierung des vollwandigen Beton-3D-Drucks*,
Baubetriebswesen und Bauverfahrenstechnik,
https://doi.org/10.1007/978-3-658-33417-8_7

genauer zu analysieren. Innerhalb der Simulationsstudie werden diese Prozessparameter als Eingangsdaten gezielt variiert, um u. a. Rückschlüsse auf die zeitliche Sensitivität des Verfahrens zu ziehen.

Im Ergebnis der Studie sollen weitere Erkenntnisse zur baubetrieblichen Prozessoptimierung generiert werden. Um die Wirtschaftlichkeit des vollwandigen Beton-3D-Drucks bestmöglich zu garantieren, wird als Zielgröße die Minimierung der Druckzeit im Fokus der Studie stehen. Speziell sollen die gegenseitigen Wechselwirkungen der Prozessparameter a), b), c) und d) genauer analysiert werden. Dazu werden charakteristische Kennlinien erarbeitet. Darüber hinaus werden modellbasierte Zeit-Aufwandswerte (AW) generiert. Außerdem wird die Auswirkung verschiedener Grundrisse auf die AW und die Gesamtdruckzeit untersucht. Abschließend wird eine Vorgehensweise zur vereinfachten Berechnung von Ausführungszeiten bei Neuprojekten unter Beachtung der aktuell realistischen Prozessparameter vorgestellt.

7.1.2 Vorgehensweise und Methodik

Im Rahmen der Arbeit wird eine Simulationsstudie durchgeführt. Nach VDI 3633: Simulation von Logistik-, Materialfluss- und Produktionssystemen beschreibt der Begriff „Simulationsstudie" ein „Projekt zur simulationsgestützten Untersuchung eines Systems".[1] Unter dem Begriff Simulation werden „Verfahren zur Nachbildung eines Systems mit seinen dynamischen Prozessen in einem experimentierbaren Modell" zusammengefasst, mit dem übergeordneten Ziel, „zu Erkenntnissen zu gelangen, die auf die Wirklichkeit übertragbar sind".[2] So können z. B. real (noch) nicht existierende Systeme untersucht werden.[3] Methodisch unterschieden werden Simulationen im Hinblick auf

– das Zeitverhalten in statisch (zeitunabhängig) und dynamisch (zeitabhängig),
– das Zufallsverhalten in deterministisch (vorherseh- und berechenbar) und stochastisch (zufallsbedingt) sowie

---

[1]Schulz 2017a; VDI 3633, S. 30.
[2]VDI 3633, S. 28.
[3]VDI 3633, Blatt 1, S. 5.

– die Methodik in diskret (sprunghaft ändernder Modellzustand zu diskreten Zeitpunkten) und kontinuierlich (stetig geänderter Modellzustand mit der Zeit).[4]

Die hier durchgeführte Studie ist in die Kategorie dynamisch-deterministisch-kontinuierlich einzuordnen. Der Modellzustand ändert sich kontinuierlich mit fortlaufender Zeit. Die interne Ablauflogik ist stetig ohne sprunghafte Zustandsänderungen zu diskreten Zeitpunkten. Das vorliegende Problem ist simulationswürdig, da die zu lösende Aufgabe von verschiedenen Eingangsdaten und deren Wechselwirkungen abhängig und dadurch unüberschaubar ist.

Als Simulationswerkzeuge werden die im Rahmen der Forschungsarbeiten entwickelte Optimierungssoftware und das Tabellenkalkulationsprogramm Microsoft Excel eingesetzt. Die vorliegende Simulationsstudie besteht aus mehreren Simulationsaufgaben (vergleiche Abschnitt 7.4). Abbildung 7.1 veranschaulicht die Vorgehensweise bei der Lösung einer Simulationsaufgabe.

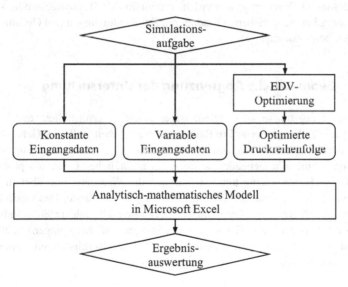

Abbildung 7.1 Vorgehensweise bei der Lösung einer Simulationsaufgabe

---

[4]Law 2007, S. 4; Weiterführend mit Beispielen: März et al. 2011.

Für die jeweilige Simulationsaufgabe erfolgt zunächst eine spezifische Optimierung des Druckpfades. Das modellbasierte netzwerkorientierte Optimierungsproblem wird dazu mit Hilfe der entwickelten IT-Optimierungssoftware gelöst. Die dabei ermittelte Druckreihenfolge gibt die Druck- und Flugstrecken sowie die Art und Weise des Abfahrens der Wandverbindungen vor. Diese Informationen fließen als Eingangsdaten in das analytisch-mathematische Modell ein. Darüber hinaus gehen gemäß der jeweiligen Simulationsaufgabe weitere Eingangsdaten in das Modell ein. Dabei kann zwischen konstanten und im Rahmen der Simulationsaufgabe variablen Eingangsdaten unterschieden werden. Das in Microsoft Excel überführte analytisch-mathematische Modell ermöglicht es, die Gesamtdruckzeit in Abhängigkeit der Eingangsdaten zu berechnen. Abschließend werden die Ergebnisse im Hinblick auf das übergeordnete Ziel, der Minimierung der Gesamtdruckzeit, ausgewertet.

Die Simulationsstudie wird anhand eines praktischen Beispielbauwerks durchgeführt. Als Grundlage dient ein Grundrissplan für ein Gebäude in der Größe eines Einfamilienhauses. In dem Gebäude sollen die Wände durch den vollwandigen Beton-3D-Druck erzeugt werden. Innerhalb der Simulationsstudie werden alle in der Arbeit beschriebenen besonderen Randbedingungen und Optimierungsstrategien berücksichtigt.

7.1.3 Geometrische Abgrenzung der Untersuchung

Um genaue Ergebnisse zu erzielen, ist es zunächst erforderlich, die Untersuchung gezielt abzugrenzen. Im Rahmen dieser Arbeit soll die Gebäudegröße eines Einfamilienhauses untersucht werden. Es wird davon ausgegangen, dass die Baumaschine alle Gebäudeteile ohne ein zusätzliches Umsetzen problemlos erreicht. Die Untersuchung umfasst lediglich die Wandfertigung über die Höhe einer Etage. Der Gebäudegrundriss besitzt nur gerade Wände. Das Gebäude soll marktübliche Öffnungen (Türen und Fenster) sowie alle relevanten Wandverbindungen (freie Wandenden, Ecken, T-Verbindungen und Kreuzungen) beinhalten. Es handelt sich hierbei ausschließlich um 90°-Wandverbindungen. Innen- und Außenwände weisen die gleiche Wandbreite auf.

7.2 Simulationsmodell

7.2.1 Beispielprojekt

Die Simulationsstudie wird an einem repräsentativen Beispielprojekt durchgeführt. Der Grundriss kann für die Gebäudegröße eines Einfamilienhauses als typisch angesehen werden. Die Bruttogrundfläche (BGF)[5] der Etage beträgt (L · B =) 11,0 m · 11,0 m = 121,0 m², die Nettogrundfläche 106,21 m², die Wandfläche 183,99 m², bei einer Brutto-Wandhöhe[6] von 2,80 m. Die Etage hat sechs Räume, eine Eingangstür und fünf Innentüren sowie sechs Fenster. Die Öffnungsbreiten sind Standardbreiten. Als Stürze kommen Flachstürze mit einer Sturzhöhe von $h_{Sturz} = 11,5$ cm und marktüblichen Sturzlängen zum Einsatz. Zur Vereinfachung wurden die Fensterhöhen angepasst, sodass Türen- und Fensterstürze auf exakt gleicher Höhe angeordnet sind. Zur kurzen Vorstellung des Beispielprojektes werden in Abbildung 7.2 ein Gebäudegrundriss sowie das 3D-Modell des Beispielprojekts gezeigt.

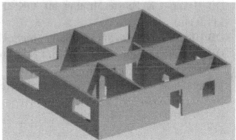

Abbildung 7.2 Grundriss und 3D-Modell des Beispielprojekts

In Anlage 6 befinden sich ein vollständig bemaßter Grundriss sowie vier bemaßte Ansichten und weitere Planungsunterlagen, die im Rahmen der Arbeit

---

[5]Vergleiche DIN 277-1: „Für die Ermittlung der Brutto-Grundfläche sind die äußeren Maße der Bauteile […] in Höhe der Boden- bzw. Deckenbelagsoberkanten anzusetzen."

[6]Als Brutto-Wandhöhe wird hier die Wandhöhe im Rohbau bezeichnet. Durch Fußbodenaufbauten oder Deckenbekleidungen ist die sichtbare Wandhöhe nach den Ausbauarbeiten in der Regel geringer.

entwickelt und verwendet wurden. Das Gebäude kann als repräsentativ im Bereich des Einfamilienhausbaus angesehen werden. Die Durchschnittsgröße der sechs Räume beträgt 17,70 m². In der aktuellen Baupraxis werden die Wände eines Gebäudes häufig gemischt als Massiv- und Trockenbauwände erstellt. Dies hat vor allem wirtschaftliche Gründe. Die Massivbauwände stellen die Tragstruktur des Bauwerks sicher und verfügen über bessere bauphysikalische Eigenschaften. Alle nicht tragenden Wände ohne spezielle bauphysikalische Anforderungen sind nur für die weitere Aufteilung der Räume notwendig und werden in der Regel aus Trockenbau hergestellt, da die Bauweise kostengünstiger zu realisieren ist. Im vorliegenden Beispielprojekt werden alle Wände mittels vollwandigem Beton-3D-Druck erstellt, da die Bauweise auch einen Ersatz der Trockenbauweise darstellen kann.

Die zeitliche Simulationsstudie wird anhand einer Etage des Beispielprojektes durchgeführt. Durch die vorhandenen Öffnungen und deren notwendigen Stürzen ergeben sich, über die gesamte Wandhöhe betrachtet, vier verschiedene Druckbereiche (DB). Da in diesem Beispiel die Sturzhöhen von Türen und Fenstern gleich sind, sind vier DB zu unterscheiden:

– DB I von UK[7] Wand bis UK Fensteröffnung (Brüstungshöhe hier: 90,0 cm),
– DB II von UK Fensteröffnung bis OK[8] Fensteröffnung = UK Sturz (hier: 111,0 cm),
– DB III von UK Sturz bis OK Sturz (hier: 11,5 cm),
– DB IV von OK Sturz bis OK Wand (hier: 67,5 cm).

In Abbildung 7.3 werden die vier Druckbereiche des Beispielprojektes gezeigt.

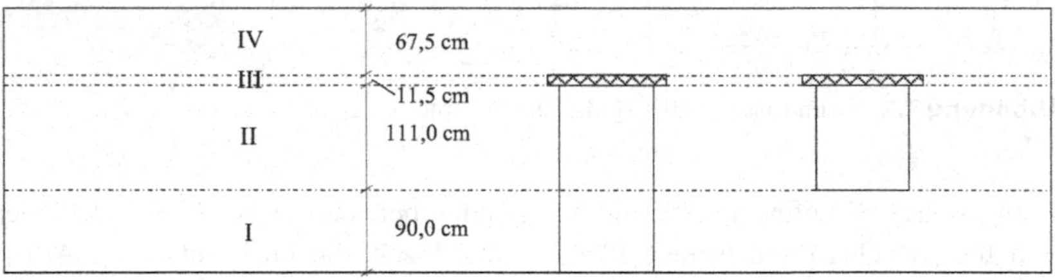

Abbildung 7.3 Druckbereiche über die gesamte Wandhöhe

---

[7]UK bedeutet Unterkante.
[8]OK bedeutet Oberkante.

7.2.2 Zeitliches Berechnungsmodell

Anhand des Beispielprojektes werden genaue Berechnungen der Gesamtdruckzeit durchgeführt. Dabei werden die Druckstrategien und Prozessparameter gezielt variiert, um die Sensitivität des Verfahrens zu überprüfen und um die Erkenntnisse zur baubetrieblichen Prozessoptimierung zu erweitern. In einem ersten Schritt ist für den Gebäudegrundriss unter Beachtung des jeweiligen Untersuchungsszenarios ein optimierter Druckpfad zu generieren. Dies erfolgt mit der in Kapitel 6 beschriebenen IT-Software. Die Einzelbewegungen des Druckkopfes können anschließend geplant und zeitlich berechnet werden.

Die Einzelbewegungen des Druckkopfes können zeitlich in folgende Komponenten unterschieden werden:

- t_{BE}: Zeitlicher Aufwand vor dem Druckbeginn (z. B. zur Erstellung eines freien Endes),
- t_B: Zeit für die gleichmäßig beschleunigte Bewegung bis zum Erreichen der maximalen Druck- oder Fluggeschwindigkeit t_G,
- t_G: Zeit für die gleichförmige Bewegung mit maximaler Druck- oder Fluggeschwindigkeit,
- t_V: Zeit für die gleichmäßig verzögerte Bewegung bis zum Erreichen des Stillstands,
- t_{ST}: Zeitlicher Aufwand für Störstellen,
- t_{AE}: Zeitlicher Aufwand zum Anschluss des Endpunktes und
- t_{SW}: Zeitlicher Aufwand für den Schichtwechsel.

Um die Zeit zu berechnen, die der Druckkopf zur Erstellung einer Schicht benötigt, sind die zeitlichen Komponenten der Einzelbewegungen unter Beachtung des vorgegebenen Druckpfades aufzusummieren. Die zeitlichen Komponenten t_{BE}, t_{AE} und t_{SW} sind in der Regel einmal zu berücksichtigen. Alle anderen zeitlichen Komponenten sind in Abhängigkeit der Anzahl der Kanten (n) mehrmals einzubeziehen. Um die Druckzeit für eine Schicht t_S zu berechnen, ist Formel 1 anzuwenden.

$$t_S = t_{BE} + t_{AE} + t_{SW} + \sum_{i=1}^{n}(t_{Bi} + t_{Gi} + t_{Vi} + t_{STi})$$

Formel 1 Zeitberechnung für eine Schicht (t_S)

Dabei stellen t_{BE}, t_{ST}, t_{AE} und t_{SW} Zeitansätze dar, die auf Basis der aktuellen Forschungsaktivitäten der Stiftungsprofessur für Baumaschinen (TUD-BM) belastbar mit einem absoluten Zeitwert abgeschätzt werden können (vergleiche Abschnitt 7.3.3).

Die zeitlichen Komponenten t_B, t_G und t_V sind über bekannte physikalische Formeln zu berechnen[9]:

$$t_B = \frac{v}{a_B} = \sqrt{2\frac{s_B}{a_B}}, \quad \text{mit } s_B = \frac{v^2}{2a_B}$$

$$t_G = \frac{s_G}{v}, \quad \text{mit } s_G = s_i - s_B - s_V = s_i - \frac{v^2}{2a_B} - \frac{v^2}{2a_V}$$

$$t_V = \frac{v}{a_V} = \sqrt{2\frac{s_V}{a_V}}, \quad \text{mit } s_V = \frac{v^2}{2a_V}$$

In Abbildung 7.4 wird ein formales Geschwindigkeits-Zeit-Diagramm dargestellt. Darin werden die physikalischen Formeln in Abhängigkeit der unterschiedlichen Druckkopfbewegungen gezeigt.

Zu unterscheiden sind Kanten mit ausreichender Länge, bei denen die maximale Geschwindigkeit des Druckkopfes erreicht wird (Bereich A) und Kanten, die dafür zu kurz sind (Bereich B). Bei Bereich A wird zunächst gleichmäßig beschleunigt. Anschließend führt der Druckkopf mit Maximalgeschwindigkeit v_{max} eine gleichförmige Bewegung aus. Danach erfolgt eine gleichmäßig verzögerte Bewegung bis zum Stillstand. Das Geschwindigkeits-Zeit-Profil ist in diesem Fall trapezförmig. In der Regel erreicht der Druckkopf nach dem Abbremsen eine Störstelle. Der Druckkopf führt Einzelbewegungen (z. B. Drehbewegung des Druckkopfes) im Stillstand aus. Bereich B stellt eine Kante dar, dessen Länge nicht ausreicht, um die Maximalgeschwindigkeit zu erreichen. Die Bewegung setzt sich lediglich aus einer gleichmäßig beschleunigten und anschließend gleichmäßig verzögerten Bewegung zusammen. So entsteht ein dreieckiges Geschwindigkeitsprofil. Die zeitlichen Komponenten von Bereich A und Bereich B werden über unterschiedliche physikalische Formeln ermittelt (vergleiche Abbildung 7.4).

Darüber hinaus sind Flug- und Druckkanten zu unterscheiden, bei denen sich der Druckkopf mit unterschiedlichen Geschwindigkeiten und Beschleunigungen

---

[9]mit:

a_B: gleichmäßige Beschleunigung s_B: Weg der gleichmäßig beschleunigten Bewegung

a_V: gleichmäßige Verzögerung s_G: Weg der gleichförmigen Bewegung

v: Geschwindigkeit s_i: Kantenlänge

s_V: Weg der gleichmäßig verzögerten Bewegung

Geschwindigkeit v

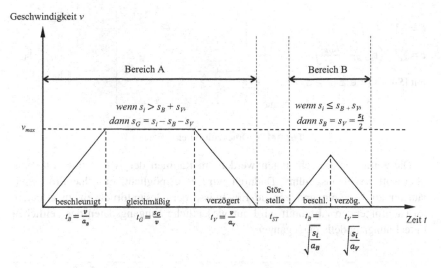

Abbildung 7.4 Geschwindigkeits-Zeit-Diagramm für Einzelbewegungen des Druckkopfes

bewegt. Die maximale Druckgeschwindigkeit v_D wird dabei im Vergleich zur maximalen Fluggeschwindigkeit v_F deutlich geringer sein.

In den einzelnen Druckbereichen (DB I bis DB IV, vergleiche Abbildung 7.3, Abschnitt 7.2.1) sind die Druckzeiten zur Erstellung einer Schicht verschieden. Dies wird vor allem durch das Vorhandensein oder Nichtvorhandensein von Öffnungen im jeweiligen Druckbereich bestimmt. Um die Gesamtdruckzeit des Drucks über die gesamte Wandhöhe zu berechnen, sind zunächst die Druckzeiten in den einzelnen Druckbereichen (DBi) gemäß Formel 1 zu berechnen ($t_{s\,DBi}$). Anschließend müssen diese Druckzeiten mit der notwendigen Schichtenanzahl eines jeden Druckbereiches multipliziert werden. Die Schichtenanzahl (S_i) im jeweiligen Druckbereich ist der Quotient aus der Höhe des Druckbereiches (h_{DBi}) und der Höhe der gedruckten Schichten (h_s). Falls der Quotient anstelle einer natürlichen Zahl eine Bruchzahl ergibt, so ist in der Praxis eine individuelle Anpassung der Schichthöhe (h_{AS}) vorzunehmen (vergleiche Abschnitt 5.2.4.2). In diesen Fällen muss die Anzahl der Schichten (S_i) zur nächst höheren natürlichen Zahl aufgerundet werden. Daraus ergibt sich Formel 2 zur Berechnung der Gesamtdruckzeit t:

$$t = \sum_{i=1}^{n} (t_{S\,DBi} \cdot S_i)$$

$$t = \sum_{i=1}^{n} \left(t_{S\,DBi} \cdot \frac{h_{DBi}}{h_s}\right),$$

$$\text{mit } \lceil S_i \rceil := \{k \in \mathbb{Z} \mid k \geq S_i\}$$

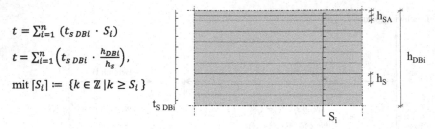

Formel 2 Druckzeit für eine Etage

Die zeitlichen Berechnungen werden im Rahmen der Arbeit mit Hilfe von Microsoft Excel ausgeführt. Dadurch wird es ermöglicht, einzelne Prozessparameter zu variieren und genaue Ergebnisse der Gesamtdruckzeit zu erhalten. Im nachfolgenden Abschnitt wird auf wesentliche Eingangsdaten des zeitlichen Berechnungsmodells eingegangen.

7.3 Eingangsdaten für das zeitliche Berechnungsmodell

7.3.1 Druckobjekt und Schichthöhe

Die zeitlichen Analysen werden anhand des vorgestellten repräsentativen Gebäudes in der Größe eines Einfamilienhauses durchgeführt. Der zugehörige Grundrissgraph legt die Kanten- und Knotenanordnung, insbesondere deren Längen und geometrischen Beziehungen zueinander fest. Durch den gegebenen Grundrissgraphen werden die jeweiligen Kantenlängen sowie die Anordnung und Anzahl von Störstellen für das Berechnungsmodell definiert. Mit Hilfe der entwickelten IT-Optimierungssoftware wird der wegoptimierte Druckpfad festgelegt. Folglich können die notwendigen Einzelbewegungen des Druckkopfes abgeleitet und zeitlich bewertet werden.

Darüber hinaus ist die Höhe der gedruckten Schicht h_S als geometrischer Prozessparameter von wesentlicher Bedeutung für die endgültige Fertigungszeit. Aktuell werden in Laborversuchen von TUD-IfB Testobjekte mit einer Schichthöhe von 5,0 cm erfolgreich erstellt. Die Schichthöhe $h_S = 50$ mm wird somit als realistischer Prozessparameter für die weitergehenden Untersuchungen gewählt. Im Rahmen der Sensitivitätsprüfung wird die Eingangsgröße h_S in Abschnitt 7.4.4 von $h_S = 10$ mm bis $h_S = 150$ mm variiert.

7.3.2   Bewegungsgrößen

Als maßgebende Bewegungsgrößen gehen die Geschwindigkeit und die Beschleunigung des Druckkopfes in das Zeitberechnungsmodell ein. Dabei ist zwischen der Bewegung „Druck" mit Betonausgabe und „Flug" ohne Betonausgabe zu unterscheiden. Gemäß aktuellem Entwicklungsstand von TUD-BM können folgende Prozessparameter als belastbar angenommen werden:

- die maximale Druckgeschwindigkeit: $v_D = 100$ mm/s,
- die Fluggeschwindigkeit: $v_F = 200$ mm/s und
- die gleichmäßige Beschleunigung und Verzögerung:[10] $a_B = a_V = 200$ mm/s^2.

Im Rahmen der Studie wird die Sensitivität der Eingangsgrößen v_D und v_F geprüft. Im Abschnitt 7.4.4 wird v_D von 10 mm/s bis 300 mm/s (Schrittweite 10 mm/s) und v_F von 100 mm/s bis 500 mm/s (Schrittweite 100 mm/s) variiert. Eine Änderung der Eingangsgrößen für die gleichmäßige Beschleunigung und gleichmäßige Verzögerung wird nicht durchgeführt. Die Druckzeit verändert sich dabei nur sehr gering, so dass im Rahmen der Arbeit auf die Variation dieser Eingangsgrößen verzichtet wird.

7.3.3   Zeitaufwand an Störstellen

Wie bereits in Abschnitt 5.3.5 beschrieben wurde, führt der Druckkopf gemäß dem aktuellen Entwicklungsstand der Maschinentechnik (vergleiche Abschnitt 5.3) im Stillstand Einzelbewegungen aus, um an Störstellen die lokalen Anforderungen hinsichtlich Geometrie und Baukonstruktion zu erfüllen. In Zusammenarbeit mit TUD-BM wurden belastbare Zeitannahmen für die technische Ausführung verschiedener Störstellen erarbeitet. Die Zeitansätze basieren auf realistischen Annahmen, die seitens TUD-BM mittels Simulation ermittelt wurden und im Rahmen dieser Arbeit in das Berechnungsmodell implementiert werden. Nachfolgend werden die ermittelten Zeitaufwände an Störstellen tabellarisch zusammengefasst für:

---

[10]Im Rahmen dieser Arbeit werden die Annahmen zur Beschleunigung und Verzögerung gleichermaßen für Druck- und Flugwege angesetzt. Eine differenzierte Betrachtung der gleichmäßigen Beschleunigung und Verzögerung von „Druck" und „Flug" ist hier nicht zielführend, da der Einfluss auf das Gesamtergebnis vernachlässigbar ist.

- freie Wandenden (vergleiche Tabelle 7.1),
- alle Arten von Wandverbindungen (Ecken, T-Verbindungen und Kreuzungen, vergleiche Tabelle 7.2, 7.3, 7.4, 7.5 und 7.6),
- Start- und Endpunkte in einer Schicht (z. B. Anschlüsse oder Schichtwechsel, vergleiche Tabelle 7.7) und
- Wandöffnungen (Türen, Fenster oder Sturzauflager, vergleiche Abbildung 7.5).

Hinweis: Durch die baukonstruktiv bedingte Verzahnung (vergleiche Abschnitt 5.2.3) unterscheidet sich die Ausführungzeit der einzelnen Schichten. Für das Berechnungsmodell werden die Ansätze deshalb gemittelt (vergleiche letzte Tabellenspalte „Berechnungsansatz je Störstelle").

Tabelle 7.1 Zeitansatz für freie Wandenden (FE)

Nr.	(FE) rechts	(FE) links	Berechnungsansatz je Störstelle
1	$t_{FE\,(1.1)} = 12\ s$	$t_{FE\,(1.2)} = 12\ s$	$t_{FE\,(1.1)} = t_{FE\,(1.2)} = 12\ s$
2	$t_{FE\,(2.1)} = 12\ s$	$t_{FE\,(2.2)} = 12\ s$	$t_{FE\,(2.1)} = t_{FE\,(2.2)} = 12\ s$

Tabelle 7.2 Gemittelter Zeitansatz für Ecken (E)

Nr.	(E) Schicht 1, 3, 5, ...	(E) Schicht 2, 4, 6, ...	Berechnungsansatz je Störstelle
1	$t_{E\,(1)} = 25\ s$	$t_{E\,(2)} = 30\ s$	$t_E = \frac{25\ s + 30\ s}{2} = 27,5\ s$

Tabelle 7.3 Gemittelter Zeitansatz für T-Verbindungen mit gerader Fortsetzung (Tg)

Nr.	(Tg) Schicht 1, 3, 5, …	(Tg) Schicht 2, 4, 6, …	Berechnungsansatz je Störstelle
1	$t_{Tg(1.1)} = 2$ s	$t_{Tg(1.2)} = 50$ s	$t_{Tg(1)} = \frac{2\,s+50\,s}{2} = 26$ s
2	$t_{Tg(2.1)} = 2$ s	$t_{Tg(2.2)} = 50$ s	$t_{Tg(2)} = \frac{2\,s+50\,s}{2} = 26$ s

Tabelle 7.4 Gemittelter Zeitansatz für T-Verbindungen mit rechtwinkliger Fortsetzung (Tr)

Nr.	(Tr) Schicht 1, 5, 9, …	(Tr) Schicht 2, 4, 6, …	(Tr) Schicht 3, 7, 11, …
1	$t_{Tr(1.1)} = 27$ s	$t_{Tr(1.2)} = 29$ s	$t_{Tr(1.3)} = 32$ s
2	$t_{Tr(2.1)} = 27$ s	$t_{Tr(2.2)} = 29$ s	$t_{Tr(2.3)} = 32$ s
Berechnungsansatz je Störstelle	$t_{Tr(1)} = t_{Tr(2)} = \frac{27\,s+29\,s+32\,s+29\,s}{4} = 29{,}25$ s ~ 29 s		

Tabelle 7.5 Gemittelter Zeitansatz für Kreuzungen mit gerader Fortsetzung (Kg)

Nr.	(Kg) Schicht 1, 3, 5, …	(Kg) Schicht 2, 4, 6, …	Berechnungsansatz je Störstelle
1	n+1　　　n 1 t = 0 s t = 25 s n+2 $t_{TKg(1.1)} = 25$ s	n+1　　　n 1　　2 t = 30 s t = 25 s $t_{TKg(1.2)} = 55$ s	$T_{Kg} = \dfrac{25\,s + 55\,s}{2} = 40$ s

Tabelle 7.6 Gemittelter Zeitansatz für Kreuzungen mit rechtwinkliger Fortsetzung (Kr)

Nr.	(Kr) Schicht 1, 5, 9, …	(Kr) Schicht 2, 6, 10, …	Berechnungsansatz je Störstelle
1	n+2 t = 2 s t = 7 s 1　n+1 t = 2 s t = 25 s 2　　n $t_{TKr(1.1)} = 36$ s	n+2 t = 7 s 1　n+1 t = 9 s t = 20 s 2　　n $t_{TKr(1.2)} = 36$ s	$T_{Kr(1)} =$ $\dfrac{36\,s + 36\,s + 41\,s + 38\,s}{4}$ $= 37{,}25$ s ~ 37 s
	(Kr) Schicht 3, 7, 11, …	(Kr) Schicht 4, 8, 12, …	
	n+2 t = 2 s t = 7 s 1　n+1 t = 2 s t = 30 s 2　　n $t_{TKr(1.3)} = 41$ s	n+2 t = 9 s 1　n+1 t = 9 s t = 20 s 2　　n $t_{TKr(1.4)} = 38$ s	

(Fortsetzung)

Tabelle 7.6   (Fortsetzung)

Nr.	(Kr) Schicht 1, 5, 9, …	(Kr) Schicht 2, 6, 10, …	Berechnungsansatz je Störstelle
2			$T_{Kr\,(2)} =$ $\dfrac{29\,s+31\,s+34\,s+42\,s}{4}$ $= 34\ s$

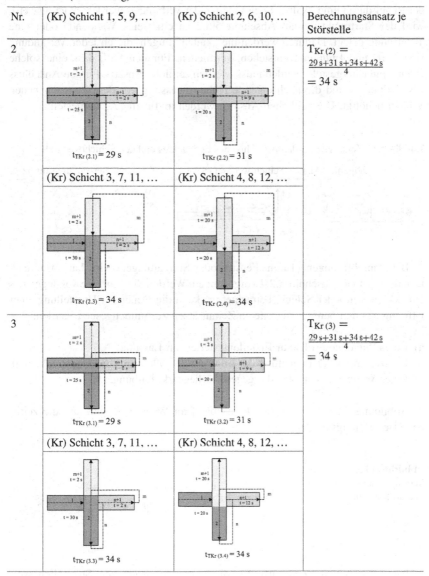

$$T_{Kr\,(3)} = \frac{29\,s+31\,s+34\,s+42\,s}{4}$$
$$= 34\ s$$

Als weitere Störstelle gelten Start- und Endpunkte einer jeden Schicht, die in der Regel durch eine „kalte" Fuge miteinander verbunden werden. Vorzugsweise wird der Startpunkt gemäß Abschnitt 5.5.2 an ein freies Wandende oder eine Türöffnung gelegt. Dadurch werden die „kalten" Fugen, die an jeder Verbindung von Start- und Endpunkt entstehen, vermieden. Für den Fall, dass eine solche „kalte" Fuge hergestellt werden muss, werden zeitliche Ansätze für den Anschluss des Endpunkts und die nachfolgende Höhenanpassung vor dem Start der neuen Schicht benötigt. Die zeitlichen Ansätze werden in Tabelle 7.7 dargestellt.

Tabelle 7.7 Zeitansatz für den Anschluss des Endpunktes und den Schichtwechsel

Anschluss Endpunkt (AE)	Schichtwechsel (SW)	Zeitlicher Berechnungsansatz
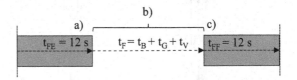		$t_{AE} = 2$ s $t_{SW} = 5$ s

Bei Wandöffnungen (Türen, Fenster oder Sturzauflager) wird bauverfahrenstechnisch gemäß Abschnitt 5.2.4 vorgegangen. Werden die Einzelbewegungen des Druckkopfes in jeder Schicht betrachtet, so kann die Dauer zur Herstellung einer Öffnung aus den bereits erarbeiteten Zeitansätzen zusammengesetzt werden:

a) freies Wandende (FE) zur Erstellung der ersten Laibung,
b) Flugzeit unter der Beachtung der Bewegungsgrößen für eine Flugstrecke und
c) freies Wandende (FE) für die gegenüberliegende Laibung.

Abbildung 7.5 zeigt den Verfahrensablauf an Wandöffnungen und die zeitlichen Berechnungsansätze.

Abbildung 7.5
Verfahrensablauf an
Wandöffnungen

a) $t_{FE} = 12$ s   b) $t_F = t_B + t_G + t_V$ c) $t_{FF} = 12$ s

Die realistischen Zeitansätze für die zuvor beschriebenen Störstellen werden im Rahmen der Arbeit variiert, um deren Sensitivität und den Einfluss auf die Gesamtdruckzeit zu untersuchen. Die Variation soll -50 % bis $+50$ % (Schrittweite $+10$ %) betragen.

7.4 Simulationsaufgaben

7.4.1 Überblick

Um die Erkenntnisse zur baubetrieblichen Prozessoptimierung zu erweitern, werden in diesem Abschnitt Teiluntersuchungen auf Basis modellbasierter Simulationen durchgeführt. Im Einzelnen werden nachfolgende Problemstellungen innerhalb von fünf Simulationsaufgaben fokussiert:

1) Variantenvergleich über die gesamte Wandhöhe zwischen Methode a) Verfolgung des gleichbleibenden Druckpfades oder Methode b) Verfolgung bereichsweise angepasster Druckpfade (vergleiche Abschnitt 7.4.2),
2) Zeitliche Auswirkung einer Teilung des Grundrisses in zwei Druckabschnitte (vergleiche Abschnitt 7.4.3),
3) Sensitivitätsanalyse der maßgebenden Prozessparameter (vergleiche Abschnitt 7.4.4),
4) Analyse der Relation von Schichthöhe und Druckgeschwindigkeit (vergleiche Abschnitt 7.4.5) und
5) Auswirkung verschiedener Grundrisse auf die Gesamtdruckzeit (vergleiche Abschnitt 7.4.6).

Abschließend wird ein vereinfachtes Berechnungsverfahren von Gesamtdruckzeiten auf Basis der realistischen Prozessparameter vorgestellt.

7.4.2 Aufgabe 1) Gleichbleibender oder bereichsweise angepasster Druckpfad

Gemäß Abschnitt 7.2.2 wurde das Beispielprojekt in vier verschiedene Druckbereiche (DB, vergleiche Abbildung 7.3) eingeteilt. Die vorgesehenen Öffnungen für Türen, Fenster und zugehörige Stürze führen dazu, dass sich die wegoptimierten Druckpfade in den vier DB unterscheiden. Um den endgültig optimierten Druckpfad über die gesamte Wandhöhe festzulegen, sind zwei verschiedene Methoden zu untersuchen:

a) Verfolgung eines gleichbleibenden Druckpfades
   Über alle DB hinweg wird ein gleichbleibender Druckpfad verfolgt. Der
   optimierte Pfad wird dazu in der IT-Optimierungssoftware unter Eingabe
   des öffnungsbereinigten[11] Grundrisses berechnet. Anschließend werden die
   Öffnungen gemäß Abbildung 7.5 nachträglich im Druckpfad berücksichtigt.
b) Verfolgung bereichsweise angepasster Druckpfade
   Mittels IT-Optimierungssoftware wird für jeden DB ein spezifisch optimierter Druckpfad generiert. Innerhalb des Druckverlaufs werden die Druckpfade
   dadurch mehrfach gewechselt. Dies geschieht immer dann, wenn einzelne DB
   abgeschlossen sind und die erste Schicht des neuen DB zu erstellen ist.

Im Rahmen dieser Teiluntersuchung soll festgestellt werden, welchen Einfluss
diese beiden Methoden auf die Gesamtdruckzeit haben. Anschließend werden
die Stärken und Schwächen der beiden Methoden analysiert. Darauf aufbauend wird entschieden, welche Methode zweckmäßig anzuwenden ist. Tabelle 7.8
zeigt die mittels IT-Optimierungssoftware berechneten Druckpfade in den vier DB
(vergleiche Abschnitt 7.2.1) für beide Methoden.

Zunächst ist festzustellen, dass sich die Druckpfade der Methoden a) und b)
in DB I, II und III sehr deutlich voneinander unterscheiden. Nur für den DB IV
sind die ermittelten Druckpfade identisch, da keine Öffnungen vorliegen.

---

[11]Die Bezeichnung öffnungsbereinigter Grundriss bedeutet hier, dass der Grundriss ohne
Berücksichtigung jeglicher Wandöffnungen zugrunde gelegt wird.

Tabelle 7.8 Druckrouten der beiden Methoden in den einzelnen DB

Nr.	Methode a) gleichbleibend	Methode b) bereichsweise angepasst
DB I: unterhalb der Fensteröffnung		
DB II: Bereich der Fensteröffnung		

(Fortsetzung)

Tabelle 7.8 (Fortsetzung)

Nr.	Methode a) gleichbleibend	Methode b) bereichsweise angepasst

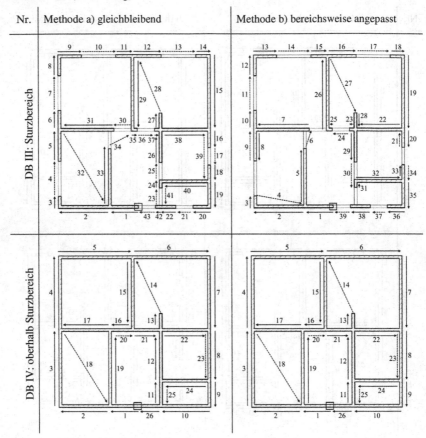

Für beide Methoden wurden anschließend Modellsimulationen durchgeführt. Dazu wurden die realistischen Ansätze gemäß Abschnitt 7.3 genutzt.[12] Tabelle 7.9

---

[12]Die realistischen Ansätze gemäß Abschnitt 7.3 sind:
- gedruckte Schichthöhe: $h_s = 5{,}0$ cm,
- maximale Druckgeschwindigkeit: $v_D = 100$ mm/s,
- maximale Fluggeschwindigkeit: $v_F = 200$ mm/s,
- gleichmäßige Beschleunigung und Verzögerung: $a_B = a_V = 200$ mm/s^2,
- Zeitansätze für Störstellen gemäß Abschnitt 7.3.3.

stellt die Ergebnisse des gleichbleibleibenden Druckpfads und der bereichsweise angepassten Druckpfade vergleichend gegenüber.

Tabelle 7.9   Vergleich gleichbleibender und bereichsweise angepasster Druckpfade

DB$_i$ =	a) gleichbleibend			b) bereichsweise angepasst		
	t_S	S$_i$[Stk.]	t	t_S	S$_i$[Stk.]	t
I	23 min 10 s	18	~6 h 57 min	22 min 59 s	18	~6 h 54 min
II	24 min 49 s	23	~9 h 31 min	24 min 14 s	23	~9 h 17 min
III	23 min 9 s	3	~1 h 10 min	21 min 48 s	3	~1 h 5 min
IV	21 min 16 s	14	~4 h 58 min	21 min 16 s	14	~4 h 58 min
	$\sum$		**~22 h 35 min**	$\sum$		**~22 h 14 min**
	=		1.354,97 min	=		1.334,11 min

Die Gesamtdruckzeit für die Etage beträgt bei Methode b) mit bereichsweise angepassten Druckpfaden ca. 22 h 14 min. Dem gegenüber verursacht Methode a), die Verfolgung gleichbleibender Druckpfade, einen Zeitaufwand von 22 h 35 min. Durch die bereichsweise Anpassung ergibt sich eine Zeiteinsparung in Höhe von ca. 21 min (exakter Wert: 20 min 52 s). Wird diese Differenz ins Verhältnis zur Gesamtdruckzeit gesetzt, so wird die Druckzeit durch die bereichsweise Anpassung der Druckpfade um ca. 1,5 % reduziert.[13]

In der Auswertung des Vergleichs beider Methoden ist zu schlussfolgern, dass die bereichsweise Anpassung der Druckpfade eine nur sehr geringe Reduzierung der Gesamtdruckzeit bewirkt. Dem gegenüber stehen einige Nachteile, die mit bereichsweise ändernden Druckpfaden einhergehen. Als wesentliche Nachteile sind folgende Aspekte zu nennen:

---

[13]Berechnungsformel: (1.354,97 min − 1.334,11 min) ÷ 1.354,97 min · 100 % = +1,54 %.

1) Zusätzliche Wartezeit beim Druckbereichswechsel

Bei einem Wechsel der DB und entsprechend angepasstem Druckpfad kann es
dazu kommen, dass vor dem Druckstart der neuen Druckroute eine zusätzliche
Wartezeit einzuplanen ist. Durch die Änderung der Druckpfade werden unter
Umständen frisch gedruckte Betonschichten früher mit der nächsten Betonschicht
belastet.[14] Die Erhärtungszeit, die vom Ablegen der Betonschicht bis zur erstmaligen Belastung durch die neue Schicht vergeht, wird dadurch reduziert. Sollte die
Erhärtungszeit der unteren Schicht nicht ausreichen, um die notwendige Festigkeit
zu erreichen, sind zusätzliche Wartezeiten einzuplanen.

2) Unübersichtlicher Ausführungsprozess mit erhöhtem Planungsaufwand

Angesichts der komplexen Anforderungen, insbesondere im Hinblick auf den
direkten Baustelleneinsatz, ist es sinnvoll, die Planungs- und Ausführungspro-
zesse zielführend, einfach und überschaubar zu gestalten. Mehrfach verändernde
Druckpfade hätten zur Folge, dass der Druckprozess bei gleichzeitig erhöhtem
Planungsaufwand unübersichtlicher wird.

Unter Beachtung der beiden Nachteile, die durch ändernde Druckpfade auftreten können, wird empfohlen, bei der Optimierung der Druckstrategie nach
Methode a) vorzugehen. Diese sieht vor, zunächst den optimierten Druckpfad,
basierend auf dem öffnungsbereinigten Grundriss, hier DB IV, zu entwickeln.
Anschließend werden ein geeigneter Startpunkt festgelegt und die Öffnungen in
den Druckpfad integriert.

Da die zu druckende Schichtenanzahl bei DB I oder DB II deutlich höher
ist (vergleiche Tabelle 7.9), könnte argumentiert werden, dass sich diese beiden
DB besser als Grundlage für den gleichbleibenden Druckpfad eignen würden.
Falls die Optimierung basierend auf DB I oder DB II erfolgt, entstehen allerdings spätestens beim Übergang in DB IV konstruktive Probleme. Wird z. B. DB
I wegoptimiert und anschließend über die gesamte Wandhöhe verfolgt, so ergeben sich Ausführungsprobleme im DB IV, da die Schichten oberhalb des Sturzes
zu verbinden sind. Deutlich wird das Problem z. B. bei den Einzelwegen Nr. 5
und Nr. 6 oder Nr. 25 und Nr. 26, die im DB IV oberhalb des Sturzes verlängert werden müssten. In der Folge würde die nachfolgende T-Verbindung nicht
korrekt verzahnt werden können. Dies kann zu Tragfähigkeitsproblemen führen.
Abbildung 7.6 verdeutlicht die zuvor beschriebenen konstruktiven Probleme durch
Auszüge aus den Druckpfaden von DB I und DB IV.

---

[14]Vergleiche Tabelle 7.9, Methode b): Beim Schichtwechsel von DB I zu DB II wird der
Druckpfad be reits mit Einzelweg Nr. 4 die Druckroute geändert. So werden die folgenden
unteren Schichten eher mit der neuen Schicht belastet.

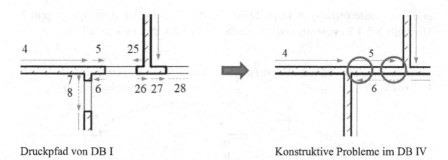

Druckpfad von DB I   Konstruktive Probleme im DB IV

Abbildung 7.6 Konstruktives Problem infolge falscher Planungsgrundlage

Es ist zu schlussfolgern, dass als Grundlage für Methode a) stets der öffnungsbereinigte Grundriss, im vorliegenden Beispiel ist das DB IV, dienen
muss.

Auswertung:
Aus der zuvor beschriebenen Teiluntersuchung ist zu konstatieren, dass die
Anwendung der Methode b) nur marginale Verbesserungen im Hinblick auf die
Gesamtdruckzeit auslöst. Darüber hinaus ergeben sich vor allem bei Druckbe-
reichswechseln verfahrenstechnische Nachteile. Schlussfolgernd ist zu empfehlen,
Methode a) anzuwenden. Dabei wird über alle DB hinweg ein gleichbleibender
Druckpfad verfolgt. Zur Druckpfadoptimierung ist der öffnungsbereinigte Grund
riss zugrunde zu legen. Für die nächsten Teiluntersuchungen wird folglich über
alle DB hinweg ein gleichbleibender Druckpfad gemäß Methode a) angewendet.

7.4.3 Aufgabe 2) Teilung des Grundrisses in zwei Druckabschnitte

Im Rahmen dieses Abschnitts wird ermittelt, welchen zeitlichen Einfluss die Teilung des Grundrisses (vergleiche Abschnitt 5.5.3.3) in zwei Druckabschnitte auf
die Gesamtdruckzeit ausübt. Dazu wird eine zeitliche Vergleichsrechnung mit den
realistischen Bewegungsgrößen und Zeitansätzen durchgeführt. Für die Untersuchung werden annähernd gleich große Druckabschnitte gewählt. Für die Teilung
sind zunächst geeignete Positionen für einen vertikalen Druckabschnittswechsel
auszuwählen (vergleiche Abschnitt 5.5.3.2). In Abbildung 7.7 werden der in die
Druckabschnitte DA I und DA II geteilte Grundriss sowie der Detailausschnitt

an einer Fensteröffnung gezeigt. Dabei ist das Prinzip der Abtreppung gemäß
Abschnitt 5.5.3.2 oberhalb und unterhalb der Fensteröffnung erkennbar.

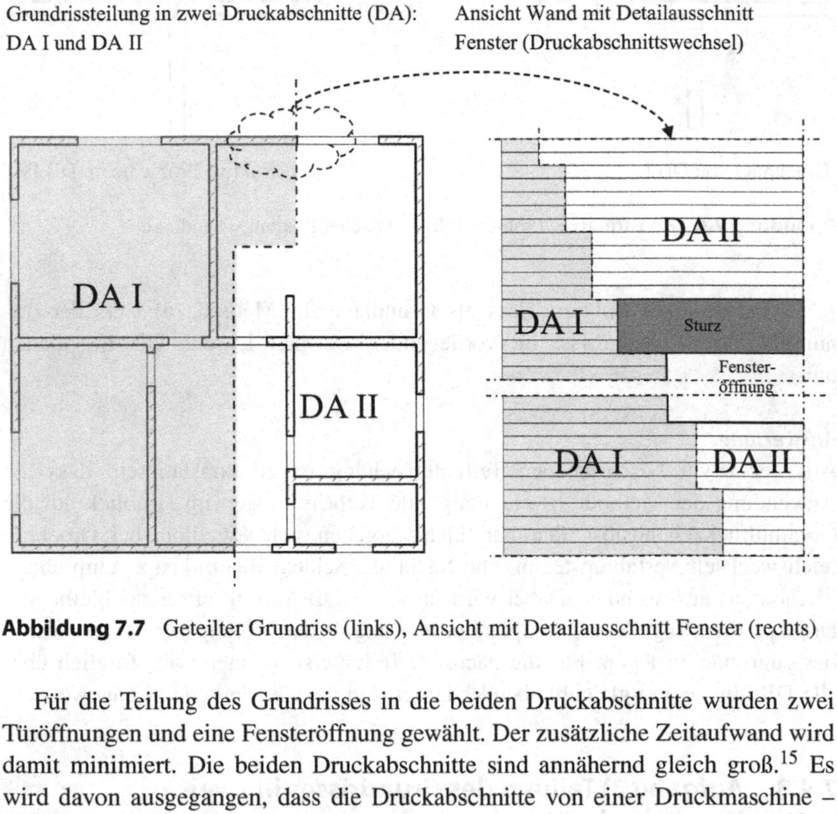

Grundrissteilung in zwei Druckabschnitte (DA):   Ansicht Wand mit Detailausschnitt
DA I und DA II   Fenster (Druckabschnittswechsel)

Abbildung 7.7 Geteilter Grundriss (links), Ansicht mit Detailausschnitt Fenster (rechts)

Für die Teilung des Grundrisses in die beiden Druckabschnitte wurden zwei
Türöffnungen und eine Fensteröffnung gewählt. Der zusätzliche Zeitaufwand wird
damit minimiert. Die beiden Druckabschnitte sind annähernd gleich groß.[15] Es
wird davon ausgegangen, dass die Druckabschnitte von einer Druckmaschine –
mit einer Druckpause von einem Arbeitstag – nacheinander erzeugt werden.[16] In
Abbildung 7.8 werden die optimierten Druckpfade für DA I und DA II gezeigt.

Da die Positionen der Druckabschnittswechsel sinnvoll gesetzt wurden, können
im DA II einige Wege eingespart werden. An den für den Druckabschnittswechsel
ausgewählten Öffnungen sind zwei verschiedene Wege a) und b) erkennbar. Im
lokalen Bereich der jeweiligen Öffnung (DB II) und der Stürze (DB III) ergibt sich

---

[15]Im DA I wird eine Wandlänge von ca. 39,8 lfm (55 %), im DA II eine Wandlänge von
33,0 lfm (45 %), erzeugt.
[16]Entscheidung jeweils „ja" im Flussdiagramm, siehe Abbildung 5.11.

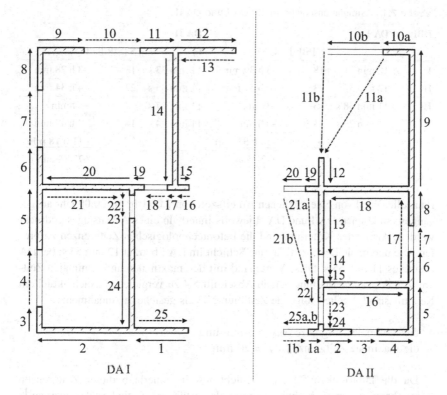

Abbildung 7.8 Optimierte Druckpfade für DA I und DA II

die Route (a). Oberhalb der Stürze (DB IV) und unterhalb des Fensters (DB I) sind die gekennzeichneten Wege (b) maßgebend. In Tabelle 7.10 werden die Simulationsergebnisse für DA I und DA II gezeigt. Die zeitliche Berechnung wurde mit den realistischen Bewegungsgrößen und Zeitansätzen (vergleiche Abschnitt 7.3) durchgeführt. Die ausführlichen Simulationsberechnungen sind in Anlage 7 dieser Arbeit enthalten.

Für DA I ergibt sich eine Druckzeit von etwa 11 h 52 min. DA II kann in 11 h 18 min erzeugt werden. Gemäß Abschnitt 5.5.3.3 sind noch weitere Kriterien zu erfüllen, um die Teilung des Grundrisses in realisierbare Druckabschnitte ausführungsfertig zu bestätigen. Zunächst ist zu prüfen, ob der Terminplan einen zweitägigen Einsatz der Maschine zulässt. Andernfalls sind mehrere Maschinen einzusetzen. Ein weiteres Kriterium sind die einzuhaltenden Ruhezeiten auf der

Tabelle 7.10 Simulationsergebnisse für DA I und DA II

DBi =	DA I			DA II		
	t_S	S [Stk.]	t	t_S	S [Stk.]	t
I	12 min 11 s	18	~3 h 39 min	11 min 33 s	18	~3 h 28 min
II	12 min 55 s	23	~4 h 57 min	11 min 55 s	23	~4 h 34 min
III	11 min 38 s	3	~35 min	11 min 27 s	3	~34 min
IV	11 min 29 s	14	~2 h min	11 min 34 s	14	~2 h 42 min
	$\sum$		**~11 h 52 min**	$\sum$		**~11 h 18 min**
	=		712,25 min		=	677,88 min

Baustelle. Wird von einer täglichen Arbeitszeit von 7.00 Uhr bis 20.00 Uhr ausgegangen, so können DA I und DA II jeweils innerhalb eines Arbeitstages gedruckt werden. Als letztes Kriterium sind die betontechnologischen Zeitgrenzen zu prüfen. Die maximale Druckzeit für eine Schicht im DA I beträgt 12 min 55 s; bei DA II sind es 11 min 55 s. Diese Werte sind mit den maximalen und minimalen Zeitgrenzen der Betonerhärtung gemäß Abschnitt 5.4 zu vergleichen. Nach aktuellem Kenntnisstand[17] gelten folgende Zeitintervalle als gesicherte Annahmen:

– die minimale Zeitgrenze $t_{Min} = 3$ min und
– die maximale Zeitgrenze $t_{Max} = 20$ min.

Da die Druckzeiten für eine Schicht jeweils innerhalb dieser Zeitgrenzen liegen, kann die Druckabschnittsplanung als ausführungsfertig bestätigt werden.[18]
    Werden die beiden Druckzeiten aus DA I und DA II addiert, so ergibt sich eine Gesamtdruckzeit für das Gebäude von 23 h 10 min (1.390,13 min). Das Ergebnis kann nun mit der bereits ermittelten Gesamtdruckzeit ohne Druckabschnittswechsel aus Abschnitt 7.4.2 verglichen werden. Mit der in dieser Arbeit empfohlenen Methode des gleichbleibenden Druckpfades liegt die Gesamtdruckzeit des vollständigen Drucks bei 22 h 35 min (1.354,97 min). Durch die Teilung ergibt sich ein Mehraufwand von 35 min 23 s. Die Druckzeit wird damit insgesamt um ca. 2,55 % erhöht.[19] Allerdings ist hier zu berücksichtigen, dass zusätzliche Zeiten

---

[17]Nerella et al. 2020. Die Werte divergieren je nach Betonrezeptur.
[18]Dem gegenüber wären die zuvor genannten Zeitgrenzen beim Druck des vollständigen Grundrisses (vergleiche Abschnitt 7.4.2) nicht eingehalten, was unweigerlich zu einer Teilung des Grundrisses führen würde.
[19]Berechnungsformel: $(1.390{,}13 \text{ min} - 1.354{,}97 \text{ min}) \div 1.390{,}13 \text{ min} \cdot 100\,\% = +2{,}55\,\%$.

für die Einrichtung und Reinigung der Druckmaschine einzuplanen sind. Aktuell können diese zusätzlichen Zeiten noch nicht belastbar abgeschätzt werden.[20] Im Rahmen dieser Arbeit werden vorrangig nur die Nettozeiten (t_{Netto}) ohne zuvor beschriebene zusätzliche Zeiten berücksichtigt und als Gesamtdruckzeit bezeichnet. Sollten die zusätzlichen Zeiten in die Berechnung einbezogen werden, ist dies explizit als Bruttozeit (t_{Brutto}) ausgewiesen (vergleiche Abschnitt 7.4.5.2).

Auswertung:
Der zeitliche Mehraufwand von 2,55 % kann als gering gewertet werden. Die Steigerung der Gesamtdruckzeit wird durch zusätzliche Flugstrecken und eine höhere Anzahl an Störstellen verursacht. Der Mehraufwand fällt insgesamt aber gering aus, da teilweise Verkürzungen der Flugstrecken in den Bereichen der Wandöffnung (Einsparung der in Abbildung 7.8 mit b gekennzeichneten Wege) zu verzeichnen sind.

Insgesamt ist zu konstatieren, dass eine Teilung des Grundrisses in zwei oder mehrere Druckabschnitte nicht zu außergewöhnlich erhöhten Druckzeiten führt. Um einen konstanten Materialfluss zu gewährleisten und zusätzliche Störstellen zu vermeiden, sollten allerdings so viele Wandabschnitte wie möglich gemeinsam erzeugt werden.

7.4.4 Aufgabe 3) Sensitivitätsanalyse der maßgebenden Prozessparameter

7.4.4.1 Überblick
In den vorangegangenen Abschnitten wurde die Gesamtdruckzeit zur Erstellung des Beispielgebäudes berechnet. Dazu wurden die realistischen Prozessparameter genutzt, die gemäß dem aktuellen Bearbeitungsstand der TUD-BM vorliegen. In diesem Abschnitt wird nun die Sensitivität der Eingangsdaten analysiert. Bei einer Sensitivitätsanalyse wird das Systemverhalten bei der Änderung einer einzelnen Einflussgröße untersucht. Alle anderen Einflussgrößen bleiben konstant.[21] Die maßgebenden Eingangsgrößen werden jeweils innerhalb festgelegter Grenzwerte variiert. Eine Teilung des Grundrisses, wie in Abschnitt 7.4.3 beispielhaft gezeigt, wird nicht berücksichtigt. Die Variation soll Aufschluss darüber geben,

---

[20]Nach aktuellen Schätzungen könnte ein zusätzlicher Zeitaufwand von 60 min (30 min Einrichtung und 30 min Reinigung/Räumung) pro Arbeitstag realisierbar sein. Damit ergibt sich eine Erhöhung der Gesamtdruckzeit durch die Teilung in DA I und DA II um 95 min, 23 s (+6,6 %).
[21]Weiterführend VDI 3633.

inwieweit einzelne Eingangsgrößen die Zielgröße der Gesamtdruckzeit beeinflussen. Tabelle 7.11 gibt einen ersten Überblick zur Aufteilung der Gesamtdruckzeit in Einzelzeiten. Die in Abschnitt 7.4.2 berechnete Gesamtdruckzeit wird dabei in die Einzelzeiten für den Druck (t_D), den Flug (t_F) und die Störstellen (t_{ST}) unterschieden.

Tabelle 7.11 Aufteilung der Gesamtdruckzeit in Einzelzeiten

DB	t_D		t_F		t_{ST}		$\sum$	
	[min]	[%]	[min]	[%]	[min]	[%]	[min]	[%]
I	212,04	50,9	38,88	9,3	165,96	39,8	416,88	100,0
II	230,69	40,4	72,91	12,8	267,26	46,8	570,86	100,0
III	27,90	40,2	10,26	14,8	31,29	45,0	69,45	100,0
IV	176,96	59,4	22,54	7,6	98,28	33,0	297,78	100,0
$\sum$	647,59	**47,8**	144,59	**10,7**	562,79	**41,5**	1.354,97	**100,0**

Mit den realistisch gewählten Prozessparametern teilt sich die Gesamtdruckzeit in die Einzelzeiten für den Druck mit ca. 47,8 %, den Flug mit ca. 10,7 % und die Zeit für Störstellen mit ca. 41,5 % auf. Daraus kann bereits geschlussfolgert werden, dass die Erhöhung der Fluggeschwindigkeit weniger Einfluss auf die Gesamtdruckzeit ausübt als die Erhöhung der Druckgeschwindigkeit. Weiterhin ist die Gesamtdruckzeit maßgeblich von der geometrischen Größe der Schichthöhe h_S abhängig. Da die Anzahl der Schichten S (vergleiche Formel 2, Abschnitt 7.2.2) zur Berechnung der Gesamtdruckzeit als Faktor eingeht, wird die Variation von h_S die Ergebnisse stark beeinflussen. Im Rahmen der Sensitivitätsanalyse dieser Arbeit werden nachfolgende Prozessparameter (in den angegebenen Schrittweiten) variiert:

a) Druckgeschwindigkeit v_D von 10 mm/s bis 300 mm/s (+10 mm/s),
b) Fluggeschwindigkeit v_F von 100 mm/s bis 500 mm/s (+100 mm/s),
c) Zeit für Störstellen t_{ST} von +50 % bis −50 % (+10 %),
d) Schichthöhe h_S von 10 mm bis 150 mm (+10 mm).

Eine Änderung der Eingangsgrößen für die gleichmäßige Beschleunigung und gleichmäßige Verzögerung[22] wird nicht durchgeführt. Die Auswirkungen auf die Gesamtdruckzeit sind dabei nur sehr gering, so dass im Rahmen der Arbeit auf

---

[22] gewählt $\alpha_B = \alpha_V = 200$ mm/s^2

die Variation dieser Parameter verzichtet wird. In den nachfolgenden Abschnitten werden die Ergebnisse der Sensitivitätsanalyse für die Prozessparameter a) bis d) dargestellt. Die Ergebnisse werden jeweils in einer Grafik veranschaulicht und als Datenreihe gezeigt. Abschließend werden die wichtigsten Erkenntnisse zusammengefasst.

7.4.4.2 Ergebnisse der Variation von a) Druckgeschwindigkeit v_D

In Abbildung 7.9 und Tabelle 7.12 werden die Ergebnisse von a) der Variation der Druckgeschwindigkeit v_D gezeigt.

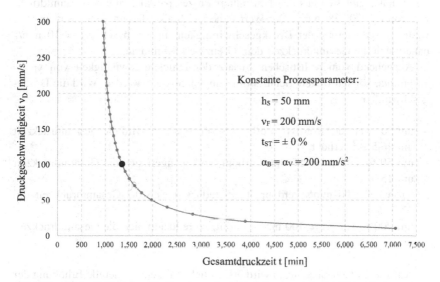

Abbildung 7.9 a) Variation der Druckgeschwindigkeit v_D – grafische Darstellung

Aus der Kennlinie in Abbildung 7.9 können folgende Erkenntnisse abgeleitet werden. Ab einer Druckgeschwindigkeit von $v_D = 50$ mm/s ist eine deutliche Verdichtung der Punkte im Hinblick auf die Gesamtdruckzeit erkennbar. Mit weiterer Erhöhung der Druckgeschwindigkeit v_D wird diese Verdichtung stärker. D. h., dass der zeitliche Einfluss von a) mit zunehmender Druckgeschwindigkeit v_D abnimmt. Bei theoretischer Erhöhung der Druckgeschwindigkeit v_D bis zum Wert

Tabelle 7.12 a) Variation der Druckgeschwindigkeit v_D – Datenreihe

v_D [mm/s]	10	20	30	40	50	60	70	80	90	**100**
t [min]	7.071	3.891	2.832	2.302	1.985	1.775	1.624	1.512	1.424	**1.355**
v_D [mm/s]	110	120	130	140	150	160	170	180	190	200
t [min]	1.298	1.251	1.211	1.177	1.148	1.123	1.101	1.081	1.064	1.048
v_D [mm/s]	210	220	230	240	250	260	270	280	290	300
t [min]	1.034	1.021	1.010	999	990	981	973	966	959	953

unendlich ergibt sich aus den konstanten Prozessparametern eine Gesamtdruckzeit von t = 707,38 min.[23] Der Wert nähert sich also diesem Grenzwert an. Mit
weiterer Reduzierung der Druckgeschwindigkeit unterhalb von v_D = 10 mm/s
nähert sich die Gesamtdruckzeit dem Grenzwert ∞ min an.

Ausgehend vom realistischen Ansatz der Druckgeschwindigkeit von v_D =
100 mm/s, können weitere Schlussfolgerungen gezogen werden. Wird die Druckgeschwindigkeit v_D:

– um 50 % auf den Wert v_D = 50 mm/s verringert, so wird die Gesamtdruckzeit
  um 46,5 %[24] erhöht,
– um 50 % auf v_D = 150 mm/s erhöht, so verringert sich die Gesamtdruckzeit
  um 15,3 %[25],
– auf v_D = 200 mm/s verdoppelt, so reduziert sich die Gesamtdruckzeit um
  22,7 %[26],
– um 200 % auf v_D = 300 mm/s erhöht, so reduziert sich die Gesamtdruckzeit
  um 29,7 %[27].

Aus diesen Untersuchungen wird ersichtlich, dass eine generelle Erhöhung der
Druckgeschwindigkeit nur in begrenztem Maß zielführend ist. Da die Gesamtdruckzeit von weiteren Parametern abhängig ist, sind darüber hinaus die Wechselwirkungen zu den anderen relevanten Prozessparametern b) bis d) zu prüfen.
Sollte sich dadurch z. B. die Schichthöhe d) verringern, so kann sich trotz hoher

---

[23]Vergleiche Tabelle 7.11, Abschnitt 7.4.4.1: t_F + t_{ST} = 144,59 min + 562,79 min =
707,38 min; t_D = 0.
[24]Berechnungsformel: (1.985 min ÷ 1.355 min − 1) · 100 % = +46,5 %.
[25]Berechnungsformel: (1.148 min ÷ 1.355 min − 1) · 100 % = −15,3 %.
[26]Berechnungsformel: (1.048 min ÷ 1.355 min – 1) · 100 % = –22,7 %.
[27]Berechnungsformel: (953 min ÷ 1.355 min – 1) · 100 % = –29,7 %.

Druckgeschwindigkeit v_D auch eine Erhöhung der Gesamtdruckzeit ergeben. Aus den Ergebnissen kann weiterhin geschlussfolgert werden, dass sich ab einer Druckgeschwindigkeit von $v_D = 200$ mm/s nur noch verhältnismäßig geringe Verbesserungen bei der Gesamtdruckzeit einstellen. Als unterer Grenzwert ist $v_D = 50$ mm/s nicht zu unterschreiten. Um den Druckprozess im Hinblick auf die Gesamtdruckzeit zu optimieren, ist eine Druckgeschwindigkeit v_D im Bereich von $v_D = 50$ mm/s bis $v_D = 200$ mm/s zu wählen. Die Wechselwirkungen zu anderen relevanten Prozessparametern, insbesondere zur Schichthöhe h_S, sind dabei zu berücksichtigen.

7.4.4.3 Ergebnisse der Variation von b) Fluggeschwindigkeit v_F

In Abbildung 7.10 und Tabelle 7.13 werden die Ergebnisse für b), der Variation der Fluggeschwindigkeit v_F, gezeigt.

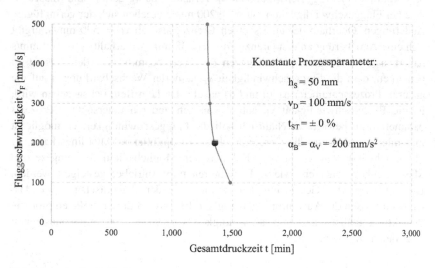

Abbildung 7.10 b) Variation der Fluggeschwindigkeit v_F – grafische Darstellung

Tabelle 7.13 b) Variation der Fluggeschwindigkeit v_F – Datenreihe

v_F [mm/s]	100	**200**	300	400	500
t [min]	1.482	**1.355**	1.317	1.300	1.293

Wie bereits aus der Aufteilung der Gesamtdruckzeit in Einzelzeiten[28] geschlussfolgert wurde, ist der zeitliche Einfluss von b) der Fluggeschwindigkeit ν_F im Vergleich zu den anderen Prozessparametern a), c) und d) gering. Wird der realistische Eingangswert $\nu_F = 200$ mm/s:

- um 50 % auf $\nu_F = 100$ mm/s reduziert, so erhöht sich die Gesamtdruckzeit um 9,4 %[29],
- um 50 % auf $\nu_F = 300$ mm/s erhöht, so reduziert sich die Gesamtdruckzeit um 2,8 %[30],
- um 250 % auf $\nu_F = 500$ mm/s erhöht, so reduziert sich die Gesamtdruckzeit um 4,6 %[31].

Die Ergebnisse bestätigen, dass die Änderungen der Gesamtdruckzeit durch die Variation der Fluggeschwindigkeit ν_F verhältnismäßig gering sind. Insbesondere bei Fluggeschwindigkeiten mit $\nu_F \geq 200$ mm/s ergeben sich nur geringfügige Änderungen. Oberhalb der untersuchten Grenze, also ab $\nu_F = 500$ mm/s, ergibt sich eine Annäherung an den Grenzwert 1.210,38 min. Unterhalb $\nu_F = 100$ mm/s nähert sich die Gesamtdruckzeit gegen den Wert ∞ min an. Allerdings ist zu bemerken, dass die Fluggeschwindigkeit ν_F keinerlei Wechselwirkungen auf die anderen Prozessparameter a), c) und d) ausübt. Da kein Beton ausgegeben wird, ist die Fluggeschwindigkeit ν_F autark von den anderen untersuchten Prozessparametern zu betrachten. Natürlich soll die Fluggeschwindigkeit ν_F möglichst maximiert werden, um die Gesamtdruckzeit zu optimieren. Allerdings kann die Fluggeschwindigkeit ν_F nur im Rahmen der Möglichkeiten der eingesetzten Maschinenkomponenten (wie z. B. Motoren und Antriebe) gesteigert werden. Die mit steigenden Geschwindigkeiten korrelierenden dynamischen Systemlasten beeinflussen die Ausführungsgenauigkeit. Es wird an dieser Stelle empfohlen, die aktuell realistische Fluggeschwindigkeit von $\nu_F = 200$ mm/s maschinell beizubehalten und umzusetzen.

---

[28]vergleiche Tabelle 7.11, Abschnitt 7.4.4.1.
[29]Berechnungsformel: $(1.482 \text{ min} \div 1.355 \text{ min} - 1) \cdot 100 \% = +9,4 \%$.
[30]Berechnungsformel: $(1.317 \text{ min} \div 1.355 \text{ min} - 1) \cdot 100 \% = -2,8 \%$.
[31]Berechnungsformel: $(1.293 \text{ min} \div 1.355 \text{ min} - 1) \cdot 100 \% = -4,6 \%$.

7.4.4.4 Ergebnisse von c) der Variation der Zeit für die Störstellen t_{ST}

Abbildung 7.11 und Tabelle 7.14 zeigen die Ergebnisse von c) der Variation der Zeit für die Störstellen t_{ST}.

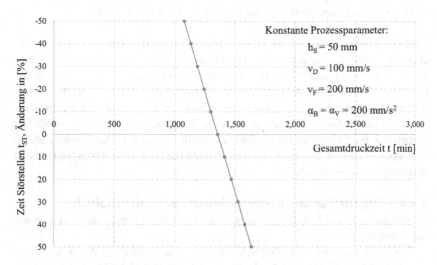

Abbildung 7.11   c) Variation der Zeit für Störstellen t_{ST} – grafische Darstellung

Tabelle 7.14   c) Variation der Zeit für Störstellen t_{ST} – Datenreihe

t_{ST}, Änderung [%]	−50	−40	−30	−20	−10	0	+10	+20	+30	+40	+50
t [min]	1.074	1.130	1.186	1.242	1.299	**1.355**	1.411	1.468	1.524	1.580	1.636

Aus den Voruntersuchungen wurde bereits ersichtlich, dass die Störstellen t_{ST} mit ca. 41,5 % einen hohen Anteil an der Gesamtdruckzeit einnehmen.[32] Bei der Variation der Zeitansätze für die Störstellen stellt sich innerhalb der untersuchten Grenzen ein linearer Verlauf ein. Werden die Zeitansätze für die Störstellen weiter in Richtung $-\infty$ [%] vermindert, so nähert sich der Verlauf gegen den Grenzwert 792,18 min an. Dies würde in der Praxis bedeuten, dass alle Störstellen ohne jeglichen Zeitverlust realisiert werden können. Oberhalb des Wertes +50 % nähert

---

[32]Vergleiche Tabelle 7.11, Abschnitt 7.4.4.1.

sich der Verlauf gegen den Wert ∞ min an. Verändern sich die Zeitansätze für Störstellen t_{ST}

- um $+50$ %, so ergibt sich eine Steigerung der Gesamtdruckzeit um 20,7 %[33],
- um -50 %, so ergibt sich eine Reduzierung der Gesamtdruckzeit um 20,7 %[34],
- um -30 %, so reduziert sich die Gesamtdruckzeit um 12,5 %[35].

Diese exemplarisch ausgewählten Veränderungen der Zeitansätze verdeutlichen das Optimierungspotenzial. Anders als bei den bisher betrachteten Prozessparametern a) und b) wirkt sich eine Zeiteinsparung bei den Störstellen linear auf die Gesamtdruckzeit aus. Der geradlinige Verlauf verdeutlicht, dass Änderungen von t_{ST} innerhalb der untersuchten Grenzwerte lineare Veränderungen der Gesamtdruckzeit ergeben. Es kann konstatiert werden, dass reduzierte Zeitansätze für Störstellen t_{ST} im Hinblick auf die Gesamtdruckzeit hohe Zeiteinsparungen bewirken. Die Reduzierung der Zeitansätze für Störstellen t_{ST} ist daher maschinenseitig zu fokussieren.

7.4.4.5 Ergebnisse von d) der Variation der Schichthöhe h_S

Abbildung 7.12 und Tabelle 7.15 zeigen die Ergebnisse von d) der Variation der Schichthöhe h_S.

Der Kurvenverlauf zeigt deutlich, dass sich die Änderung der Schichthöhe h_S erheblich auf die Gesamtdruckzeit auswirkt. Die Schichthöhe h_S beeinflusst unmittelbar die Anzahl der Schichten S. Die Gesamtdruckzeit wird vereinfacht betrachtet aus den Faktoren t_S, der Zeit für eine Schicht, und S, der Anzahl der Schichten, berechnet (vergleiche Formel 2, Abschnitt 7.2.2). Wird die Anzahl der Schichten S über den Prozessparameter der Schichthöhe h_S verändert, so wirkt sich dies direkt auf die Gesamtdruckzeit aus. Das Spektrum der Ergebnisse von $t = 467$ min bis $t = 6.564$ min verdeutlicht dabei den hohen Einflussgrad des Prozessparameters h_S. Wird die Schichthöhe h_S z. B.

---

[33]Berechnungsformel: $(1.636 \text{ min} \div 1.355 \text{ min} - 1) \cdot 100 \% = +20,7 \%$.
[34]Berechnungsformel: $(1.074 \text{ min} \div 1.355 \text{ min} - 1) \cdot 100 \% = -20,7 \%$.
[35]Berechnungsformel: $(1.186 \text{ min} \div 1.355 \text{ min} - 1) \cdot 100 \% = -12,5 \%$.

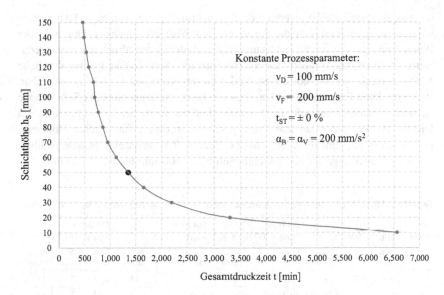

Abbildung 7.12 d) Variation der Schichthöhe h_S – grafische Darstellung

Tabelle 7.15 d) Variation der Schichthöhe h_S – Datenreihe

h_S [mm]	10	20	30	40	**50**	60	70	80	90	100
t [min]	6.564	3.294	2.195	1.659	**1.355**	1.121	957	863	771	701
h_S [mm]	110	120	130	140	150					
t [min]	677	584	536	490	467					

- um 60 % auf $h_S = 20$ mm gesenkt, so wird die Gesamtdruckzeit auf das ca. 2,5 fache[36] gesteigert,
- um 60 % auf $h_S = 80$ mm erhöht, so wird die Gesamtdruckzeit um 36,3 %[37] gemindert,
- auf $h_S = 100$ mm verdoppelt, so vermindert sich die Gesamtdruckzeit um 48,3 %.[38]

---

[36]Berechnungsformel: $(3.294 \text{ min} \div 1.355 \text{ min} - 1) \cdot 100 \% = +243 \%$.
[37]Berechnungsformel: $(863 \text{ min} \div 1.355 \text{ min} - 1) \cdot 100 \% = -36,3 \%$.
[38]Berechnungsformel: $(701 \text{ min} \div 1.355 \text{ min} - 1) \cdot 100 \% = -48,3 \%$.

Wird die Schichthöhe unterhalb der Betrachtungsgrenze von $h_S = 10$ mm weiter reduziert, so wird sich die Kurve an den Wert ∞ annähern. Oberhalb der Betrachtungsgrenze von $h_S = 150$ mm wird sich die Gesamtdruckzeit weiter reduzieren.[39] Allerdings ist auch hier mit zunehmender Schichthöhe h_S eine deutliche Verdichtung der Punkte auf der Skala der Gesamtdruckzeit (x-Achse) erkennbar. Weiterhin kann festgestellt werden, dass die Kurve mit zunehmender Schichthöhe h_S unregelmäßiger verläuft. Im Kurvenverlauf ist z. B. bei $h_S = 110$ mm ein leichtes Ausknicken erkennbar. Dies geschieht infolge erforderlicher Höhenanpassungen in den einzelnen DB I bis IV. Tabelle 7.16 zeigt eine genaue Analyse der Schichtenabfolge für die Schichthöhen $h_S = 100$ mm bis $h_S = 120$ mm.

Tabelle 7.16 Genaue Analyse der Schichtenabfolge bei $h_S = 100$ mm bis $h_S = 120$ mm

h_S [mm]	DB I mit $h_{DBI} = 90{,}0$ cm			DB II mit $h_{DBII} = 111{,}0$ cm			DB III mit $h_{DBIII} = 11{,}5$ cm			DB II mit $h_{DBIV} = 67{,}5$ cm		
	h_{DBI} /h_S	S	h_{Rest} [mm]	h_{DBII} /h_S	S	h_{Rest} [mm]	h_{DBIII} /h_S	S	h_{Rest} [mm]	h_{DBIV} /h_S	S	h_{Rest} [mm]
100	9,00	9	–	11,10	12	10	1,15	2	15	6,75	7	7,5
110	8,18	9	20	10,09	11	10	1,05	2	5	6,14	7	15
120	7,50	8	60	9,25	10	30	0,96	1	115	5,63	6	75

Tabelle 7.16 zeigt einen Auszug aus der Berechnung für die Anzahl der erforderlichen Schichten S in DB I bis DB IV. Nachfolgend wird vertiefend auf die Schichtenabfolge für DB I eingegangen. Bei einer Schichthöhe $h_S = 100$ mm wird die Höhe von DB I mit genau 9 vollen Schichten ($h_{DBI} = 900$ mm) erreicht. Es ergibt sich keine Differenz bei h_{Rest}.[40] Dies wird hier mit „–" gekennzeichnet. Für die Schichthöhe $h_S = 110$ mm ergibt sich wiederum eine Resthöhe von $h_{Rest} = 20$ mm. Gemäß der Vorgehensweise aus Abschnitt 5.2.4.2 werden in diesem Fall die letzten beiden Schichten in ihrer Druckhöhe reduziert und vermittelt. Es ergeben sich also 7 volle Schichten und 2 Schichten mit einer Höhe von $h_{AS} = 65$ mm ($= (110 \text{ mm} + 20 \text{ mm}) \div 2$).[41] Der Druckkopf muss also trotzdem ganze 9 Mal

---

[39]Hypothetische Grenzwertbetrachtung: Sollte es theoretisch möglich sein, beliebig hoch zu drucken, ist es vorstellbar, jeweils einen Druckbereich (DB) in einem Zug zu drucken. Aus den vier DB ergeben sich 4 zu druckende Schichten. Dies würde eine Gesamtdruckzeit von $t = t_{S\,DB\,I} + t_{S\,DB\,II} + t_{S\,DB\,III} + t_{S\,DB\,IV} = 23{,}16$ min $+ 24{,}82$ min $+ 23{,}15$ min $+ 21{,}27$ min $= 92{,}4$ min ergeben.

[40]h_{Rest} bedeutet Resthöhe der Schicht.

[41]h_{AS} ist die Höhe der Ausgleichsschicht.

den gegebenen Druckpfad abfahren.[42] In DB I ergeben sich gemäß der durchgeführten Berechnung bei $h_S = 100$ mm und $h_S = 110$ mm also gleiche Teilzeiten. Bei $h_S = 120$ mm sind hingegen im DB I nur 8 Schichten erforderlich, 7 volle Schichten und eine letzte Schicht mit $h_{Rest} = 60$ mm.[43] Es ist festzustellen, dass bei einigen Schichthöhen eine Anpassung der Schichthöhen notwendig ist, um die planerisch geforderten Höhen (z. B. Brüstungshöhe, Fensterhöhe oder Sturzhöhe) zu erreichen. Dies ist die Ursache für den unregelmäßigen Kurvenverlauf im oberen Bereich der Kennlinie (vergleiche Abbildung 7.12).

Unterhalb der Schichthöhe $h_S = 40$ mm verläuft die Kennlinie sichtlich flacher. D. h., dass die Gesamtdruckzeit mit geringerer Schichthöhe deutlich zunimmt. Oberhalb der Schichthöhe $h_S = 100$ mm verdichten sich die Punkte im Hinblick auf die Gesamtdruckzeit verhältnismäßig stark. Die Kurve verläuft steil, d. h., dass noch höhere Schichten eine verhältnismäßig geringe Reduzierung der Gesamtdruckzeit erbringen. Anhand des Kurvenverlaufs kann geschlussfolgert werden, dass zur Minimierung der Gesamtdruckzeit eine Schichthöhe $h_S \geq 40$ mm gewählt werden sollte. Bis $h_S = 100$ mm ergeben sich verhältnismäßig hohe Reduzierungen der Gesamtdruckzeit. Weitere Erhöhungen wirken sich weniger stark aus. Die optimierte Schichthöhe wird sich insbesondere aus der Wechselwirkung zu den Prozessparametern a) und c) ergeben.

7.4.4.6 Zusammenfassung der Ergebnisse der Sensitivitätsanalyse

Aus der vorangegangenen Sensitivitätsanalyse der Prozessparameter a), b), c) und d) können signifikante Erkenntnisse abgeleitet werden. Um die Gesamtdruckzeit zu minimieren, sind die Prozessparameter und ihre internen Wechselwirkungen zu berücksichtigen. Die Verbesserung der Prozessparameter[44] führt immer zu verbesserten Gesamtdruckzeiten. Zur Bewertung des Einflussgrades der verschiedenen Prozessparameter kann, beginnend beim einflussreichsten, die Reihenfolge 1) Schichthöhe h_S, 2) Druckgeschwindigkeit v_D, 3) Störstellen t_{ST} und 4) Fluggeschwindigkeit v_F gebildet werden. Dabei sind die Parameter h_S und v_D verfahrenstechnisch voneinander abhängig. Zwischen diesen beiden Größen ist ein Optimum zu bilden. Es kann bereits jetzt konstatiert werden, dass die Schichthöhe h_S die Gesamtdruckzeit stärker beeinflusst als die Druckgeschwindigkeit v_D.

---

[42]In der Praxis wird es sinnvoll sein, vor dem Erreichen des Druckbereichswechsels die Höhen der letzten beiden Schichten anzupassen. Hier würden die letzten beiden Schichten $h_{LS1} = h_{LS2} = 65$ mm betragen. Eine andere Möglichkeit ist es, hier nur die letzte Schicht mit $h_{Rest} = 20$ mm zu drucken. Auch in diesem Fall muss der Druckkopf ganze 9 Mal den gegebenen Druckpfad abfahren.

[43]Für den Fall der Anpassung der letzten beiden Schichten ergeben sich 6 volle Schichten und zwei Schichten mit $h_{AS} = 90$ mm (= (120 mm + 60 mm) ÷ 2). Trotzdem wird der Druckkopf 8 Mal den gegebenen Druckpfad abfahren.

[44]Hier die Erhöhung der Druckgeschwindigkeit v_D, der Fluggeschwindigkeit v_F oder der Schichthöhe h_S sowie die Reduzierung der Zeitansätze für die Störstellen t_{ST}.

Genauere Analysen werden im nachfolgenden Abschnitt 7.4.5 durchgeführt. Die Zeiten für Störstellen t_{ST} sind wiederum auch von der Schichthöhe h_S abhängig. Allerdings können die aktuell hohen Werte für t_{ST} vorrangig maschinell begründet werden. Die Einzelbewegungen des Druckkopfes an Störstellen sind aktuell noch komplex und im zeitlichen Hinblick optimierfähig. Die Fluggeschwindigkeit v_F ist unabhängig von anderen Kriterien zu betrachten. Da keine Wechselwirkungen zu anderen Parametern stattfinden, bestehen hier nur die maschinellen Grenzen, die durch die Motoren, Antriebe und Steuerungsgenauigkeiten bedingt sind. Es ist festzustellen, dass eine schnellere Fluggeschwindigkeit als $v_F = 200$ mm/s nur marginale Verbesserungen bei der Gesamtdruckzeit hervorruft.

Im Rahmen der Sensitivitätsanalyse a), b), c) und d) können folgende Werte oder Wertebereiche definiert werden, die unter Beachtung eines vertretbaren maschinentechnischen Aufwandes eingehalten werden sollten, um die Gesamtdruckzeit zu optimieren:

- aus a) Druckgeschwindigkeit $v_D = 50$ mm/s bis $v_D = 200$ mm/s,
- aus b) Fluggeschwindigkeit $v_F = 200$ mm/s,
- aus c) Zeitansätze für Störstellen t_{ST} sind bestmöglich zu reduzieren,[45]
- aus d) Schichthöhe $h_S \geq 40$ mm.

7.4.5 Aufgabe 4) Relation zwischen Druckgeschwindigkeit und Schichthöhe

7.4.5.1 Einfluss auf die Gesamtdruckzeit

Im vorangegangenen Abschnitt wurde die Sensitivität der maßgebenden Prozessparameter geprüft. Als besonders relevante Größen wurden die Druckgeschwindigkeit v_D und die Schichthöhe h_S identifiziert. Beide Größen werden sich verfahrensbedingt gegenseitig beeinflussen. Wird beispielsweise die Schichthöhe erhöht, so wird sich die mögliche Druckgeschwindigkeit reduzieren, da der Beton länger in der stabilisierenden Form gehalten werden muss. Werden andererseits geringe Schichthöhen produziert, so kann eine höhere Druckgeschwindigkeit gewählt werden. In diesem Abschnitt wird der gegenseitige Einfluss beider Parameter genauer untersucht. Dabei werden beide Größen variiert, um genauere Erkenntnisse zur Optimierung der Gesamtdruckzeit zu gewinnen. Tabelle 7.17 stellt die Simulationsergebnisse unter Variation der Druckgeschwindigkeit von $v_D = 10$ mm/s bis $v_D = 300$ mm/s (Schrittweite $+10$ mm/s) und der Schichthöhe $h_S = 10$ mm bis $h_S = 150$ mm (Schrittweite $+5$ mm) dar.

---

[45]Zukünftig sind maschinentechnische Lösungen des Druckkopfes wünschenswert, die Störstellen ohne Stillstandzeiten drucken.

Tabelle 7.17 Gesamtdruckzeit [min] in Abhängigkeit von Druckgeschwindigkeit und Schichthöhe

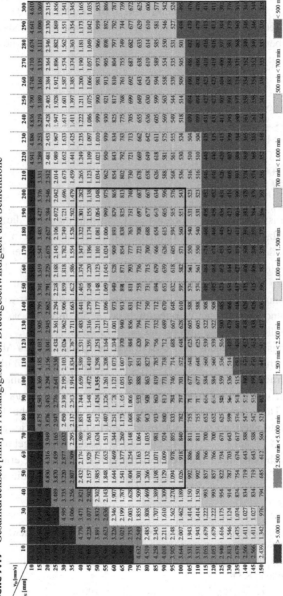

In Tabelle 7.17 werden die Gesamtdruckzeiten in Abhängigkeit beider Prozessparameter gezeigt. Um die Übersichtlichkeit zu erhöhen, wurden verschiedene
Farben eingesetzt. Die Farben markieren bestimmte Ergebnisbereiche.[46] Im
Einzelnen heben sich folgende Ergebnisbereiche der Gesamtdruckzeit farblich
voneinander ab:

- >5.000 min,
- 2.500 min < 5.000 min,
- 1.500 min < 2.500 min,
- 1.000 min < 1.500 min,
- 700 min < 1.000 min,
- 500 min < 700 min,
- <500 min.[47]

Außerdem ist die Gesamtdruckzeit t = 1.355 min markiert, die in den vorangegangenen Abschnitten mit den realistischen Prozessparametern von TUD-BM
berechnet wurde (h_S = 50 mm und v_D = 100 mm/s). Darüber hinaus ist ein
Rahmen um die Ergebnisse gezogen, die nach jetzigem Forschungsstand in
der praktischen Anwendung als machbar erscheinen und in den vorangegangenen Untersuchungen als sinnvolle Eingangswerte charakterisiert wurden. Für die
Druckgeschwindigkeit ist der Wertebereich v_D = 50 mm/s bis v_D = 200 mm/s,
für die Schichthöhe h_S = 40 mm bis h_S = 100 mm einbezogen.

Die Ergebnisse der Tabelle 7.17 bestätigen die Erkenntnis aus Abschnitt 7.4.4,
dass die Schichthöhe h_S einen höheren Einfluss auf die Gesamtdruckzeit ausübt als die Druckgeschwindigkeit v_D. Exemplarisch wird bei einer Schichthöhe
h_S = 40 mm und einer Druckgeschwindigkeit v_D = 50 mm/s eine Gesamtdruckzeit in Höhe von t = 2.432 min erreicht. Eine 6-fache Erhöhung der
Druckgeschwindigkeit auf v_D = 300 mm/s bewirkt eine Reduzierung des Ergeb-
nisses um 52 % [48] auf t = 1.165 h. Um ein vergleichbares Ergebnis zu erzielen,
muss die Schichthöhe h_S dem gegenüber nur auf das 2,25-fache erhöht werden.[49]
Die farbliche Kennzeichnung der Ergebnisbereiche unterstützt die Wahrnehmung

---

[46]Für die Ergebnisbereiche wurden absichtlich ungleiche Intervalle gewählt. So sind die
Erkenntnisse besser verständlich.

[47]5.000 min = 83,3 h; 2.500 min = 41,7 h; 1.500 min = 25,0 h; 1.000 min = 16,7 h; 700 min
= 11,7 h; 500 min = 8,3 h.

[48]Berechnungsformel: (1.165 min ÷ 2.432 min − 1) · 100 % = −52 %.

[49]von h_S = 40 mm auf h_S = 90 mm; Es ergibt sich eine Gesamtdruckzeit von 1.129 min.

dieser Erkenntnis. Werden die Farbübergänge betrachtet, sind kurvenähnliche Verläufe sichtbar. Diese Kurven werden mit steigender Druckgeschwindigkeit v_D zunehmend flacher. Eine gesteigerte Schichthöhe h_S verursacht hingegen deutlich geringere Gesamtdruckzeiten.

Es ist zu konstatieren, dass die Schichthöhe h_S mehr Einfluss auf die Gesamtdruckzeit ausübt als die Eingangsgröße der Druckgeschwindigkeit v_D. Dies ist vor allem auf die Reduzierung der Störzeiten zurückzuführen. Wird z. B. die Schichthöhe verdoppelt, so kann eine komplette Schicht und damit eine vollständige Umrundung[50] des Druckkopfes entfallen. Damit verursachen die Störstellen nur einmal den zeitlichen Mehraufwand. Wird hingegen die Druckgeschwindigkeit v_D verdoppelt, so fallen trotzdem Störzeiten für zwei vollständige Umrundungen des Druckkopfes an. Insgesamt kann also schneller gedruckt werden, wenn vor allem hohe Schichten erzeugt werden.[51] Die im Rahmen dieser Simulationsaufgabe erarbeiteten Ergebnisse geben die Relation der Größen h_S und v_D zueinander wieder. Im nächsten Abschnitt werden daraus modellbasierte Zeit-Aufwandswerte abgeleitet.

7.4.5.2 Modellbasierte Zeit-Aufwandswerte

In der Baubetriebslehre wird häufig die Kenngröße des Arbeitszeitaufwandes in h/Einheit genutzt. In einschlägigen Tabellenwerken werden dazu die im allgemeinen Hochbau vorkommenden Bauleistungen durch die sogenannten Arbeitszeit-Richtwerte erfasst.[52] Es handelt sich hierbei um Kalkulationswerte, die z. B zur Ermittlung von Einheitspreisen herangezogen werden. In der Regel liegen in einem Bauunternehmen eigene Arbeitszeit-Richtwerte vor. Sie ermöglichen es unter anderem, einzelne Bauverfahren kalkulatorisch miteinander zu vergleichen. In Anlehnung an die Arbeitszeit-Richtwerte wurden modellbasierte Zeit-Aufwandswerte (AW) des vollwandigen Beton-3D-Drucks berechnet. In Abbildung 7.13 werden die Ergebnisse grafisch und tabellarisch dargestellt. Die Berechnung beschränkt sich auf die in Tabelle 7.17 eingerahmten Wertepaare. Zur Übersicht wurde die Schrittweite der Schichthöhe h_S von +5 mm (vergleiche Tabelle 7.17) auf +10 mm erhöht.

---

[50]Da der Start- und Endpunkt des Druckpfades bei der Erstellung einer Schicht gleich sind, kann von einer Rundtour oder einem Kreis (vergleiche Abschnitt 6.2.1) gesprochen werden. Hier wird dafür der Begriff „Umrundung" verwendet.

[51]Trotzdem sind die unteren Grenzwerte der Druckgeschwindigkeit v_D gemäß Abschnitt 7.4.4.2 zu berücksichtigen.

[52]Z. B. in Kassel 2016; Olesen 2006; BKI Baukosteninformationszentrum 2019.

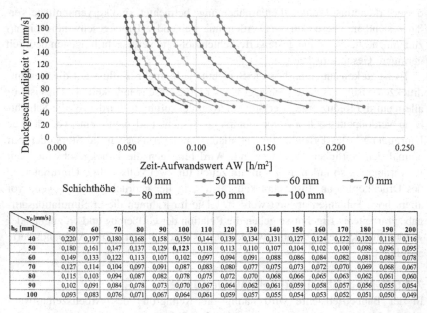

v_D [mm/s] h_S [mm]	50	60	70	80	90	100	110	120	130	140	150	160	170	180	190	200
40	0,220	0,197	0,180	0,168	0,158	0,150	0,144	0,139	0,134	0,131	0,127	0,124	0,122	0,120	0,118	0,116
50	0,180	0,161	0,147	0,137	0,129	**0,123**	0,118	0,113	0,110	0,107	0,104	0,102	0,100	0,098	0,096	0,095
60	0,149	0,133	0,122	0,113	0,107	0,102	0,097	0,094	0,091	0,088	0,086	0,084	0,082	0,081	0,080	0,078
70	0,127	0,114	0,104	0,097	0,091	0,087	0,083	0,080	0,077	0,075	0,073	0,072	0,070	0,069	0,068	0,067
80	0,115	0,103	0,094	0,087	0,082	0,078	0,075	0,072	0,070	0,068	0,066	0,065	0,063	0,062	0,061	0,060
90	0,102	0,091	0,084	0,078	0,073	0,070	0,067	0,064	0,062	0,061	0,059	0,058	0,057	0,056	0,055	0,054
100	0,093	0,083	0,076	0,071	0,067	0,064	0,061	0,059	0,057	0,055	0,054	0,053	0,052	0,051	0,050	0,049

Abbildung 7.13 Modellbasierte AW [h/m^2] des vollwandigen Beton-3D-Drucks

Die modellbasierten AW liegen unter Beachtung der gewählten Eingangspa-
ramater zwischen 0,049 h/m^2 bis 0,22 h/m^2. Mit den realistischen Prozessparametern (h$_S$ = 50 mm, v_D = 100 mm/s) wird ein Wert von 0,123 h/m^2
erzielt. Im Vergleich zu konventionellen Mauerwerksarbeiten ist der vollwandige Beton-3D-Druck damit deutlich schneller. Je nach Steinart divergieren die
Arbeitszeit-Aufwandswerte für den Mauerwerksbau zwischen 0,35 h/m^2 für großformatige Hochlochziegel oder Plansteine aus Kalksandstein[53] bis 0,65 h/m^2
für Mauerziegel als Vollziegel.[54] Allerdings sind die oben genannten Werte
wie bereits im Abschnitt 7.4.3 erwähnt wurde, „Nettozeiten" des vollwandigen Beton-3D-Drucks. Um „Bruttozeiten" zu ermitteln, sind die Umgebungs-
und Baustellenbedingungen, wie z. B. die Erreichbarkeit der Druckmaschine,
einzuhaltende Ruhezeiten oder die betontechnologischen Erhärtungsdauern zu
berücksichtigen. Daraus kann gemäß der Vorgehensweise in Abschnitt 5.5.3 die

---

[53] Siehe BKI Baukosteninformationszentrum 2019, S. 151: LB 012 Pos. 17: Innenwand,
tragend aus KS Planstein, 24 cm.

[54] Siehe BKI Baukosteninformationszentrum 2019, S. 149: LB 012 Pos. 10: Innenwand aus
Mauerziegel (Vollziegel), 24 cm, mit Stoßfugenvermörtelung.

Anzahl der notwendigen Druckabschnitte ermittelt werden. Anschließend ist die Nettozeit zu beaufschlagen. Je Teilung wird die Gesamtdruckzeit um netto ca. 2,55 % erhöht (vergleiche Abschnitt 7.4.3). Für jeden Arbeitstag fallen zusätzlich 30 min für die Einrichtung und 30 min für die Reinigung und Räumung der Maschine an. Diese Zeit muss der berechneten Gesamtdruckzeit gemäß nachfolgendem Berechnungsbeispiel beaufschlagt werden.

Berechnungsbeispiel:
Mit den realistischen Prozessparametern (h_S = 50 mm, v_D = 100 mm/s) ergibt sich bei einer Teilung in drei Druckabschnitte:[55]

$$t_{Brutto} = 1.355\,min \cdot (1,0255)^2 + 3 \cdot (30\,min + 30\,min) = 1.605\,min = 26,7\,h$$

$$AW = \frac{26,7\,h}{183,99\,m^2} = \underline{0,145\,h/m^2}.$$

Der modellbasierte Brutto-AW beträgt $0,145\,h/m^2$. Der Wert liegt damit immer noch deutlich unter den zuvor beschriebenen Arbeitszeit-Aufwandswerten von traditionellen Mauerwerksarbeiten.

In diesem Abschnitt wurden modellbasierte Zeit-Aufwandswerte für den vollwandigen Beton-3D-Druck ermittelt. Es handelt sich hierbei um Nettozeiten, die anschließend mit Zuschlägen für den Mehraufwand infolge von Grundrissteilungen und mehrtägigem Maschineneinsatz beaufschlagt werden (vergleiche zuvor beschriebenes Berechnungsbeispiel). Die berechneten Ansätze sind nur bedingt auf andere Grundrisse übertragbar. Grundrisse weisen immer eine Individualität auf. Insbesondere aufgrund der vorhandenen Störstellen werden sich die Ergebnisse verschiedener Grundrisse voneinander unterscheiden. Die Auswirkung verschiedener Grundrisse auf die Gesamtdruckzeit wird im nächsten Abschnitt genauer analysiert.

---

[55] Bei 3 DA wird der Grundriss zweimal geteilt. Dafür werden jeweils 2,55 % der Gesamtdruckzeit beaufschlagt. Auf jeden Arbeitstag (hier 3 DA, deshalb 3 Arbeitstage) fallen zusätzlich 30 min für die Einrichtung und 30 min für die Reinigung der Maschine an.

7.4.6　Aufgabe 5) Auswirkung verschiedener Grundrisse auf die Gesamtdruckzeit

7.4.6.1　Verzweigung des Grundrisses

Grundrisse von Wohngebäuden sind in der Regel individuell und ähnlich den Gesamtbauwerken als Unikate zu betrachten. In den vorangegangenen Abschnitten wurden Simulationen am zuvor beschriebenen Beispielgebäude durchgeführt. Im Rahmen dieses Abschnitts werden verschiedene Grundrisse und deren Auswirkung auf die Gesamtdruckzeit analysiert.

Die Länge der Wände sowie deren geometrische Beziehungen und die daraus folgende Anordnung der Störstellen haben maßgeblichen Einfluss auf die Gesamtdruckzeit. So wird z. B. der Druck eines quadratischen Grundrisses infolge der vier Störstellen „Ecke" länger dauern als der störungsfreie Druck eines runden Grundrisses. Je mehr Störstellen im Grundriss vorkommen, desto langsamer wird der Druckprozess im Durchschnitt sein, da der Druckkopf vermehrt abbremsen und anfahren sowie notwendige Einzelbewegungen zur Verzahnung der Wandverbindungen durchführen muss.

Um Grundrisse gezielt miteinander zu vergleichen, ist zunächst ein geeigneter Vergleichskennwert notwendig. Dazu wird im Rahmen dieser Arbeit die Kenngröße des Verzweigungsgrades von Wänden in einem Grundriss eingeführt.[56] Um den Verzweigungsgrad der Wände für rechteckige Grundrisse zu definieren, wird die im Grundriss vorhandene Wandlänge l_W mit der Brutto-Grundfläche (BGF) des zu erstellenden Bauwerks ins Verhältnis gesetzt. Für den Verzweigungsgrad der Wände wird die Variable V_Z mit der Einheit m^{-1} eingeführt. Formel 3 zeigt die Berechnungsformel des Verzweigungsgrades V_Z bei Wänden.

$$V_Z = \frac{l_W}{BGF} \text{ in } [m^{-1}]$$

Formel 3　Berechnung des Verzweigungsgrads V_Z bei Wänden

Die Untersuchung erfolgt anhand der öffnungsbereinigten Grundrisse von fünf Referenzmodellen, die in nachfolgende Kategorien eingeteilt werden können:

I.　störungsfrei,
II.　wenig verzweigt,

---

[56]Der Verzweigungsgrad kommt als Begriff z. B. in der makromolekularen Chemie vor. Dort gibt er den Grad der Verzweigung von Seitenarmen auf die Größe eines Makromoleküls an. Im Bauwesen wird der Begriff bisher nicht verwendet.

III. normal verzweigt,
IV. stark verzweigt,
V. maximal verzweigt.

Störungsfrei (Kategorie I) sind Bauwerke ohne Wandverbindungen, also kreis-
runde Bauwerksstrukturen, z. B. Türme. Diese Kategorie wird einen unteren
Grenzwert darstellen. Als Störung ist hier lediglich die Verbindung des Startpunktes mit dem Endpunkt einer jeden Schicht zu berücksichtigen. Darüber hinaus
wird der Startpunkt in jeder Schicht um 50 cm versetzt angeordnet, um den Festigkeitsverlust an der entstehenden „kalten" Verbindungsfuge über die Wandhöhe
zu minimieren. Als Referenzbauwerk für wenig verzweigte Grundrisse (Kategorie
II) dient ein Einfamilienhaus, in dem nur die Außenwände und eine Innenwand
tragend sind. Andere Innenwände könnten beispielweise nachträglich in Trockenbauweise hergestellt werden. Diese Variante ist im aktuellen Einfamilienhausbau
sehr verbreitet. Das im Rahmen dieser Arbeit untersuchte Referenzmodell wird
als normal verzweigt eingeordnet (Kategorie III). Alle Innenwände sind dabei
tragend. Das Modell besitzt übliche Raumgrößen und kann als repräsentativ für
weite Teile des Wohnungsbaus angesehen werden. Das Modell der Kategorie IV
dient als Referenz für hoch verzweigte Gebäudestrukturen. Als ein Anwendungsfall nahe der Kategorie IV können im Hochbau z. B. Justizvollzugsanstalten (JVA)
genannt werden. Bei den Wänden einer JVA bestehen hohe Anforderungen an die
Festigkeit. Deshalb werden vorrangig Massivwände aus Beton oder Mauerwerk
angeordnet. Außerdem sind die Raumgrößen relativ gering. Das Referenzmodell
der Kategorie V ist nicht praxisnah. Für die hier vorliegende Betrachtung bildet
das Modell den oberen Grenzwert ab.

Um die Untersuchung zu vereinheitlichen, haben alle Referenzgebäude die
gleiche BGF in Höhe von 121,0 m².[57] Für alle Referenzgebäude wurden Simulationen auf Grundlage der realistischen Eingangsdaten und gemäß der in der
Arbeit mehrfach beschriebenen Vorgehensweise durchgeführt. Eine übersichtli-
che Zusammenfassung der Ergebnisse wird in Tabelle 7.18 gezeigt. In Anlage 8
sind die vollständigen Grundrisse der Referenzgebäude sowie die optimierten
Druckstrategien und ausführlichen Simulationsberechnungen enthalten.

Die AW liegen im Bereich von 0,059 h/m² bis 0,132 h/m². Wie zuvor
beschrieben, können Kategorie I und V als untere und obere Grenzwerte für den
Anwendungsfall Wohnungsbau betrachtet werden. In Abbildung 7.14 wird die

---

[57]Es ist nicht unbedingt erforderlich, da V_Z in Abhängigkeit der BGF gebildet wird. Aber es
vereinfacht an dieser Stelle die Untersuchung und macht sie verständlicher.

Tabelle 7.18 Simulationsergebnisse für die Referenzgebäude I bis V

Nr.	Kategorie	Referenzmodell	l_W [m]	v_Z [m^{-1}]	AW [h/m²]	Zeitanteil
I	störungsfrei	12,41 m	39,0	0,32	**0,059**	Druck: 93,8 % Flug: 0,8 % Stör: 5,4 %
II	gering verzweigt	11 m / 11 m	53,8	0,44	**0,081**	Druck: 68,9 % Flug: 7,3 % Stör: 23,8 %
III	normal verzweigt	11 m / 11 m	75,0	0,62	**0,095**	Druck: 59,4 % Flug: 7,6 % Stör: 33,0 %
IV	hoch verzweigt	11 m / 11 m	110,8	0,92	**0,107**	Druck: 52,9 % Flug: 6,0 % Stör: 41,1 %
V	maximal verzweigt	11 m / 11 m	153,7	1,27	**0,132**	Druck: 43,0 % Flug: 2,9 % Stör: 54,1 %

Abhängigkeit der berechneten AW und dem Verzweigungsgrad der Wände V_Z grafisch veranschaulicht.

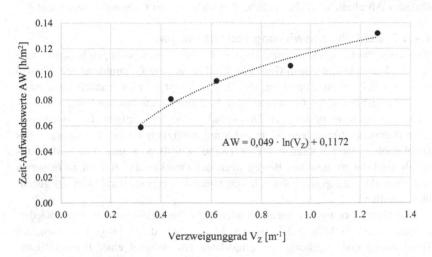

Abbildung 7.14 AW in Abhängigkeit von V_Z

Die berechneten Ergebnisse werden in Abbildung 7.14 als Punkte dargestellt. Aus den Ergebnissen kann die angegebene Funktion[58] abgeleitet werden, die als Annäherung, z. B. für zukünftige Neuprojekte (vergleiche Abschnitt 7.4.7), dienen kann. Die Funktion wird als gestrichelte Linie abgebildet. Je größer V_Z, desto größer wird der AW aufgrund der ansteigenden Zeitverluste durch die höhere Anzahl an Störstellen (vergleiche Tabelle 7.18, Spalte Zeitanteil „Stör"). Erster und letzter Ergebnispunkt können sinngemäß als oberer und unterer Grenzwert für den Anwendungsfall Wohnungsbau gelten (vergleiche Abschnitt 7.5). Die abgebildete Funktion zeigt, dass mit steigendem V_Z die Erhöhung des AW abnimmt. Dieser Fakt wird durch den zum „oberen Grenzwert" hin flacher werdenden Kurvenverlauf deutlich.

Das Ergebnis von Kategorie III in Höhe von AW = 0,095 h/m² sowie die Zeitanteile „Druck", „Flug" und „Stör" unterscheiden sich deutlich von den

---

[58]Die Funktion und abgeleitete Formel dient als Annäherung. Sie ist bezüglich Ihrer Einheiten nicht dimensionsrein.

zuvor berechneten Ergebnissen (vergleiche Abschnitt 7.4.5.2: AW $= 0{,}123$ h/m^2; Zeitanteil vergleiche Abschnitt 7.4.4.1). Der Unterschied wird durch die Bauwerksöffnungen, die hier noch nicht berücksichtigt sind, hervorgerufen. Im nächsten Abschnitt wird die zeitliche Auswirkung von Öffnungen untersucht.

7.4.6.2 Zeitliche Auswirkung von Öffnungen

Bauwerksöffnungen wie Fenster, Türen oder andere Aussparungen haben je nach Art und Häufigkeit in einem Grundriss Einfluss auf die Gesamtdruckzeit. Gemäß Abschnitt 7.4.2 wird empfohlen, die Druckpfadoptimierung zunächst auf Basis des öffnungsbereinigten Grundrisses durchzuführen. Anschließend sind alle Bauwerksöffnungen im optimierten Druckpfad zu berücksichtigen. Die Integration einer Bauwerksöffnung verursacht aufgrund zusätzlicher Einzelbewegungen des Druckkopfes einen zeitlichen Mehraufwand. Zur Berechnung dieses Mehraufwands sind die zusätzlichen Bewegungen des Druckkopfes zeitlich zu bewerten und einer durchgängigen Fahrt mit konstanter Druckgeschwindigkeit v_D gegenüberzustellen.

Zur Unterstützung der nachfolgenden Berechnungsformeln werden, wiederholend zum Abschnitt 5.2.4, in Abbildung 7.15 die Bewegungsphasen des Druckkopfes und zugehörige Eingangsdaten am Beispiel einer Fensteröffnung gezeigt.

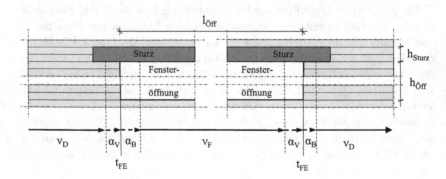

Abbildung 7.15 Bewegungsphasen des Druckkopfes bei einer Öffnung

Die Zeit für die Herstellung der Öffnung $t_{\text{Öff}}$ in einer Schicht setzt sich aus zwei Teilen zusammen. Es gibt einen quasi fixen Zeitansatz t_{Fix}, der unabhängig von der Länge der Öffnung ($l_{\text{Öff}}$) in die Berechnung eingeht und einen variablen Zeitanteil t_{Var}, der abhängig von der jeweiligen Öffnungslänge ($l_{\text{Öff}}$) ist. Der fixe Zeitansatz t_{Fix} kann nach Formel 4 berechnet werden.

$$t_{\text{Fix}} = 2 \cdot t_{FE} + t_{VD} + t_{BF} + t_{VF} + t_{BD}$$

Formel 4 Fixer Zeitanteil bei Öffnungen[59]

Werden die realistischen Eingangsdaten (vergleiche Abschnitt 7.3) zugrunde gelegt, so ergibt sich:

$$t_{\text{Fix}} = 2 \cdot t_{FE} + \frac{v_D}{\alpha_V} + \frac{v_F}{\alpha_B} + \frac{v_F}{\alpha_V} + \frac{v_D}{\alpha_B}$$
$$t_{\text{Fix}} = 2 \cdot 12\,\text{s} + 0{,}5\,\text{s} + 1{,}0\,\text{s} + 1{,}0\,\text{s} + 0{,}5\,\text{s} = 27\,\text{s}.$$

Der variable Zeitanteil t_{var} wird durch die gleichmäßige Fluggeschwindigkeit v_F und die Öffnungslänge $l_{\text{Öff}}$ abzüglich der Beschleunigungs- und Verzögerungswege (s_B und s_V) bestimmt. Es ergibt sich Formel 5:

$$t_{\text{Var}} = t_{GF} = \frac{l_{\text{Öff}} - s_B - s_V}{v_F} = \frac{l_{\text{Öff}} - \frac{v_F^2}{2\alpha_B} - \frac{v_F^2}{2\alpha_V}}{v_F} = \frac{l_{\text{Öff}} - 100\,mm - 100\,mm}{200\,mm/s}$$

Formel 5 Variabler Zeitanteil bei Öffnungen[60]

In Tabelle 7.19 werden berechnete Zeitansätze für die Integration von bautypischen Öffnungs- ($l_{\text{Öff}}$) und zugehörigen Sturzlängen (l_{Sturz}) bei Fenstern und Türen dargestellt. Die Zeitansätze basieren auf den realistischen Eingangsdaten aus Abschnitt 7.3.

Auffällig ist hierbei, dass mit steigender Öffnungslänge $l_{\text{Öff}}$ die zusätzliche Zeit $t_{\text{Öff}}$ abnimmt. Da die Fluggeschwindigkeit v_F doppelt so groß ist wie

---

[59] t_{FE}: Zeit für ein freies Ende
t_{VD}: Verzögerungszeit von max. Druckgeschwindigkeit bis Stillstand
t_{BF}: Beschleunigungszeit von Stillstand bis max. Fluggeschwindigkeit
t_{VF}: Verzögerungszeit von max. Fluggeschwindigkeit bis zum Stillstand
t_{BD}: Beschleunigungszeit von Stillstand bis max. Druckgeschwindigkeit
[60] t_{GF}: Zeit für die gleichförmige Flugbewegung

Tabelle 7.19 Zeitansätze für ausgewählte Öffnungs- und Sturzlängen

Öffnung $l_{Öff}$[m]	t_{Fix} [s]	t_{Var} [s]	$-t_D$ [s]	$t_{Öff}$[s]	Sturz l_{Sturz}[m]	t_{Fix} [s]	t_{Var} [s]	$-t_D$ [s]	t_{Sturz}[s]
0,635	27,0	2,15	−6,8	22,35	1,00	27	4,0	−10,5	20,50
0,885	27,0	3,93	−9,35	21,08	1,25	27,0	5,75	−13,0	19,25
1,01	27,0	4,55	−10,6	20,45	1,25	27,0	5,75	−13,0	19,25
1,51	27,0	7,05	−15,6	17,95	2,00	27,0	9,5	−20,5	15,50
2,01	27,0	9,55	−20,6	15,45	2,50	27,0	12,0	−25,5	13,0
2,20	27,0	10,0	−22,5	14,50	2,50	27,0	12,0	−25,5	13,0

die Druckgeschwindigkeit v_D, verringert sich die Zeitdifferenz bei zunehmender Öffnungslänge.

Die berechneten Zeitansätze gelten nur für eine Schicht. Um die zusätzliche Gesamtzeit für eine Öffnung zu berechnen, müssen Zeitansätze anschließend mit der Anzahl der Schichten innerhalb der Öffnungen $S_{Öff}$ und des Sturzes S_{Sturz} multipliziert werden. Die zusätzliche Gesamtzeit für eine Öffnung kann mit Formel 6 berechnet werden.

$$t_Ö = t_{Öff} \cdot S_{Öff} + t_{Sturz} \cdot S_{Sturz} = t_{Öff} \cdot \frac{h_{Öff}}{h_S} + t_{Sturz} \cdot \frac{h_{Sturz}}{h_S}$$

Formel 6 Berechnung des zusätzlichen Zeitaufwands für eine Öffnung[61]

Beispielhaft wird Formel 6 nachfolgend an einer Türöffnung mit der Rohbauhöhe $h_{Öff} = 2{,}135$ m und der Rohbaubreite $l_{Öff} = 0{,}885$ m angewendet.

$$t_Ö = t_{Öff} \cdot \frac{h_{Öff}}{h_S} + t_{Sturz} \cdot \frac{h_{Sturz}}{h_S}$$

$$= 21{,}08\,\text{s} \cdot \frac{2135\,\text{mm}}{50\,\text{mm}} + 19{,}25\,\text{s} \cdot \frac{115\,\text{mm}}{50\,\text{mm}} = 21{,}08\,\text{s} \cdot 43 + 19{,}25\,\text{s} \cdot 3;$$

$$t_Ö = 964{,}2\,\text{s} = \underline{16\,\text{min}\,4\,\text{s}}$$

Es ergibt sich für die Herstellung einer Türöffnung mit den Abmessungen (L · H =) 0,885 m · 2,135 m eine zusätzliche Gesamtzeit von 16 min 4 s.[62]

---

[61] $S_{Öff}$ und S_{Sturz} sind gemäß Abschnitt 7.2.2 immer ganzzahlig aufzurunden. Dies wird durch die Anpassung der Schichthöhen im Bereich der Brüstung, der Auflager und des OK Sturz bedingt, vergleiche Abschnitt 5.2.4

[62] Basierend auf den realistischen Eingangsdaten aus Abschnitt 7.3.

7.4.7 Exkurs: Vereinfachte Berechnung der Gesamtdruckzeit

In diesem Abschnitt wird eine Vorgehensweise zur schnellen Abschätzung der Gesamtdruckzeit von Wänden eines Gebäudes erarbeitet. Als Eingangsdaten werden die realistischen Ansätze verwendet. Die Idee besteht darin, eine Datenbasis zu entwickeln, aus dem Ansätze zur Abschätzung der Gesamtdruckzeit entnommen werden können. Darauf aufbauend können projektspezifische Zeit-Aufwandswerte berechnet und schließlich für weitergehende Untersuchungen, z. B. für Wirtschaftlichkeitsbetrachtungen des vollwandigen Beton-3D-Drucks, genutzt werden.

Die Berechnung erfolgt in drei Schritten. Zunächst ist anhand des öffnungsbereinigten Projektgrundrisses der Verzweigungsgrad der Wände V_Z zu berechnen. Daraus kann ein vorläufiger Zeit-Aufwandswert abgeleitet werden (Schritt 1). Anschließend erfolgt die Berücksichtigung der Bauwerksöffnungen (Schritt 2). Im Schritt 3 wird die projektspezifische Netto-Gesamtzeit berechnet. Um neue Grundrisse zu bewerten, sollte – ausführlicher erklärt – wie folgt vorgegangen werden.

Schritt 1:
Zunächst ist der Verzweigungsgrad V_Z des öffnungsbereinigten Grundrisses zu berechnen. Anhand der fünf Ergebnispunkte aus Abschnitt 7.4.6.1 wurde eine Funktion abgeleitet, die es ermöglicht, Annäherungen des AW für Neuprojekte zu berechnen (Formel 7).

$$AW = 0,049 \cdot \ln V_Z + 0,1172$$

Formel 7 Funktion zur überschlägigen Berechnung des AW

Um die Gesamtdruckzeit ohne Bauwerksöffnungen (t_{OB}) zu berechnen, ist der ermittelte Zeit-Aufwandswert AW abschließend mit der Wandfläche A_{WF} zu multiplizieren. A_{WF} ergibt sich aus der Wandlänge l_W multipliziert mit der Wandhöhe h_W (Formel 8).

$$t_{OB} = AW \cdot A_{WF} = AW \cdot l_W \cdot h_W$$

Formel 8 Berechnung der Gesamtdruckzeit ohne Bauwerksöffnungen t_{OB}

Schritt 2:
In einem zweiten Berechnungsschritt sind alle Bauwerksöffnungen des vorhandenen Grundrisses zeitlich zu bewerten. Dazu ist die Vorgehensweise aus Abschnitt 7.4.6.2 anzuwenden. Im Ergbenis wird der zusätzliche Zeitaufwand für alle Öffnungen $t_{\ddot{O}}$ ermittelt.

Schritt 3:
Die Netto-Gesamtzeit ergibt sich aus der Summe der beiden Zeitansätze t_{OB} und $t_{\ddot{O}}$.

Um zu prüfen, welche Genauigkeit die zuvor beschriebene Berechnung erreicht, wird das Beispielbauwerk aus Kapitel 6 (vergleiche Abbildung 7.16) untersucht. Zum Vergleich wurde eine genaue Simulationsberechnung gemäß Vorgehensweise aus Kapitel 7 durchgeführt (vergleiche Anlage 9). Diese ergab auf Grundlage der realistischen Eingangsdaten gemäß Abschnitt 7.3 eine Gesamtdruckzeit von 8 h 54 min.

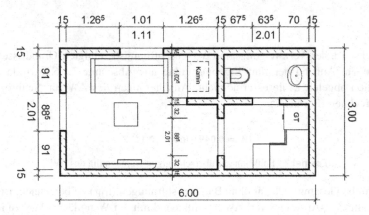

Abbildung 7.16 Grundriss des Beispielbauwerkes

Nachfolgend werden die Schritte 1 bis 3 für das Beispielbauwerk durchgeführt.
Schritt 1: Berechnung des Verzweigungsgrades V_Z:

$$V_Z = \frac{l_W}{BGF} = \frac{23,21\,\text{m}}{18\,\text{m}^2} = 1,29\,\text{m}^{-1} \quad \text{(Wert liegt zwischen Kategorie IV und V)}$$

Berechnung des projektbezogenen AW [h/m^2]:

$$AW = 0,049 \cdot \ln V_Z + 0,1172 = 0,129$$

Berechnung der Gesamtdruckzeit ohne Bauwerksöffnungen:

$$t_{OB} = AW \cdot A_{WF} = AW \cdot l_W \cdot h_W = 0,129\,\text{h/m}^2 \cdot 23,21\,\text{m} \cdot 2,70\,\text{m}$$
$$= 8,084\,\text{h} \sim 8\,\text{h}\,5\,\text{min}\,2\,\text{s}$$

Schritt 2: Vergleiche dazu Tabelle 7.20.

Tabelle 7.20 Berechnung der zusätzlichen Zeit für alle Bauwerksöffnungen

Öffnung	$l_{\text{Öff}}$ [m]	$h_{\text{Öff}}$ [m]	$t_{\text{Öff}}$ [s]	$S_{\text{Öff}}$ [Stk]	t_{Sturz} [s]	S_{Sturz} [Stk]	$t_{\text{Ö}}$ [s]	Anzahl [Stk]	Σ
Eingangstür	0,885	2,01	21,08	41	19,25	3	922,0	1	15 min 22 s
Innentür groß	0,885	2,01	21,08	41	19,25	3	922,0	1	15 min 22 s
Innentür klein	0,63	2,01	22,35	41	19,25	3	974,1	1	16 min 14 s
Fenster	1,01	1,11	20,50	23	19,25	3	529,3	2	17 min 38 s
									64 min 36 s
									1 h 4 min 36 s

Schritt 3:

$$t = t_{OB} + t_{\ddot{O}} = 8\,\text{h}\,5\,\text{min}\,2\,\text{s} + 1\,\text{h}\,4\,\text{min}\,36\,\text{s} \sim \underline{9\,\text{h}\,10\,\text{min}}$$

Gegenüber der genauen Simulationsberechnung (t = 8 h 54 min) ergibt sich eine Abweichung von +3,0 %.[63] Aufgrund der verhältnismäßig geringen Abweichung kann geschlussfolgert werden, dass die Methodik für überschlägige Berechnungen der Gesamtdruckzeit angewendet werden kann.

---

[63]Berechnung: (550 min ÷ 534 min − 1) · 100 % = +3,0 %.

In diesem Abschnitt wurde eine Methodik zur vereinfachten Berechnung der Gesamtdruckzeit des vollwandigen Beton-3D-Drucks vorgestellt. Wie bereits im Abschnitt 7.4.3 erwähnt wurde, ist die Gesamtdruckzeit eine Nettozeit ohne zusätzliche Zeiten, z. B. für die Einrichtung, Reinigung und Räumung der Druckmaschine. Um die projektspezifische Brutto-Gesamtdruckzeit zu definieren, sind gemäß der Vorgehensweise in Abschnitt 7.4.5.2 weitere Überlegungen und Annahmen notwendig. Die Methodik wurde speziell für die Anwendung der realistischen Prozessparameter entwickelt. Sie ist demnach nur begrenzt anwendbar. Für z. B. abweichende Druckgeschwindigkeiten $v_D \neq 100$ mm/s oder Schichthöhen $h_S \neq 50$ mm, sind die hier gegebenen Ansätze nicht verwendbar.

7.5 Ergebnisse der Simulationsstudie

Im Rahmen der vorliegenden Simulationsstudie wurde ein noch nicht existierendes Bauverfahren zur Herstellung 3D-gedruckter Betonwände mit voll ausgefülltem Wandquerschnitt anhand eines experimentierbaren Modells untersucht. Die hier durchgeführte zeitliche Studie ist als eine dynamisch-deterministisch-kontinuierliche Simulation zu charakterisieren (vergleiche Abschnitt 7.1.2). Ziel der Studie war es, zu Erkenntnissen im Hinblick auf die Prozessoptimierung des Verfahrens zu gelangen, die auf die Wirklichkeit übertragbar sind.

Im Rahmen der zeitlichen Simulationsstudie wurden alle Eingangsdaten, die eine wesentliche Veränderung der Gesamtdruckzeit bewirken, variiert und im Gesamtsystem auf deren Sensitivität geprüft. Die Untersuchung trägt dazu bei, die Systematik, Zusammenhänge und Wechselbeziehungen der wesentlichen Prozessparameter in dem komplexen Gesamtsystem zu erkennen und zu verstehen. Ergeben sich zukünftig Veränderungen der drucktechnologisch bedingten Eingangsdaten, z. B. aufgrund maschinenspezifischer oder betontechnologischer Restriktionen, so können die Auswirkungen auf die Gesamtdruckzeit mit Hilfe der Erkenntnisse dieser Arbeit belastbar abgeschätzt werden.

Um die baubetrieblichen Prozessoptimierungspotenziale zu erkennen und schließlich zu quantifizieren, wurden fünf ausgewählte Simulationsaufgaben untersucht (vergleiche Abschnitt 7.4). Als Untersuchungsgrundlage für die Aufgaben 1) bis 4) diente ein repräsentatives Beispielprojekt in der Gebäudegröße eines Einfamilienhauses (vergleiche Abschnitt 7.2.1). In Aufgabe 5) wurde darüber hinaus die Auswirkung verschiedener Grundrisse mit unterschiedlichem Verzweigungsgrad geprüft. Nachfolgend werden die wesentlichen Erkenntnisse der Simulationsstudie zusammengefasst und verallgemeinernde Schlussfolgerungen gezogen.

Ergebnis Simulationsaufgabe 1) Gleichbleibender oder bereichsweise angepasster Druckpfad (vergleiche Abschnitt 7.4.2)

Anhand des Beispielprojektes wurde ermittelt, dass ein druckbereichsspezifisch angepasster Druckpfad die Gesamtdruckzeit im Vergleich zur Nutzung eines gleichbleibenden Druckpfades um 1,5 % verringert. Die Reduzierung der Gesamtdruckzeit ist damit als gering zu beurteilen. Eine Veränderung des Druckpfades bei neuen Druckbereichen führt demnach kaum zu einer signifikanten Einsparung der Gesamtdruckzeit. Aus Sicht der Sytemstabilität und Praktikabilität wird daher angeraten, den Druckpfad über alle Druckbereiche hinweg unverändert zu lassen.

Die zeitliche Auswirkung, die durch bereichsweise Anpassung der Druckpfade erzielt wird, ist maßgeblich von den Abmessungen und der Anzahl der Bauwerksöffnungen abhängig. Das Beispielprojekt verfügt über Öffnungsmaße, die im Wohnungsbau als Standardmaße gelten. Die gewählte Anzahl der Türen und Fenster ist darüber hinaus praxisorientiert. Bei Bauwerken mit einem unverhältnismäßig hohen Anteil von Öffnungsflächen, z. B. bei Hallenbauten mit wenigen Innenwänden, großen Einfahrtstoren und Fensterflächen, sind weitergehende Simulationen zur Überprüfung dieser Schlussfolgerung durchzuführen. Für den Anwendungsfall Wohnungsbau ist das Ergebnis weitestgehend verallgemeinerbar. Auch bei Änderung von Anzahl und Geometrie der Öffnungen im Rahmen üblicher Anwendungsfälle bleibt die Kernaussage zu dieser Untersuchung unverändert.

Ergebnis Simulationsaufgabe 2) Teilung des Grundrisses in zwei Druckabschnitte (vergleiche Abschnitt 7.4.3)

Die Teilung des Beispielgrundrisses in zwei Druckabschnitte ergab insgesamt einen zeitlichen Mehraufwand von 2,55 %. Die Untersuchung beweist, dass eine Grundrissteilung an den empfohlenen Stellen gemäß Abschnitt 5.5.3 zu einer verhältnismäßig geringen Erhöhung der Gesamtdruckzeit führt. Hinzu kommen in der Praxis allerdings zusätzliche Zeiten für die Einrichtung, Reinigung und Räumung der Maschine, die je Druckabschnitt berücksichtigt werden müssen.[64] Eine Teilung sollte zudem aus baukonstruktiv-statischer Sicht möglichst vermieden werden. Sollte eine Teilung aufgrund betontechnologischer oder bauverfahrenstechnischer Belange erforderlich werden (vergleiche Abschnitt 5.5.3.3), ist zu konstatieren, dass der zeitliche Mehraufwand einer Teilung in zwei Druckabschnitte verhältnismäßig gering ist. Dies gilt weitestgehend auch für andere praxisnahe Grundrissteilungen. Die Ergebnisse werden nur geringfügig abweichen. Bei Teilung größerer Gebäude, insbesondere in Kombination mit einem

---

[64]Gemäß Abschätzung aus Abschnitt 7.4.3 ergibt sich eine Erhöhung der Gesamtdruckzeit um ca. 6,6 %.

geringen Verzweigungsgrad der Wände, z. B. bei Hallenbauten, kann eine unver-
hältnismäßige Erhöhung der Flugwege auftreten. Bei derartigen Teilungen steigt
der zeitliche Aufwand. Um den Mehraufwand möglichst gering zu halten, ist
unabhängig von der Bauwerksgröße und dem Verzweigungsgrad eine durchdachte
Druckabschnittsplanung notwendig. Dazu sind gemäß Abschnitt 5.5.3.3 geeignete
Bauwerksteile als Druckabschnittswechsel auszuwählen.

*Ergebnis Simulationsaufgabe 3) Sensitivitätsanalyse der maßgebenden Prozesspa-
rameter (vergleiche Abschnitt 7.4.4)*
Im Rahmen einer umfassenden Sensitivitätsanalyse (vergleiche Abschnitt 7.4.4)
wurden die maßgebenden Prozessparameter im Hinblick auf die Veränderung
der Gesamtdruckzeit geprüft. Dabei konnten folgende Werte oder Wertebereiche
definiert werden, die unter Beachtung eines vertretbaren maschinentechnischen
Aufwandes eingehalten werden sollten, um die Gesamtdruckzeit zu optimieren:

- aus a) Druckgeschwindigkeit $v_D = 50$ mm/s bis $v_D = 200$ mm/s,
- aus b) Fluggeschwindigkeit $v_F = 200$ mm/s,
- aus c) Zeitansätze für Störstellen t_{ST} sind bestmöglich zu reduzieren,
- aus d) Schichthöhe $h_S \geq 40$ mm.

Die Ergebnisse der Sensitivitätsanalyse der maßgebenden Prozessparameter
haben maßgeblich dazu beigetragen, das zeitliche Gesamtsystem des vollwandigen Beton-3D-Drucks zu verstehen. Durchaus werden die Ergebnisse, die auf
Basis anderer Grundrisse berechnet werden, abweichend sein. Die Grundprinzipien und daraus abgeleiteten Anforderungen sowie empfohlenen Werte oder
Wertebereiche für die Maschinentechnik und die Betontechnologie sind allerdings
für den Anwendungsfall Wohnungsbau, unabhängig vom vorhandenen Grundriss,
verallgemeinerbar.

*Ergebnis Simulationsaufgabe 4) Relation der Druckgeschwindigkeit und Schicht-
höhe (vergleiche Abschnitt 7.4.5)*
Die zuvor beschriebene Sensitivitätsanalyse hat gezeigt, dass die Gesamtdruckzeit
besonders durch die Druckgeschwindigkeit v_D und die Schichhöhe h_S beeinflusst werden kann. Anhand des Beispielprojektes wurde die Relation beider
Prozessparameter in dieser Simulationsaufgabe genauer analysiert. Die Ergebnisse ermöglichen die Schlussfolgerung, dass die Steigerung der Schichthöhe die
Gesamtdruckzeit deutlich stärker reduzieren kann als die Steigerung der Druckgeschwindigkeit. Insgesamt kann also schneller gedruckt werden, indem vor allem
hohe Schichten erzeugt werden. Die Zeiteinsparung infolge hoher Druckschichten
ist insbesondere mit sinkender Störzeit zu begründen. Die Schlussfolgerung trifft

auch bei allen anderen Grundrissen zu. Tatsächlich werden die Auswirkungen bei zunehmendem Verzweigungsgrad der Wände stärker. Da der Anteil der Störzeit bei höherem Verzweigungsgrad steigt, sind größere Einsparpotenziale vorhanden. So wird es bei hoch verzweigten Grundrissen noch wichtiger sein, möglichst hohe Druckschichten zu erzeugen.

Darüber hinaus wurden modellbasierte Zeit-Aufwandswerte (AW) des voll-wandigen Beton-3D-Drucks berechnet. Für das Beispielprojekt wurde ein modell-basierter AW in Höhe von 0,123 h/m^2 und schließlich ein Brutto-AW[65] in Höhe von 0,145 h/m^2 ermittelt. Der Wert liegt damit deutlich unter den AW traditionel-ler Mauerwerksarbeiten, z. B. Kalksandstein (vergleiche Abschnitt 7.4.5.2: KS, tragend, Planstein, d = 24,0 cm) mit AW ~ 0,35 h/m^2.

Ergebnis Simulationsaufgabe 5) Auswirkung verschiedener Grundrisse (vergleiche Abschnitt 7.4.6)

In diesem Abschnitt wurde die Auswirkung verschiedener Grundrisse auf die Berechnungsergebnisse untersucht. Grundrisse unterscheiden sich, insbesondere im Wohnungsbau, im Wesentlichen durch die vorhandene Verzweigung der Wände sowie die Art und Anzahl der Bauwerksöffnungen. Als Vergleichs-kennwert für die Verzweigung der Wände verschiedener Grundrisse wurde im Rahmen dieser Arbeit der Verzweigungsgrad V_Z eingeführt. Anhand von fünf verschiedenen Grundrissen mit steigendem Verzweigungsgrad („störungsfrei", „gering verzweigt", „normal verzweigt", „stark verzweigt", „maximal verzweigt") wurden anschließend die spezifischen Zeit-Aufwandswerte des vollwandigen Beton-3D-Drucks ermittelt. Die Ergebnisse verdeutlichen, dass eine zunehmende Verzweigung der Wände zur Erhöhung der Störzeiten und folglich Erhöhung der Gesamtdruckzeit führt. Die AW divergieren im Bereich von 0,059 h/m^2 („stö-rungsfrei") bis 0,132 h/m^2 („maximal verzweigt"). Die als „störungsfrei" und „maximal verzweigt" bezeichneten Grundrisse können für den Anwendungsfall Wohnungsbau weitestgehend als untere und obere Grenzwerte betrachtet wer-den. Zusätzlich sind die Bauwerksöffnungen zu berücksichtigen, die je nach Vorhandensein zu einer kalkulierbaren Erhöhung des AW führen (vergleiche Abschnitt 7.4.6.2).

Darüber hinaus wurde im Rahmen eines Exkurses (vergleiche Abschnitt 7.4.7) eine Vorgehensweise zur vereinfachten Berechnung von Gesamtdruckzeiten unter Beachtung der realistischen Prozessparameter entwickelt. Diese Berechnungsme-thodik kann zukünftig zur schnellen Abschätzung von Gesamtdruckzeiten für neue Grundrisse verwendet werden.

---

[65] Brutto-AW beinhalten Bauwerksöffnungen und zusätzliche Zeiten der Druckmaschine für z. B. arbeitstägliches Einrichten und Reinigen, vergleiche Abschnitt 7.4.5.2.

Schlussbetrachtung 8

8.1 Zusammenfassung

3D-Druckverfahren haben sich in baufremden Industriezweigen, wie der Medizin- oder Luftfahrttechnik, bereits erfolgreich am Markt etablieren können. Sie unterliegen einem hohen Entwicklungstempo und weisen Merkmale auf, die sie stark von anderen Herstellungsverfahren unterscheidet (vergleiche Kapitel 2). Die Anwendung von 3D-Druckverfahren mit Beton könnte die aktuelle Baupraxis grundlegend verändern. Insbesondere die extrusionsbasierten Beton-3D-Druckverfahren haben das Potenzial, die Herstellung von Betonbauteilen effizienter, schneller, kostengünstiger und planbarer gegenüber konventionellen Bauverfahren zu realisieren. In der Wissenschaft wird aktuell mit Hochdruck daran geforscht, additive Fertigungsverfahren für die Bauwirtschaft einsatzbereit und zugänglich zu machen. Es existieren verschiedene Ansätze, um die höchst anspruchsvollen Randbedingungen auf einer Baustelle maschinell und bauverfahrenstechnisch zu beherrschen. Seitens der TU Dresden wird die Strategie des vollwandigen Beton-3D-Drucks verfolgt. Das Verfahren CONPrint3D® wird seit 2014 entwickelt und grenzt sich deutlich von anderen Forschungsaktivitäten ab (vergleiche Kapitel 3).

Die zunehmende Digitalisierung der Bauprozesse kann die Einführung des automatisierten Bauens erleichtern. Die Vielzahl der dafür notwendigen Daten kann in einem BIM-Modell vereinigt und koordiniert werden. Über das Standardaustauschformat IFC können diese Daten in andere Softwareprogramme überführt und weiterverarbeitet werden. Die bestehende Datenprozesskette des kleinformatigen 3D-Drucks, z. B. des weit verbreiteten FDM^{TM}-Verfahrens, ist nicht für die

Anwendung des vollwandigen Beton-3D-Drucks geeignet (vergleiche Kapitel 4). Insbesondere der Schlüsselprozess der Datentransformation, das sogenannte Slicing, ist nicht an die Randbedingungen des Verfahrens angepasst. Die Anwendung bereits verfügbarer Slicing-Softwareprogramme führt zu nicht nutzbaren Ergebnissen. Die generierten Maschinensteuerungsdaten in Form eines G-Codes sind stark fehlerbehaftet und für die Anwendung des vollwandigen Beton-3D-Drucks ungeeignet. Um den digitalen Datenfluss der BIM-Daten bis hin zum G-Code prozesssicher zu gewährleisten, ist eine speziell angepasste Slicing-Software für den vollwandigen Beton-3D-Druck zu entwickeln (vergleiche Kapitel 4).

Als Voraussetzung für eine angepasste Slicing-Software sind genaue Kenntnisse der Einflussfaktoren und Randbedingungen des Verfahrens notwendig. Daraus können anschließend Anforderungen an die baubetrieblich optimierte Herstellung von Betonbauteilen oder ganzen Gebäuden abgeleitet werden. Für die endgültige Optimierung der sogenannten 3D-Druckstrategie sind die sechs Haupteinflussfaktoren: Baukonstruktion, Maschinentechnik, Betontechnologie, Bauverfahrenstechnik, Umweltbedingungen und Druckzeitminimierung zu berücksichtigen (vergleiche Kapitel 5).

Um ein Gebäude im Beton-3D-Druckverfahren wirtschaftlich zu realisieren, ist eine optimierte 3D-Druckstrategie zu entwickeln, die eine minimierte Ausführungszeit gewährleistet. Dies ist besonders relevant, da die Baukosten von Beton-3D-Druckverfahren, bedingt durch hohe Vorhaltekosten der Druckmaschine, stark von der realisierbaren Ausführungszeit abhängig sind. Um Algorithmen zu entwickeln, die zuverlässig den optimierten Druckpfad generieren, können Methoden des Operations Research (OR) genutzt werden. Das vorliegende Optimierungsproblem unterscheidet sich allerdings von bekannten OR-Problemen, wie dem TSP oder dem CPP. Deshalb war es notwendig, vorhandene OR-Methoden anzupassen. Im Rahmen der Forschungsarbeiten konnte eine IT-Software zur Optimierung des Druckpfades entwickelt werden (vergleiche Kapitel 6). Diese ermöglicht es, den optimierten Druckpfad für einen beliebigen Grundrissplan zu generieren.

Darüber hinaus ist die Gesamtdruckzeit von vier wesentlichen Prozessparametern abhängig:

a) der maximalen Druckgeschwindigkeit v_D,
b) der maximalen Fluggeschwindigkeit v_F,
c) der Ausführungszeiten für Störstellen t_{ST} und
d) der Höhe der gedruckten Betonschichten h_S.

Der Einfluss der Prozessparameter a) bis d) auf die Gesamtdruckzeit ist unterschiedlich ausgeprägt. Außerdem liegen komplexe Wechselbeziehungen der einzelnen Prozessparameter vor. In Kapitel 7 wurde eine umfassende Simulationsstudie durchgeführt, um baubetriebliche Problemstellungen zu analysieren und Rückschlüsse auf die zeitliche Sensitivität des Verfahrens zu ziehen. Die Studie liefert wesentliche Erkenntnisse zur baubetrieblichen Optimierung des vollwandigen Beton-3D-Drucks.

8.2   Ergebnisse der Arbeit

Im Rahmen der vorliegenden wissenschaftlichen Untersuchung wurden wesentliche Erkenntnisse zur baubetrieblichen Optimierung des vollwandigen Beton-3D-Drucks erarbeitet. Dabei wurden drei Schwerpunkte unterschieden:

1) Verfahrensspezifische Randbedingungen und geeignete Lösungsstrategien,
2) Druckpfadoptimierung nach Methoden des Operations Research (OR),
3) Analyse druckzeitbeeinflussender Prozessparameter.

Im Schwerpunkt 1) wurden entscheidende Randbedingungen der Baukonstruktion, Maschinentechnik, Betontechnologie, Bauverfahrenstechnik, Umweltbedingungen und Druckzeitminimierung identifiziert (vergleiche Kapitel 5) und genauer analysiert. Anschließend konnten spezifische Anforderungen, Restriktionen und Lösungen abgeleitet werden, die für die baubetriebliche Optimierung des vollwandigen Beton-3D-Drucks bedeutsam sind. Nachfolgend werden ausgewählte Ergebnisse dieser Analyse genannt.

Seitens der Baukonstruktion werden in Deutschland hohe Anforderungen an die Ausführungsgenauigkeit gestellt (vergleiche Abschnitt 5.2.2). Zwischen den einzelnen Schichten ist eine Maßabweichung von ±5 mm normgerecht. Um kraftschlüssige Wandverbindungen zu erzeugen, ist eine alternierende Verzahnung der Betonschichten zu realisieren (vergleiche Abschnitt 5.2.3). Zur Überbrückung von Wandöffnungen sind im ersten Entwicklungsschritt Fertigteilstürze zu verwenden, die temporär abzustützen sind. Zur genauen Höhenanpassung der gedruckten Betonschichten ist es aktuell zielführend, die Höhe der letzten oder der letzten zwei Schichten zu reduzieren und zu vermitteln, um die erforderliche Bauteilhöhe zu erreichen (vergleiche Abschnitt 5.2.4).

Die Maschinentechnik fokussierte im Besonderen die Funktionalität des Druckkopfes. Um scharfkantige 90°-Wandverbindungen herzustellen, muss der Druckkopf Einzelbewegungen ausführen, die gerade Wandabschlüsse ermöglichen. Die konstruktiv bedingte Verzahnung bewirkt außerdem, dass die Druckstrategie schichtweise zu wechseln ist. Im Rahmen der Arbeit wurden alle notwendigen Ausführungsvarianten für Ecken, T-Verbindungen und Kreuzungen erarbeitet, die maschinell vom Druckkopf beherrscht werden müssen (vergleiche Abschnitt 5.3.2 bis Abschnitt 5.3.4).

Die Betontechnologie wirkt sich aufgrund der minimalen (t_{Min}) und maximalen Zeitgrenzen (t_{Max}) der Betonerhärtung auf die baubetriebliche Optimierung aus. Die 3D-Druckstrategie ist so zu konzipieren, dass die Zeit zur Erstellung einer Schicht innerhalb der beschriebenen Zeitgrenzen liegt (vergleiche Abschnitt 5.4).

Die Bauverfahrenstechnik wurde im Hinblick auf relevante Baustelleneinrichtung und -prozesse genauer analysiert. Der Druckstartpunkt (vergleiche Abschnitt 5.5.2) sowie Druckabschnittswechsel sind möglichst an einem freien Wandende oder einer Türöffnung zu wählen. Darüber hinaus wurden Lösungen für vertikale und horizontale Druckabschnitte erarbeitet. Im Abschnitt 5.5.3 wird auf die Verfahrensschritte der besonders relevanten Druckabschnittsplanung eingegangen.

Die Umweltbedingungen und deren Einfluss auf die Optimierung der 3D-Druckstrategie konnten im Rahmen der Arbeit nur andiskutiert werden (vergleiche Abschnitt 5.6). Im Gegensatz dazu wird die Minimierung der Druckzeit in der Arbeit vertiefend betrachtet (vergleiche Abschnitt 5.7 sowie Kapitel 6 und Kapitel 7).

Im Schwerpunkt 2) wurde zur wirtschaftlichen Druckpfadoptimierung eine auf OR-Methoden basierende IT-Software entwickelt. Die IT-Software ermöglicht es für beliebige Grundrisse, den wegoptimierten Druckpfad zu generieren. Ein Grundrissplan ist dazu in einen Graphen, bestehend aus Knoten und Kanten, zu überführen. Über das MIN-MAX-Verfahren ermittelt die IT-Software eine Eröffnungslösung (vergleiche Abschnitt 6.3.2). Anschließend sucht der integrierte 4k-Opt-Algorithmus nach verbesserten Lösungen (vergleiche Abschnitt 6.3.3). Schlussendlich generiert die Software den optimierten Druckpfad durch Lösung des Routing-Problems (vergleiche Abschnitt 6.3.4). Die Software ist nicht nur für den vollwandigen Beton-3D-Druck einsetzbar. Um Gebäude im Beton-3D-Druck zu erstellen, wird verfahrensunabhängig ein optimierter Druckpfad benötigt, der die Druckreihenfolge der Betonwände angibt. So ist die IT-Software zur wirtschaftlichen Optimierung für alle Beton-3D-Druckverfahren geeignet und einsetzbar.

Im Schwerpunkt 3) wurde eine umfassende zeitliche Simulationsstudie durchgeführt. Es handelt sich um eine dynamisch-deterministisch-kontinuierliche Simulation. Als Simulationsmodell wurde ein repräsentativer Grundriss eines typischen Gebäudes in der Größe eines Einfamilienhauses gewählt. Als Werkzeuge wurden die zuvor beschriebene IT-Optimierungssoftware sowie ein in Microsoft-Excel entwickeltes analytisch-mathematisches Modell eingesetzt. Die zeitliche Studie umfasst fünf Simulationsaufgaben, deren Haupterkenntnisse nachfolgend kurz zusammengefasst werden.

In Simulationsaufgabe 1 (vergleiche Abschnitt 7.4.2) wurde untersucht, ob es sinnvoll ist, über die gesamte Wandhöhe hinweg einen gleichbleibenden Druckpfad zu verfolgen oder in den einzelnen Druckbereichen (hier DB I bis DB IV) einen bereichsweise angepassten Druckpfad zu wählen. Eine bereichsweise Anpassung ergab dabei eine Reduzierung der Gesamtdruckzeit um ca. 1,5 %. Bedingt durch die beschriebenen Nachteile und Unsicherheiten bei der Änderung des Druckpfades innerhalb des kontinuierlichen Druckprozesses ist es trotzdem zu empfehlen, über alle DB hinweg den gleichen Druckpfad zu verfolgen.

In Simulationsaufgabe 2 (vergleiche Abschnitt 7.4.3) wurde die Teilung des Grundrisses in zwei Druckabschnitte untersucht. Die Herstellung des geteilten Grundrisses ergab eine Erhöhung der Netto-Gesamtdruckzeit um 2,55 %. Die Erhöhung kann als gering bewertet werden. Bedingt durch die Teilung kommen allerdings notwendige Zusatzzeiten, z. B. für die arbeitstägliche Einrichtung und Räumung der Druckmaschine, hinzu. Außerdem ist eine Teilung aus baukonstruktiver Sicht zu vermeiden.

In Simulationsaufgabe 3 (vergleiche Abschnitt 7.4.4) wurden die maßgebenden Prozessparameter einer Sensitivitätsanalyse unterzogen. Die Ergebnisse geben Aufschluss darüber, wie sich die Gesamtdruckzeit infolge der Änderung eines einzelnen Prozessparameters ändert. Beginnend beim ausgeprägtesten Einflussparameter konnte folgende Rangfolge gebildet werden: 1) Schichthöhe h_S, 2) Druckgeschwindigkeit v_D, 3) Störstellen t_{ST} und 4) Fluggeschwindigkeit v_F. Darüber hinaus konnten folgende Werte oder Wertebereiche definiert werden, die unter Berücksichtigung des maschinentechnischen Aufwandes eingehalten werden sollten:

– Druckgeschwindigkeit $v_D = 50$ mm/s bis $v_D = 200$ mm/s,
– Fluggeschwindigkeit $v_F = 200$ mm/s,
– Zeitansätze für Störstellen t_{ST} sind bestmöglich zu reduzieren,
– Schichthöhe $h_S \geq 40$ mm.

Beim Unterschreiten der angegebenen Werte oder Wertebereiche kommt es zu einer starken Erhöhung der Gesamtdruckzeit. Für angegebene Obergrenzen wurde ermittelt, dass eine Überschreitung keine signifikante Verbesserung der Gesamtdruckzeit bewirkt.

In Simulationsaufgabe 4 (vergleiche Abschnitt 7.4.5) wurde die Relation zwischen der Druckgeschwindigkeit und der Schichthöhe genauer analysiert.

Verfahrenstechnisch sind beide Prozessparameter voneinander abhängig. Aus der Untersuchung ist zu schlussfolgern, dass die Steigerung der Schichthöhe h_S die Gesamtdruckzeit stärker reduziert als die Erhöhung der Druckgeschwindigkeit v_D. Insgesamt kann also schneller gedruckt werden, indem vor allem hohe Schichten erzeugt werden. Darüber hinaus konnten modellbasierte Zeit-Aufwandswerte unter Variation beider Prozessparameter[1] ermittelt werden. Die Ergebnisse der Zeit-Aufwandswerte liegen bei $AW = 0,049$ h/m^2 bis $AW = 0,22$ h/m^2. Unter Beachtung der realistischen Eingangsdaten ($h_S = 50$ mm und $v_D = 100$ mm/s) wurde ein Netto-Wert von $AW = 0,123$ h/m^2 erzielt. Der Brutto-AW[2] beträgt 0,145 h/m^2 und liegt damit deutlich unter den AW traditioneller Mauerwerksarbeiten.

In Simulationsaufgabe 5 (vergleiche Abschnitt 7.4.6) wurde die Auswirkung verschiedener Grundrisse auf die Gesamtdruckzeit analysiert. Dabei wurden Simulationsberechnungen auf Basis der realistischen Eingangsdaten anhand von fünf Referenzgrundrissen durchgeführt. Die Modelle unterscheiden sich im Verzweigungsgrad V_Z der Wände. Dieser Vergleichswert wurde sukzessive gesteigert, um Ergebnisse im gesamten Spektrum von „störungsfreien" bis „maximal verzweigten" Grundrissen zu ermitteln. Aus den Ergebnissen konnte eine Funktion zur Annäherung der Ergebnisse abgeleitet werden. Darüber hinaus wurde die Auswirkung von Bauwerksöffnungen auf die Gesamtdruckzeit genauer beschrieben. Aus diesen Erkenntnissen wurde abschließend eine Vorgehensweise zur vereinfachten Berechnung von Gesamtdruckzeiten und Zeit-Aufwandswerten erarbeitet (vergleiche Abschnitt 7.4.6).

8.3 Ausblick

Die dezidierte Untersuchung der baubetrieblichen Optimierung des vollwandigen Beton-3D-Drucks hat auf Grundlage der drei Schwerpunkte zu umfassenden Erkenntnissen geführt. Eine vergleichbare Untersuchung mit wirtschaftlichem Fokus liegt weltweit aktuell nicht vor. Die Ergebnisse dieser Arbeit tragen dazu bei, die Auswirkungen und Wechselbeziehungen bei Änderung der maßgebenden Prozessparameter belastbar zu beurteilen. Darüber hinaus wurden Ansätze entwickelt, die es erlauben, Ausführungszeiten und Zeit-Aufwandswerte des

---

[1]Die Variation der Druckgeschwindigkeit v_D wurde im Wertebereich von $v_D = 50$ mm/s bis $v_D = 200$ mm/s durchgeführt. Die Variation der Schichthöhe h_S wurde im Wertebereich von $h_S = 40$ mm bis $h_S = 100$ mm durchgeführt.

[2]Der Brutto-AW enthält im Vergleich zum Netto-AW zusätzliche Zeiten für z. B. die Einrichtung und Räumung der Druckmaschine.

vollwandigen Beton-3D-Drucks in Abhängigkeit des Verzweigungsgrades der Wände präzise abzuschätzen. Dies wird es ermöglichen, zukünftig fundierte Wirtschaftlichkeitsanalysen z. B. hinsichtlich der Baukosten durchführen zu können. In späteren wissenschaftlichen Arbeiten sind die Erkenntnisse dieser Arbeit weiterführend in einer angepassten Slicing-Software für den vollwandigen Beton-3D-Druck zu integrieren. Insbesondere die IT-Optimierungssoftware kann dabei verfahrensunabhängig eingesetzt werden.

Die Arbeit beruht überwiegend auf der Datenbasis des aktuellen Entwicklungsstands des an der TU Dresden entwickelten Verfahrens CONPrint3D®. Notwendige Prozessparameter für die Simulationsstudie wurden in Zusammenarbeit mit TUD-BM und TUD-IfB ermittelt und festgelegt. Da sich das Verfahren in einem frühen Entwicklungsstadium befindet, können davon abweichende Prozessparameter zu anderen Ergebnissen führen.

Die praktische Umsetzung des Verfahrens, z. B. beim digiCON^2-Beispielgebäude (vergleiche Abschnitt 3.5.3), wird vor allem im Hinblick auf die Praxistauglichkeit zu weiteren Erkenntnissen führen. Weiterer Forschungsbedarf ergibt sich darüber hinaus in der praktischen Anwendung unter direktem Einfluss der Umweltbedingungen. Eine zuvor geplante 3D-Druckstrategie ist dann beispielsweise bei unvorhergesehenen Wetterbedingungen vor Ort anzupassen.

Darüber hinaus wurden in der Arbeit geometrische Abgrenzungen vorgenommen (vergleiche Abschnitt 5.2.1). Unabhängig davon wird z. B. die Herstellung runder Wände mittels Beton-3D-Druck deutlich vorteilhafter gegenüber einer konventionellen Herstellung sein, da runde Wände mit nahezu gleicher Geschwindigkeit wie gerade Wände gedruckt werden können.

Die weltweiten FuE-Aktivitäten im Kontext der Beton-3D-Druckverfahren können in den nächsten Jahren mit Spannung verfolgt werden. Bei den verschiedenen Verfahren handelt es sich um wirtschaftlich höchst aussichtsreiche Technologien, deren Umsetzung im komplexen Baustellenumfeld maschinell beherrscht werden muss. Diese Herausforderung wird die Forschung im nächsten Jahrzehnt weiter beschäftigen.

Anlagenverzeichnis

© Der/die Herausgeber bzw. der/die Autor(en), exklusiv lizenziert durch
Springer Fachmedien Wiesbaden GmbH, ein Teil von Springer Nature 2021
M. Krause, *Baubetriebliche Optimierung des vollwandigen Beton-3D-Drucks*,
Baubetriebswesen und Bauverfahrenstechnik,
https://doi.org/10.1007/978-3-658-33417-8

Anlage 1: Grundriss digiCON^2-Beispielgebäude

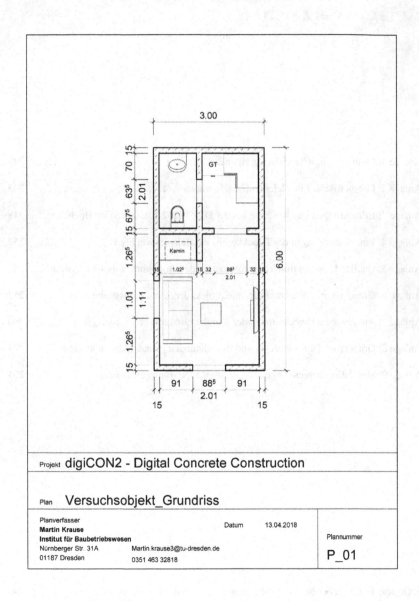

Projekt digiCON2 - Digital Concrete Construction

Plan **Versuchsobjekt_Grundriss**

Planverfasser		
Martin Krause	Datum	13.04.2018
Institut für Baubetriebswesen		
Nürnberger Str. 31A	Martin.krause3@tu-dresden.de	Plannummer
01187 Dresden	0351 463 32818	**P_01**

Anlage 2: Geometrische Einzelelemente im Hochbau

Grundriss mit allen Einzelelementen

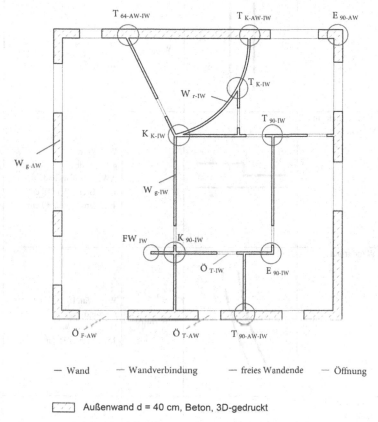

$\mathrm{T}_{\text{64-AW-IW}}$ $\mathrm{T}_{\text{K-AW-IW}}$ $\mathrm{E}_{\text{90-AW}}$

$\mathrm{W}_{\text{r-IW}}$ $\mathrm{T}_{\text{K-IW}}$

$\mathrm{T}_{\text{90-IW}}$

$\mathrm{K}_{\text{K-IW}}$

$\mathrm{W}_{\text{g AW}}$

$\mathrm{W}_{\text{g-IW}}$

FW_{IW} $\mathrm{K}_{\text{90-IW}}$

$\ddot{\mathrm{O}}_{\text{T-IW}}$ $\mathrm{E}_{\text{90-IW}}$

$\ddot{\mathrm{O}}_{\text{F-AW}}$ $\ddot{\mathrm{O}}_{\text{T-AW}}$ $\mathrm{T}_{\text{90-AW-IW}}$

— Wand — Wandverbindung — freies Wandende — Öffnung

Außenwand d = 40 cm, Beton, 3D-gedruckt

Innenwand d = 15 cm, Beton, 3D-gedruckt

Einzelelement	Beispiel		
	Planauszug	Kurzform	Erläuterung
Wand gerade		$W_{\text{g-AW(40)}}$	W… Wand g… gerade AW… Außenwand 40… Breite 40 cm
Wand gerade, mit Verjüngung		$W_{\text{g-AW(15/40)}}$	W… Wand g… gerade AW… Außenwand 15… Breite W1: 15 cm 40… Breite W2: 40 cm
Wand, rund		$W_{\text{r-IW(15)}}$	W… Wand r… rund IW… Innenwand 15… Breite: 15 cm
Wandeckverbin-dung, 90°		$E_{\text{90-AW(40)}}$	E … Ecke 90 … Winkel 90° AW … Außenwand 40… Breite: 40 cm

Einzelelement	Beispiel		
	Planauszug	Kurzform	Erläuterung
Wandeckverbindung, 90°, Wandbreite verschieden		$E_{90\text{-}IW(15)\text{-}IW(40)}$	E... Ecke 90... Winkel 90° IW... Innenwand 15/40... Breite W1: 15 cm Breite W2: 40 cm
Wandeckverbindung, < 90°		$E_{50\text{-}IW(15)}$	E... Ecke 50... Winkel 50° IW... Innenwand 15... Breite 15 cm
Wandeckverbindung, > 90°		$E_{154\text{-}IW(15)}$	E... Ecke 154... Winkel 154° IW... Innenwand 15... Breite 15 cm
Wand-T-Verbindung, 90°		$T_{90\text{-}IW(15)}$	T... Wand-T-Verbindung 90... Winkel 90° IW ... Innenwand 15 ... Breite 15 cm
Wand-T-Verbindung, 90°, Wandbreite verschieden		$T_{90\text{-}AW(40)\text{-}IW(15)}$	T... Wand-T-Verbindung 90 ... Winkel 90° AW... Außenwand 40... Breite 40 cm IW... Innenwand 15... Breite 15 cm

Einzelelement	Beispiel		
	Planauszug	Kurzform	Erläuterung
Wand-T-Verbindung spitz- oder stumpfwinklig, Wandbreite verschieden		T $_{60\text{-}AW(40)\text{-}}$ $_{IW(15)}$	T… Wand-T-Verbindung 60… Winkel 60° AW… Außenwand 40… Breite 40 cm IW… Innenwand 15… Breite 15 cm
Wand-T-Verbindung komplex (Anschluss runde Wand), Wandbreite verschieden		T $_{K\text{-}AW(40)\text{-}}$ $_{IW(15)}$	T… Wand-T-Verbindung K… komplex AW… Außenwand 40… Breite 40 cm IW… Innenwand 15… Breite 15 cm
Wandkreuzung, 90°		K $_{90\text{-}IW\,(15)}$	K… Wandkreuzung 90… Winkel 90° IW… Innenwand 15… Breite 15 cm
Wandkreuzung, 90°, Wandbreite verschieden (gerade)		K $_{90\text{--}IW}$ $_{(15/40)}$	K… Wandkreuzung 90… Winkel 90° IW… Innenwand 15/40… Breite W1: 15 cm Breite W2: 40 cm

Einzelelement	Beispiel		
	Planauszug	Kurzform	Erläuterung
Wandkreuzung, 90°, Wandbreite verschieden, gerade		K 90-AW(40)-IW(15)	K... Wandkreuzung 90... Winkel 90° AW... Außenwand 40... Breite W1/2: 40 cm IW ... Innenwand 15... Breite W3/4: 15 cm
Wandkreuzung, spitzwinklig		K 40-IW(15)	K... Wandkreuzung 40... Winkel 40° IW... Innenwand 15 ... Breite W1/2/3/4: 15cm
Wandkreuzung, komplex, Wandbreite verschieden		K K-IW (40/15/15/15)	K... Wandkreuzung K... Komplex IW... Innenwand 40/15/15/15... Breite W1: 40 cm Breite W2/3/4: 15 cm
Freies Wandende		FW-IW(15)	FW... freies Wandende IW... Innenwand 15 ... Breite 15 cm

Anlage 3: Erläuterungen und Auszüge aus der DIN 18202 Toleranzen im Hochbau

Die DIN 18202 „Toleranzen im Hochbau – Bauwerke" (DIN 18202) regelt die Ausführungs-genauigkeiten bei der Erstellung von Gebäuden. Diese Regelungen bilden die wesentlichen Anforderungen hinsichtlich der Ausführungstoleranzen des Druckprozesses in Deutschland. Relevant sind im Speziellen folgende Regelungen der DIN 18202, die Tabelle 1 im Überblick zulässiger Maßabweichungen gegenüber den Planunterlagen (Grundrisse, Aufrisse, lichte Maße, etc.) zusammenfasst.

Tabelle 1 Grenzabweichungen für Maße (DIN 18202)

Spalte	1	2	3	4	5	6	7
		Grenzabweichungen in mm bei Nennmaßen in m					
Zeile	Bezug	bis 1	über 1 bis 3	über 3 bis 6	über 6 bis 15	über 15 bis 30	über 30[a]
1	Maße im Grundriss, z. B. Längen, Breiten, Achs- und Rastermaße (siehe 6.4.1 und 6.5.1)	±10	±12	±16	±20	±24	±30
2	Maße im Aufriss, z. B. Geschosshöhen, Podesthöhen, Abstände von Aufstandsflächen und Konsolen (siehe 6.4.1 und 6.5.1)	±10	±16	±16	±20	±30	±30
3	Lichte Maße im Grundriss, z. B. Maße zwischen Stützen, Pfeilern usw. (siehe 6.4.2)	±12	±16	±20	±24	±30	—
4	Lichte Maße im Aufriss, z. B. unter Decken und Unterzügen (siehe 6.4.2)	±16	±20	±20	±30	—	—
5	Öffnungen, z. B. für Fenster, Außentüren[b], Einbauelemente (siehe 6.4.3)	±10	±12	±16	—	—	—
6	Öffnungen wie vor, jedoch mit oberflächenfertigen Leibungen (siehe 6.4.3)	±8	±10	±12	—	—	—

[a] Diese Grenzabweichungen können bei Nennmaßen bis etwa 60 m angewendet werden. Bei größeren Maßen sind besondere Überlegungen erforderlich.

[b] Innentüren siehe DIN 18100.

Die zulässigen Maßabweichungen richten sich nach den jeweiligen Nennmaßen der Bauteile. Beispielsweise sind bei Bauteilen mit einem Nennmaß von 1,0 m Maßabweichungen bis 10,0 mm (vergleiche rote Markierung in Tabelle 1) gegenüber dem Grundriss zulässig. Je größer das Nennmaß ist, desto größer sind die zulässigen Maßabweichungen. Der Begriff „Grenzabweichung" wird in Abbildung 1 visuell verdeutlicht.

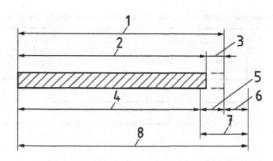

Legende

1	Nennmaß	5	Grenzabweichung (-)
2	Istmaß	6	Grenzabweichung (+)
3	Maßabweichung	7	Maßtoleranz
4	Mindestmaß	8	Höchstmaß

Abbildung 1 Definition des Begriffs Grenzabweichung (DIN 18202)

Ein weiterer wichtiger Begriff zur Beurteilung der Maßhaltigkeit ist das „Stichmaß", das bei der Ermittlung von zulässigen Winkelabweichungen und Ebenheitsabweichungen eine relevante Größe darstellt (Abbdildung 2).

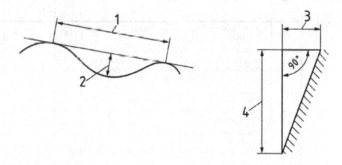

Legende

1 Messpunktabstand
2 Stichmaß zur Ermittlung der Ebenheitsabweichung
3 Stichmaß zur Ermittlung der Winkelabweichung
4 Nennmaß

Abbildung 2 Visuelle Verdeutlichung des Begriffs „Stichmaß" (DIN 18202)

Tabelle 2 gibt Auskunft über zulässige Winkelabweichungen. Beispielsweise ist es zulässig, dass eine Wand mit einer Höhe von 3,0 m bis 8,0 mm außer Lot steht.

Tabelle 2 Grenzwerte für Winkelabweichungen (DIN 18202)

Spalte	1	2	3	4	5	6	7	8
Zeile	Bezug	Stichmaße als Grenzwerte in mm bei Nennmaßen in m						
		bis 0,5	über 0,5 bis 1	über 1 bis 3	über 3 bis 6	über 6 bis 15	über 15 bis 30	über 30[a]
1	Vertikale, horizontale und geneigte Flächen	3	6	8	12	16	20	30

[a] Diese Grenzabweichungen können bei Nennmaßen bis etwa 60 m angewendet werden. Bei größeren Maßen sind besondere Überlegungen erforderlich.

Außerdem definiert die DIN 18202 zulässige Ebenheitsabweichungen. In Tabelle 3 und Abbildung 3 sind die zulässigen Ebenheitsabweichungen für Wandflächen rot markiert. Bei Messpunktabständen von 10 cm liegen die zulässigen Ebenheitsabweichungen bei $Y \leq 5{,}0$ mm, bei Messpunktabständen von 3,0 m sind etwa $Y \leq 13{,}0$ mm einzuhalten.

Tabelle 3 Grenzwerte für Ebenheitsabweichungen (DIN 18202)

Spalte	1	2	3	4	5	6
Zeile	Bezug	Stichmaße als Grenzwerte in mm bei Messpunktabständen in m				
		bis 0,1	1[a]	4[a]	10[a]	15[a,b]
1	Nichtflächenfertige Oberseiten von Decken, Unterbeton und Unterböden	10	15	20	25	30
2a	Nichtflächenfertige Oberseiten von Decken oder Bodenplatten zur Aufnahme von Bodenaufbauten, z. B. Estriche im Verbund oder auf Trennlage, schwimmende Estriche, Industrieböden, Fliesen- und Plattenbeläge im Mörtelbett	5	8	12	15	20
2b	Flächenfertige Oberseiten von Decken oder Bodenplatten für untergeordnete Zwecke, z. B. in Lagerräumen, Kellern	5	8	12	15	20
3	Flächenfertige Böden, z. B. Estriche als Nutzestriche, Estriche zur Aufnahme von Bodenbelägen, Bodenbeläge, Fliesenbeläge, gespachtelte und geklebte Beläge	2	4	10	12	15
4	Wie Zeile 3, jedoch mit erhöhten Anforderungen	1	3	9	12	15
5	Nichtflächenfertige Wände und Unterseiten von Rohdecken	5	10	15	25	30
6	Flächenfertige Wände und Unterseiten von Decken, z. B. geputzte Wände, Wandbekleidungen, untergehängte Decken	3	5	10	20	25
7	Wie Zeile 6, jedoch mit erhöhten Anforderungen	2	3	8	15	20

[a] Zwischenwerte sind Bild 6 und Bild 7 zu entnehmen und auf ganze Millimeter zu runden.

[b] Die Grenzwerte für Ebenheitsabweichungen der Spalte 6 gelten auch für Messpunktabstände über 15 m.

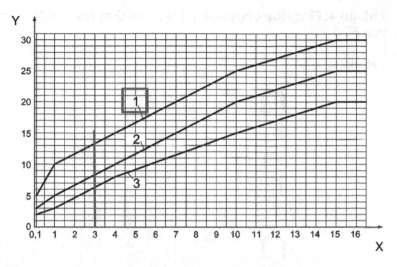

Legende

1	Zeile 5	X	Abstand der Messpunkte (m)
2	Zeile 6	Y	Grenzwerte für Ebenheitsabweichungen (mm)
3	Zeile 7		

Abbildung 3 Grenzwerte für Ebenheitsabweichungen

In *Zusammenfassung* vorgenannter Kriterien ergeben sich für den vollwandigen Beton-3D-Druck nachfolgende Anforderungen für das Anwendungsszenario einer Wand mit definierten Öffnungen und einer Höhe von bis zu 3,0 m:

Anforderungen an die Ausführungsgenauigkeit	[mm]
Zulässige Maßabweichung gegenüber den Planunterlagen (Grund- und Aufriss)	**10**
Zulässige Maßabweichungen bei lichten Öffnungen (Fenster, Türen)	10
Zulässige Winkelabweichungen in der vertikalen und horizontalen Ebene	8
Zulässige Ebenheitsabweichungen in der vertikalen Ebene (Höhe bis 3,0 m)	13
Zulässige Ebenheitsabweichungen zwischen den Schichten (Höhe bis 0,1 m)	**5**

Anlage 4: Einzelbewegungen des Druckkopfes am Beispiel von FS 3

• Wandecke

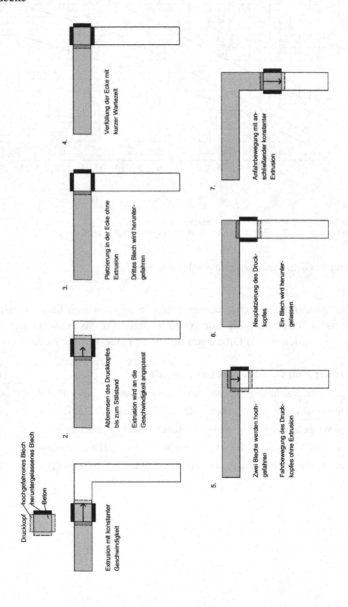

• T-Verbindung mit gerader Fortsetzung (Tg)

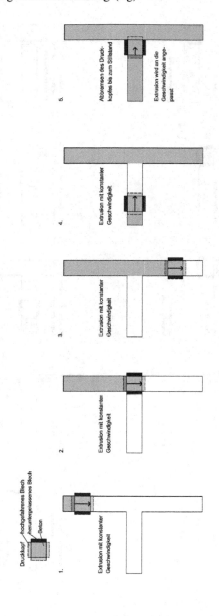

• T-Verbindung mit rechtwinkliger Fortsetzung (Tr)

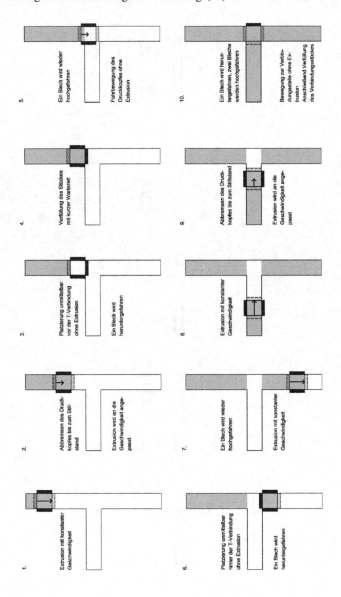

• Kreuzung mit gerader Fortsetzung (Kg)

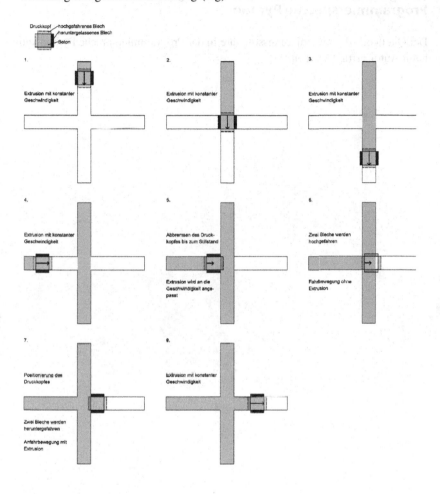

Anlage 5: Quellcode der Optimierungssoftware in der Programmiersprache Python

Der Quellcode der Optimierungssoftware in der Programmiersprache Python kann beim Autor erfragt werden.

Anlage 6: Grundriss und Ansichten Beispielprojekt der Simulationsstudie

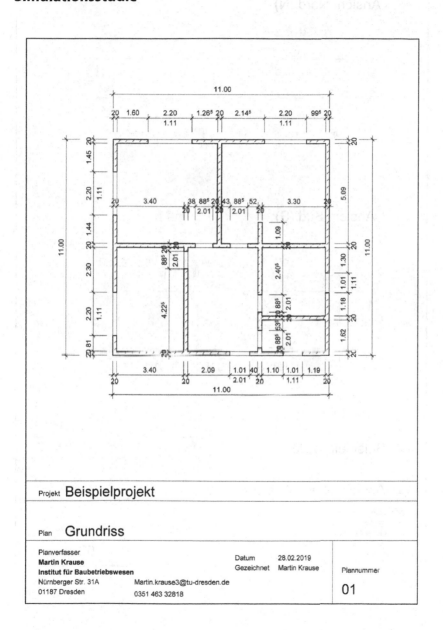

Ansicht Nord (N)

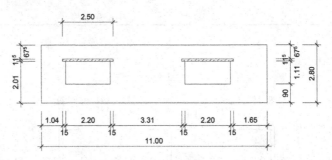

Ansicht Süd (S)

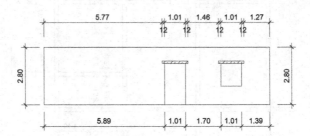

Projekt **Beispielprojekt**

Plan **Ansicht N und Ansicht S**

Planverfasser
Martin Krause
Institut für Baubetriebswesen
Nürnberger Str. 31A   Martin.krause3@tu-dresden.de
01187 Dresden   0351 463 32818

Datum   28.02.2019
Gezeichnet   Martin Krause

Plannummer

02

Ansicht Ost (O)

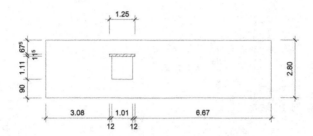

Ansicht West (W)

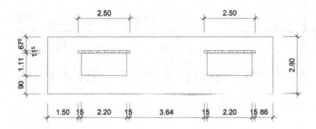

Projekt **Beispielprojekt**

Plan **Ansicht O und Ansicht W**

Planverfasser
Martin Krause
Institut für Baubetriebswesen
Nürnberger Str. 31A   Martin.krause3@tu-dresden.de
01187 Dresden   0351 463 32818

Datum   28.02.2019
Gezeichnet   Martin Krause

Plannummer

03

Anlage 7: Ausgewählte Berechnungen der Simulationsstudie

• Berechnung Methode a) DB I, vergleiche Abschnitt 7.4.2

Typ Richtungsänderung

12,0	[s]	F	Freies Wandern
27,5	[s]	E	Ecke
26,0	[s]	Tg	T-Verbindung gerade
29,0	[s]	Tr	T-Verbindung rechtwinklig
40,0	[s]	Kg	Kreuzung gerade
37,0	[s]	Kr	Kreuzung rechtwinklig
7,0	[s]	SW	Anschluss + Schichtwechsel

Summen:

Druck	706,70	[s]	11,78	[min]
Flug	129,85	[s]	2,16	[min]
Störstellen	553,00	[s]	9,22	[min]

Methode i
Druckbereich I

max. Druckgeschwindigkeit w(D) =	0,1	[m/s]
max. Fluggeschwindigkeit w(F) =	0,2	[m/s]
max. Beschleunigung a(max) =	0,2	[m/s2]
s(B/B,D)=	0,025	[m]
s(B/B,F)=	0,100	[m]

Weg Nr.	D(ruck)/F(lug)	Länge [m]	Strecke [m] Beschl.	Strecke [m] Bremsen	Strecke [m] Max.	Dauer [s] Beschl.	Dauer [s] Max.	Dauer [s] Bremsen	Dauer [s] Summe	Zusatz [s] Typ Ec(ke)/T(r)	Zusatz [s] Dauer	Dauer [s] gesamt
0	Start											
1	D	2,190	0,025	0,025	2,140	0,500	21,400	0,375	22,275	F	12,0	12,000
2	D	3,600	0,025	0,025	3,550	0,375	35,500	0,500	36,375	Tg	26,0	48,275
3	D	5,510	0,025	0,025	5,460	0,500	54,600	0,375	55,475	E	27,5	63,875
4	D	5,290	0,025	0,025	5,240	0,375	52,460	0,500	53,275	Tg	26,0	81,475
5	D	5,265	0,025	0,025	5,215	0,500	52,150	0,375	53,025	E	27,5	80,775
6	D	5,540	0,025	0,025	5,490	0,500	54,900	0,375	55,775	Tg	26,0	79,025
7	D	5,290	0,025	0,025	5,240	0,375	52,400	0,500	53,275	E	27,5	83,275
8	D	3,690	0,025	0,025	3,640	0,375	36,400	0,500	37,150	Tg	26,0	79,275
9	D	1,820	0,025	0,025	1,770	0,375	17,700	0,500	18,575	Tg	26,0	63,150
10	D	3,500	0,025	0,025	3,450	0,500	34,500	0,500	35,500	E	27,5	46,075
11	D	0,300	0,025	0,025	0,250	0,500	2,500	0,500	3,500	Tr	29,0	64,500
12	F	0,885	0,100	0,100	0,685	1,000	3,425	1,000	5,425	F	12,0	15,500
13	D	0,635	0,025	0,025	0,585	0,500	5,850	0,375	6,725	F	12,0	17,425
14	D	0,300	0,025	0,025	0,250	0,375	2,500	0,500	3,375	Tg	26,0	32,725
15	F	0,885	0,100	0,100	0,685	1,000	3,425	1,000	5,425	F	12,0	15,375
16	D	2,505	0,025	0,025	2,455	0,500	24,550	0,375	25,425	F	40,0	17,425
17	D	1,190	0,025	0,025	1,140	0,375	11,400	0,500	12,275	F	12,0	65,425
18	F	4,577	0,100	0,100	4,377	1,000	21,885	1,000	23,885	F	0,0	24,275
19	D	5,290	0,025	0,025	5,240	0,500	52,400	0,500	53,400	Tr	29,0	23,885
20	D	0,300	0,025	0,025	0,250	0,500	2,500	0,500	3,500	F	12,0	82,400
21	F	0,885	0,100	0,100	0,685	1,000	3,425	1,000	5,425	F	12,0	15,500
22	D	0,480	0,025	0,025	0,430	0,500	4,300	0,375	5,175	Tg	26,0	17,425
23	D	3,600	0,025	0,025	3,550	0,375	35,500	0,500	36,375	-		31,175
24	F	6,582	0,100	0,025	6,382	1,000	31,910	0,500	33,910	-		36,375
25	D	4,325	0,025	0,025	4,275	0,500	42,750	0,500	43,750	F	0,0	33,910
26	F	0,885	0,100	0,100	0,685	1,000	3,425	0,500	5,425	F	12,0	55,750
27	D	0,300	0,025	0,025	0,250	0,500	2,500	1,000	3,500	F	12,0	17,425
28	F	1,665	0,100	0,100	1,465	1,000	7,325	1,000	9,325	F	0,0	3,500
29	D	0,530	0,025	0,025	0,480	0,500	4,800	0,500	5,800	F	12,0	9,325
30	F	0,885	0,100	0,100	0,685	1,000	3,425	0,500	5,425	F	12,0	17,800
31	D	0,620	0,025	0,025	0,570	0,500	5,700	0,500	6,700	-		17,425
32	D	3,500	0,025	0,025	3,450	0,500	34,500	0,500	35,500	-		6,700
33	D	3,690	0,100	0,100	3,490	1,000	17,450	1,000	19,450	-		35,500
34	D	3,500	0,025	0,025	3,450	0,500	34,500	0,500	35,500	-		19,450
35	D	1,820	0,100	0,100	1,620	1,000	8,100	1,000	10,100	-		35,500
36	D	0,500	0,025	0,025	0,450	0,500	4,500	0,500	5,500	F	12,0	10,100
37	F	1,010	0,100	0,100	0,810	1,000	4,050	1,000	6,050	SW	7,0	13,050

		1389,55	[s]
		23,16	[min]

• Berechnung Methode a) DB II, vergleiche Abschnitt 7.4.2

Methode i
Druckbereich II

max. Druckgeschwindigkeit $v(D) =$ 0,1 [m/s]
max. Fluggeschwindigkeit $v(f) =$ 0,2 [m/s]
max. Beschleunigung $a(max) =$ 0,2 [m/s2]

$s(B/B,0)=$ 0,025 [m]
$s(B/B,f)=$ 0,100 [m]

Typ		Richtungsänderung
F	12,0 [s]	Freies Wandende
E	27,5 [s]	Ecke
Tg	26,0 [s]	T-Verbindung gerade
Tr	29,0 [s]	T-Verbindung rechtwinlig
Kg	40,0 [s]	Kreuzung gerade
Kr	37,0 [s]	Kreuzung rechtwinlig
SW	7,0 [s]	Anschluss + Schichtwechsel

Summen:

	Druck	601,50 [s]	10,03 [min]
	Flug	189,95 [s]	3,17 [min]
	Störstellen	697,00 [s]	11,62 [min]

Weg Nr.	D(ruck)/F(lug)	Länge [m]	Beschl.	Strecke [m] Max.	Bremsen	Beschl.	Dauer [s] Min.	Bremsen	Summe	Typ Ec(ke)/T(T)	Zusatz [s] Dauer	Dauer [s] gesamt
0	Start											
1	D	2,190	0,025	2,340	0,025	0,500	21,400	0,375	22,275		12,0	12,000
2	D	3,600	0,025	3,550	0,025	0,500	35,500	0,500	36,375	Tg	26,0	48,275
3	D	0,910	0,100	0,850	0,025	1,000	8,690	0,500	9,640	E	27,5	63,875
4	F	2,200	0,100	2,000	0,100	1,000	10,000	1,000	12,000	F	12,0	21,600
5	D	2,400	0,025	2,350	0,025	0,500	23,500	0,375	24,375	F	12,0	24,000
6	D	1,540	0,100	1,490	0,025	1,000	14,900	0,500	15,775	Tg	26,0	50,375
7	F	2,200	0,100	2,000	0,100	1,000	10,000	1,000	12,000	F	12,0	24,000
8	F	1,550	0,300	1,500	0,025	1,000	15,000	0,500	16,000	F	12,0	24,000
9	D	1,700	0,025	1,653	0,025	1,000	16,500	0,500	17,500	E	27,5	43,500
10	F	2,200	0,100	2,000	0,100	1,000	10,000	1,000	12,000	F	12,0	29,500
11	D	1,365	0,025	1,313	0,025	0,500	13,150	0,375	14,025	Tg	26,0	24,000
12	D	2,245	0,025	2,135	0,100	0,500	21,950	0,375	22,825	F	12,0	40,025
13	F	2,200	0,100	2,000	0,100	1,000	10,000	1,000	12,000	E	27,5	34,825
14	D	1,095	0,025	1,040	0,025	0,500	10,650	0,300	11,450	F	12,0	24,000
15	D	5,290	0,025	5,240	0,025	0,500	52,400	0,375	53,275	Tg	26,0	38,950
16	D	1,400	0,025	1,350	0,025	0,500	13,500	0,375	14,375	F	12,0	79,275
17	D	1,010	0,100	0,830	0,100	1,000	4,050	1,000	6,050	Tg	26,0	26,375
18	D	1,280	0,025	1,230	0,025	0,500	12,300	0,375	13,175	F	12,0	18,050
19	D	1,820	0,025	1,777	0,025	0,375	17,700	0,500	18,575	E	27,5	39,175
20	D	1,290	0,025	1,240	0,025	0,500	12,400	0,500	13,400	F	12,0	46,075
21	D	1,010	0,100	0,810	0,100	1,000	4,050	1,000	6,050	F	12,0	25,400
22	F	1,200	0,100	1,150	0,100	0,500	11,500	0,500	12,500	Tr	29,0	18,050
23	D	0,300	0,100	0,250	0,025	0,500	2,500	0,500	3,425	F	12,0	41,500
24	D	0,885	0,025	0,685	0,025	1,000	5,850	0,375	5,425	F	12,0	15,500
25	D	0,635	0,025	0,585	0,025	0,375	2,500	0,500	6,725	Tg	26,0	17,425
26	D	0,300	0,025	0,250	0,025	0,375	2,500	0,500	3,375	F	12,0	32,725
27	D	0,885	0,100	0,685	0,100	1,000	3,425	1,000	5,425	F	-2,0	15,375
28	D	1,190	0,025	2,140	0,025	0,500	11,400	0,500	12,275	F	12,0	17,425
29	D	2,505	0,025	2,455	0,025	0,375	22,885	0,500	25,425	-	40,0	24,28
30	F	4,517	0,100	4,377	0,100	1,000	22,885	1,000	23,885	Tr	4,0	65,43
31	D	5,290	0,100	5,240	0,025	0,500	52,400	0,500	53,400	-	29,0	24,28
32	D	0,300	0,100	0,250	0,100	0,500	2,500	0,500	3,500	F	12,0	82,400
33	D	0,885	0,025	0,685	0,025	1,000	3,425	1,000	5,425	Tg	12,0	15,500
34	D	0,480	0,100	0,430	0,025	0,500	4,300	0,375	5,175	F	0,0	17,425
35	D	3,600	0,025	0,570	0,025	1,000	5,700	0,500	36,375	-	26,0	31,175
36	D	6,382	0,100	6,382	0,025	1,000	35,980	1,000	33,910	-	12,0	33,910
37	D	4,325	0,100	4,275	0,100	0,500	42,750	1,000	43,750	F	0,0	55,750
38	F	0,885	0,100	0,585	0,100	0,500	3,425	0,500	5,425	F	1,0	17,425
39	F	0,300	0,100	0,250	0,100	0,500	2,900	0,500	2,900	F	12,0	3,500
40	F	1,665	0,100	1,465	0,100	1,000	7,325	0,500	9,325	-	0,0	9,325
41	D	0,530	0,100	0,480	0,025	1,000	4,800	0,500	5,800	F	0,0	17,800
42	D	0,885	0,100	0,685	0,100	0,500	3,425	0,500	5,425	Tg	12,0	17,425
43	D	0,620	0,025	0,570	0,025	0,500	5,700	0,500	5,175	-	0,0	6,70
44	D	3,500	0,025	3,450	0,025	1,000	34,500	1,000	34,500	-	0,0	35,500
45	D	3,690	0,100	3,490	0,025	1,000	17,450	1,000	17,450	-	0,0	19,450
46	D	3,500	0,025	3,450	0,025	1,000	34,500	1,000	34,500	-	0,0	35,500
47	F	1,820	0,100	1,620	0,100	1,000	8,100	1,000	10,100	-	0,0	10,100
48	D	0,500	0,025	0,450	0,025	0,500	4,500	1,000	5,500	-	0,0	17,500
49	F	1,010	0,100	0,810	0,100	3,500	4,050	1,000	6,050	SW	7,0	13,050

1488,45 [s] 24,81 [min]

• Berechnung Methode a) DB III, vergleiche Abschnitt 7.4.2

Methode i — Druckbereich III

Parameter:
- max. Druckgeschwindigkeit: $v(D) = 0{,}1\ [m/s]$
- max. Fluggeschwindigkeit: $v(F) = 0{,}2\ [m/s]$
- max. Beschleunigung: $a(max) = 0{,}2\ [m/s^2]$
- $s(B,D) = 0{,}025\ [m]$
- $s(B,F) = 0{,}100\ [m]$

Typ Richtungsänderung:

F	12,0	[s]	Freies Wandende
E	27,5	[s]	Ecke
Tg	26,0	[s]	T-Verbindung gerade
Tr	29,0	[s]	T-Verbindung rechtwinklig
Kg	40,0	[s]	Kreuzung gerade
Kr	37,0	[s]	Kreuzung rechtwinklig
SW	7,0	[s]	Anschluss + Schichtwechsel

Summen:

	[s]	[min]
Druck	558,05	9,30
Flug	205,32	3,42
Stösstellen	626,00	10,43

Haupttabelle:

Weg Nr.	D(ruck)/F(lug)	Länge [m]	Strecke [m] Beschl.	Strecke [m] Max.	Strecke [m] Bremsen	Dauer [s] Beschl.	Dauer [s] Max.	Dauer [s] Bremsen	Summe	Typ Ecke/T	Zusatz [s] Dauer	Dauer [s] gesamt
0	D	Start	-	2,020	0,025	-	20,200	0,375		F	12,0	12,000
1	D	2,070	0,025	3,550	0,025	0,500	35,500	0,500	21,075	Tg	26,0	47,075
2	D	3,600	0,025	0,710	0,025	0,375	7,100	0,500	36,375	E	27,5	63,875
3	D	0,760	0,025	2,300	0,100	0,500	11,500	1,000	8,100	F	12,0	20,100
4	F	2,500	0,100	2,200	0,025	1,000	22,000	0,500	13,500	F	12,0	25,500
5	D	2,250	0,025	1,340	0,025	0,500	13,400	0,375	22,875	Tg	26,0	48,875
6	F	1,390	0,100	2,300	0,025	1,000	11,500	1,000	14,275	F	12,0	26,275
7	D	2,500	0,025	1,350	0,025	0,500	13,500	0,500	13,500	F	12,0	25,500
8	D	1,400	0,025	1,500	0,025	0,500	15,000	0,500	14,500	E	27,5	42,000
9	D	1,550	0,025	2,300	0,100	1,000	13,500	1,000	16,000	F	12,0	28,000
10	F	2,500	0,025	1,165	0,025	0,500	11,650	0,500	13,500	F	12,0	25,500
11	D	1,215	0,025	2,045	0,025	0,375	20,450	0,375	12,525	Tg	26,0	38,525
12	F	2,095	0,100	2,300	0,100	1,000	11,500	1,000	21,325	F	12,0	33,325
13	D	2,500	0,025	0,895	0,025	0,500	8,950	0,500	13,500	F	12,0	25,500
14	D	0,945	0,025	5,240	0,025	0,500	52,400	0,500	9,950	E	27,5	37,450
15	D	5,290	0,025	1,230	0,025	0,375	12,360	0,375	53,275	Tg	26,0	79,275
16	F	1,280	0,100	1,050	0,100	1,000	5,250	1,000	13,175	F	12,0	25,175
17	D	1,250	0,025	1,110	0,025	0,500	11,100	0,500	7,250	F	12,0	19,250
18	F	1,160	0,025	1,770	0,100	0,375	17,700	0,500	11,975	Tg	26,0	37,975
19	D	1,820	0,025	1,120	0,025	0,500	11,200	0,500	18,575	E	27,5	46,075
20	F	1,170	0,100	1,050	0,100	1,000	10,300	1,000	12,200	F	12,0	24,200
21	D	1,250	0,025	1,150	0,025	0,500	5,750	1,000	11,300	Tr	29,0	19,250
22	F	1,080	0,100	1,150	0,100	1,000	4,200	1,000	7,750	F	12,0	40,300
23	F	1,350	0,100	0,420	0,025	0,500	5,750	1,000	5,200	Tr	29,0	19,750
24	D	0,470	0,100	1,150	0,100	0,500	22,900	0,375	7,750	Tr	29,0	34,200
25	D	1,350	0,100	2,290	0,100	1,000	11,400	0,500	23,775	Kg	40,0	19,750
26	D	2,340	0,025	1,140	0,025	0,500	21,885	0,500	12,275	F	12,0	63,775
27	F	1,190	0,100	4,377	0,025	0,375	52,400	0,500	23,885	-	0,0	24,275
28	D	4,577	0,025	5,240	0,025	1,000	5,790	0,500	53,400	Tr	29,0	23,885
29	D	5,290	0,025	1,150	0,100	0,500	38,650	0,500	7,750	F	12,0	82,400
30	D	1,350	0,100	3,865	0,025	1,000	31,910	0,500	39,650	-	0,0	19,750
31	D	3,915	0,025	6,382	0,025	0,500	41,100	0,500	33,910	F	12,0	39,650
32	D	6,582	0,100	4,110	0,100	1,000	9,720	1,000	42,100	F	12,0	33,910
33	F	4,160	0,025	1,944	0,025	0,500	2,950	1,000	11,720	F	12,0	54,100
34	D	2,144	0,100	0,295	0,025	1,000	5,250	1,000	3,950	F	12,0	11,720
35	D	0,345	0,100	1,050	0,025	1,000	3,900	1,000	7,250	-	0,0	15,950
36	D	1,250	0,025	0,390	0,025	0,500	34,500	0,500	4,900	F	12,0	19,250
37	D	0,440	0,025	3,450	0,100	1,000	17,450	1,000	35,500	-	0,0	4,900
38	F	3,500	0,100	3,450	0,100	1,000	34,500	1,000	19,450	F	12,0	35,500
39	F	3,690	0,025	3,450	0,025	0,500	8,100	0,500	35,500	F	12,0	19,450
40	F	3,500	0,025	1,620	0,100	0,500	3,300	1,000	10,100	-	0,0	35,500
41	D	1,820	0,100	0,330	0,025	0,500	5,250	0,500	4,300	F	12,0	10,100
42	F	0,380	0,025	1,050	0,100	1,000			7,250	SW	7,0	16,300
43		1,250	0,100									14,250
											1389,37 [s]	**23,15** [min]

• Berechnung Methode b) DB I, vergleiche Abschnitt 7.4.2 und 7.4.4

Typ Richtungsänderung

Typ	Zeit		Kürzel	Bezeichnung
	12,0	[s]	F	Freies Wandende
	27,5	[s]	E	Ecke
	26,0	[s]	Tg	T-Verbindung gerade
	29,0	[s]	Tr	T-Verbindung rechtwinklig
	40,0	[s]	Kg	Kreuzung gerade
	37,0	[s]	Kr	Kreuzung rechtwinklig
	7,0	[s]	SW	Schichtwechsel

Summen:

Druck	701,58	[s]	
	11,69	[min]	
Flug	115,40	[s]	
	1,92	[min]	
Förstrecken	562,00	[s]	
	9,37	[min]	

Methode b.
Druckbereich I

max. Druckgeschwindigkeit	v(D) =	0,1 [m/s]
max. Fluggeschwindigkeit	v(F) =	0,2 [m/s]
max. Beschleunigung	a(max) =	0,2 [m/s²]
s(B,D)=	0,025 [m]	
s(B,F)=	0,100 [m]	

Weg Nr.	D(ruck)/F(lug)	Länge [m]	Strecke [m] Beschl.	Strecke [m] Max.	Strecke [m] Bremsen	Dauer [s] Beschl.	Dauer [s] Max.	Dauer [s] Bremsen	Dauer [s] Summe	Zusatz [s] Typ Ec(ke)/Tf	Zusatz [s] Dauer	Dauer [s] gesamt
0	Start											12,000
1	D	2,190	0,025	2,140	0,025	0,500	21,400	0,375	22,275	Tg	26,0	48,275
2	D	3,600	0,025	3,550	0,025	0,375	35,500	0,500	36,375	E	27,5	63,875
3	D	5,510	0,025	5,460	0,025	0,500	54,600	0,500	55,600	Tr	29,0	84,600
4	D	3,600	0,025	3,550	0,025	0,500	35,500	0,375	36,375	Tg	26,0	62,375
5	D	0,480	0,025	0,430	0,025	0,375	4,300	0,500	5,175	F	12,0	17,175
6	F	0,480	0,100	0,280	0,100	1,000	1,400	1,000	3,400	-	0,0	3,400
7	D	0,300	0,025	0,250	0,025	0,500	2,500	0,500	3,500	F	12,0	15,500
8	F	0,885	0,100	0,685	0,100	1,000	3,425	1,000	5,425	F	12,0	17,425
9	D	4,325	0,025	4,275	0,025	0,500	42,750	0,500	43,750	-	0,0	43,750
10	F	6,582	0,100	6,382	0,100	1,000	31,910	1,000	33,910	-	0,0	33,910
11	D	5,290	0,025	5,240	0,025	0,500	52,400	0,500	53,400	E	27,5	80,900
12	D	5,265	0,025	5,215	0,025	0,500	52,150	0,375	53,025	Tg	26,0	79,025
13	D	5,540	0,025	5,490	0,025	0,500	54,500	0,500	53,275	Tg	26,0	79,275
14	D	5,290	0,025	5,240	0,025	0,500	52,400	0,500	37,275	Tr	29,0	66,275
15	D	3,690	0,025	3,640	0,025	0,500	36,400	0,500	35,500	Tr	29,0	44,500
16	D	3,500	0,025	3,450	0,025	0,500	34,500	0,500	6,850	F	12,0	28,850
17	D	0,635	0,025	0,585	0,025	0,500	5,850	0,500	4,175	-	0,0	4,175
18	F	0,635	0,100	0,435	0,100	1,000	2,175	1,000	3,500	F	12,0	15,500
19	D	0,300	0,025	0,250	0,025	0,500	2,500	0,500	5,425	F	12,0	17,425
20	D	0,885	0,025	0,685	0,025	1,000	3,425	1,000	25,425	Kg	40,0	65,425
21	D	2,505	0,025	2,455	0,025	0,500	24,500	0,375	12,275	F	12,0	25,275
22	F	1,190	0,025	1,140	0,025	0,375	11,400	0,500	23,886	-	0,0	23,886
23	D	4,577	0,100	4,377	0,100	1,000	21,886	1,000	53,400	Tr	29,0	82,400
24	D	5,290	0,025	5,240	0,025	0,500	52,400	0,500	3,500	F	12,0	15,500
25	F	0,300	0,025	0,250	0,025	0,500	2,500	0,500	2,250	-	0,0	2,250
26	F	0,300	0,100	0,100	0,100	1,000	0,500	1,000	5,675	F	12,0	17,675
27	F	0,530	0,025	0,480	0,025	0,375	3,425	0,500	5,425	F	12,0	17,430
28	F	0,885	0,100	0,685	0,100	1,000	5,700	1,000	6,575	-	0,0	6,580
29	D	0,620	0,100	0,570	0,025	0,375	5,700	0,500	6,575	-	0,0	38,375
30	F	3,500	0,025	3,450	0,025	0,375	34,500	0,500	34,500	E	27,5	15,450
31	F	3,690	0,100	3,490	0,100	1,000	17,450	1,000	19,450	Tr	29,0	46,200
32	D	1,820	0,025	1,770	0,025	0,500	17,700	0,500	18,700	F	12,0	64,500
33	D	3,500	0,025	3,450	0,025	0,500	34,500	0,500	35,500	Tr	29,0	15,500
34	D	0,300	0,025	0,250	0,025	0,500	2,500	0,500	3,500	F	12,0	2,300
35	F	0,300	0,100	0,100	0,025	0,500	0,500	1,000	2,500	-	0,0	15,500
36	F	0,500	0,100	0,300	0,100	1,000	1,800	1,000	3,500	F	12,0	13,050
37	F	1,010	0,100	0,810	0,100	1,000	4,050	1,000	6,050	SW	7,0	

1378,97	[s]	
22,98	[min]	

• Berechnung Methode b) DB II, vergleiche Abschnitt 7.4.2 und 7.4.4

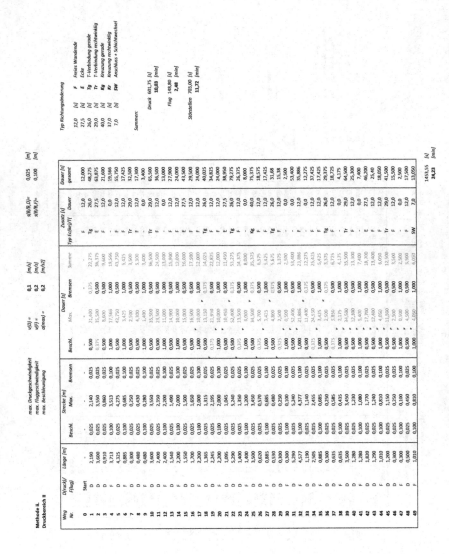

• Berechnung Methode b) DB III, vergleiche Abschnitt 7.4.2 und 7.4.4

Methode ii.
Druckbereich III

max. Druckgeschwindigkeit $v/Dfl = 0{,}1$ [m/s]
max. Fluggeschwindigkeit $v/fli = 0{,}2$ [m/s]
max. Beschleunigung $a/mcxl = 0{,}2$ [m/s²]

$s(B,D)l = 0{,}025$ [m]
$s(B,Fl) = 0{,}100$ [m]

Weg Nr.	D/F	Länge [m]	Strecke [m] Beschl.	Strecke [m] Max.	Strecke [m] Bremsen	Dauer [s] Besch.	Dauer [s] Max.	Dauer [s] Bremsen	Summe	Typ Ecke/PT	Zusatz Dauer	Dauer [s] gesamt
0	Start	-	-	-	-	-	-	-	-	F	12,0	12,000
1	D	2,070	0,025	2,020	0,085	0,500	20,200	0,375	21,075	Tg	26,0	47,075
2	D	3,600	0,025	3,550	0,095	0,375	35,500	0,500	36,375	E	27,5	63,875
3	D	0,760	0,025	0,710	0,095	0,500	7,100	0,500	8,100	F	12,0	20,100
4	F	3,679	0,100	3,479	0,100	1,000	17,397	1,000	19,397	-	0,0	19,397
5	D	4,160	0,025	4,110	0,025	0,500	41,100	0,500	42,100	F	12,0	54,100
6	F	1,386	0,100	1,186	0,100	1,000	5,931	1,000	7,931	F	12,0	19,931
7	D	3,915	0,025	3,865	0,025	0,500	38,650	0,500	39,650	Tr	29,0	68,650
8	F	2,250	0,025	2,200	0,025	0,500	22,000	0,500	23,000	F	12,0	35,000
9	D	2,250	0,100	2,050	0,100	0,500	11,250	0,500	12,250	-	0,0	12,250
10	F	1,390	0,025	1,340	0,025	0,500	12,000	1,000	13,500	F	12,0	25,500
11	D	2,500	0,025	2,300	0,025	1,000	12,400	1,000	14,400	F	12,0	26,400
12	D	1,400	0,025	1,350	0,100	0,500	13,500	0,500	14,500	E	27,5	42,000
13	D	1,550	0,025	1,500	0,025	0,500	15,000	0,500	16,000	F	12,0	28,000
14	F	2,500	0,100	2,300	0,100	1,000	11,500	1,000	13,500	F	12,0	25,500
15	D	1,215	0,025	1,165	0,025	0,500	11,650	0,375	12,525	Tg	26,0	38,525
16	D	2,095	0,100	2,045	0,025	1,000	19,825	0,500	21,325	F	12,0	33,325
17	D	2,500	0,025	2,300	0,100	0,500	12,000	1,000	13,500	F	12,0	25,500
18	D	0,945	0,100	0,895	0,025	0,500	8,950	0,500	9,950	E	27,5	37,450
19	D	5,290	0,025	5,240	0,025	0,500	52,400	0,375	53,275	Tg	26,0	79,275
20	F	1,280	0,100	1,230	0,100	0,375	11,800	1,000	13,175	F	12,0	25,175
21	D	1,280	0,100	1,080	0,100	1,000	5,400	1,000	7,400	-	0,0	7,400
22	D	3,500	0,025	3,450	0,025	0,500	34,500	0,375	35,375	Kg	40,0	75,375
23	D	0,440	0,025	0,390	0,025	0,375	3,900	0,500	4,775	F	12,0	16,775
24	F	1,250	0,100	1,050	0,100	1,000	5,250	1,000	7,250	F	12,0	19,250
25	D	0,345	0,025	0,295	0,025	0,500	2,950	0,500	3,950	E	27,5	31,450
26	D	5,290	0,025	5,240	0,025	0,500	52,460	1,000	53,100	-	0,0	53,400
27	F	4,577	0,100	4,377	0,100	1,000	21,386	1,000	23,386	F	12,0	35,886
28	D	1,190	0,025	1,140	0,025	0,500	11,480	0,375	12,275	-	0,0	12,28
29	F	2,340	0,100	2,290	0,100	0,375	22,990	0,500	23,775	F	12,0	35,78
30	D	1,820	0,025	1,620	0,025	1,000	8,100	1,000	10,100	F	12,0	22,100
31	D	0,470	0,100	0,420	0,025	0,500	4,200	0,500	5,200	E	27,5	32,700
32	D	3,500	0,025	3,450	0,025	0,500	34,500	0,500	35,500	Tr	29,0	64,500
33	F	1,160	0,025	1,110	0,025	0,500	11,100	0,500	12,100	F	12,0	24,100
34	D	1,160	0,100	0,960	0,100	1,000	4,830	1,000	6,800	-	0,0	6,800
35	D	1,820	0,025	1,770	0,025	0,500	17,200	0,500	18,300	E	27,5	46,200
36	F	1,170	0,025	1,120	0,025	0,500	11,200	0,500	12,300	F	12,0	24,200
37	D	1,250	0,100	1,050	0,100	1,000	5,250	1,000	7,250	F	12,0	19,250
38	D	1,46	0,025	1,410	0,025	1,000	14,100	0,500	15,100	F	12,0	27,100
39	F	1,250	0,100	1,050	0,100	1,000	5,250	1,000	7,250	SW	7,0	14,250

Typ Richtungsänderung

Typ			
F	12,0	[s]	Freies Wandende
E	27,5	[s]	Ecke
Tg	26,0	[s]	T-Verbindung gerade
Tr	29,0	[s]	T-Verbindung rechtwinklig
Kg	40,0	[s]	Kreuzung gerade
Kr	37,0	[s]	Kreuzung rechtwinklig
SW	7,0	[s]	Anschluss + Schichtwechsel

Summen:

Druck	557,80 [s]	9,30 [min]
Flug	150,01 [s]	2,50 [min]
Stützstellen	600,00 [s]	10,00 [min]

1307,81 [s]
21,80 [min]

• Berechnung Methode a) und Methode b) DB IV, vergleiche Abschnitt 7.4.2 und 7.4.4

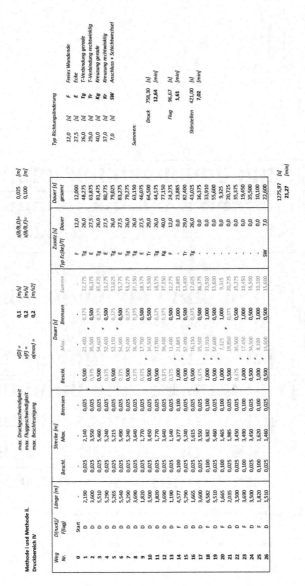

Methode i und Methode ii.
Druckbereich IV

max. Druckgeschwindigkeit   0,025 [m]
max. Fluggeschwindigkeit   0,100 [m]

$v(D) =$ 0,1 [m/s]
$v(F) =$ 0,2 [m/s]
$a(max) =$ 0,2 [m/s2]

$s(B/B,D) =$ 0,025 [m]
$s(B/B,F) =$ 0,100 [m]

Typ Richtungsänderung

12,0	[s]	F	Freies Wandende
27,5	[s]	E	Ecke
26,0	[s]	Tg	T-Verbindung gerade
29,0	[s]	Tr	T-Verbindung rechtwinklig
40,0	[s]	Kg	Kreuzung gerade
37,0	[s]	Kr	Kreuzung rechtwinklig
7,0	[s]	SW	Anschluss + Schichtwechsel

Summen:

Druck 758,30 [s]   12,64 [min]
Flug 96,67 [s]   1,61 [min]
Störstellen 421,00 [s]   7,02 [min]

Weg Nr.	D(ruck)/ F(lug)	Länge [m]	Strecke [m] Beschl.	Strecke [m] Max.	Bremsen	Dauer [s] Beschl.	Dauer [s] Max.	Dauer [s] Bremsen	Summe	Zusatz [s] Typ Ec(ke)/T[]	Zusatz [s] Dauer	Dauer [s] gesamt
0	Start	-	-	-	-	-	-	-	-	F	12,0	12,000
1	D	2,190	0,025	2,140	0,025	0,500	21,400	0,375	22,275	Tg	26,0	48,275
2	D	3,600	0,025	3,550	0,025	0,375	35,500	0,500	36,375	E	27,5	63,875
3	D	5,510	0,025	5,460	0,025	0,500	54,600	0,375	55,475	Tg	26,0	81,475
4	D	5,290	0,025	5,240	0,025	0,375	52,400	0,500	53,275	E	27,5	80,775
5	D	5,265	0,025	5,215	0,025	0,500	52,150	0,375	53,025	Tg	26,0	79,025
6	D	5,540	0,025	5,490	0,025	0,375	54,900	0,500	55,775	Tg	27,5	83,275
7	D	5,290	0,025	5,240	0,025	0,500	52,400	0,375	53,275	Tg	26,0	79,275
8	D	3,690	0,025	3,640	0,025	0,375	36,400	0,500	37,150	Tg	26,0	63,150
9	D	1,820	0,025	1,770	0,025	0,500	17,700	0,375	18,575	E	27,5	46,075
10	D	3,500	0,025	3,450	0,025	0,373	34,500	0,500	35,500	Tr	29,0	64,500
11	D	1,820	0,025	1,770	0,025	0,500	17,700	0,375	18,575	Tg	26,0	44,575
12	D	3,690	0,025	3,640	0,025	0,375	36,400	0,500	37,150	Kg	40,0	77,150
13	D	1,190	0,025	1,140	0,025	0,375	11,400	0,500	12,275	F	12,0	24,275
14	F	4,577	0,100	4,377	0,100	1,000	21,885	1,000	23,885	-	0,0	23,885
15	D	5,290	0,025	5,240	0,025	0,500	52,400	0,500	53,400	Tr	29,0	82,400
16	D	1,665	0,025	1,615	0,025	0,500	16,150	0,375	17,025	Tg	26,0	43,025
17	D	3,600	0,025	3,550	0,025	0,375	35,500	0,500	36,375	-	0,0	36,375
18	F	6,582	0,100	6,382	0,100	1,000	31,910	1,000	33,910	-	0,0	33,910
19	D	5,510	0,025	5,460	0,025	0,500	54,600	0,500	55,600	-	0,0	55,600
20	F	1,665	0,100	1,465	0,100	1,000	7,325	1,000	9,325	-	0,0	9,325
21	D	2,035	0,025	1,985	0,025	0,500	19,850	0,375	20,725	-	0,0	20,725
22	D	3,500	0,025	3,450	0,025	0,375	34,500	0,500	35,375	-	0,0	35,375
23	F	3,690	0,100	3,490	0,100	1,000	17,450	1,000	19,450	-	0,0	19,450
24	D	3,500	0,025	3,450	0,025	0,500	34,500	0,500	35,500	-	0,0	35,500
25	F	1,820	0,100	1,620	0,100	1,000	8,100	1,000	10,100	-	0,0	10,100
26	D	1,510	0,025	1,460	0,025	0,500	14,600	0,500	15,600	SW	7,0	22,600

                          1275,97 [s]
                          21,27 [min]

• Übersicht zu Schichthöhen und –anzahl je DB (Abschnitt 7.4)

Schichtanzahl

d_s [cm]	Phase 1 mit h_{Ph1} = 90,0 cm			Phase 2 mit h_{Ph2} = 111,0 cm			Phase 3 mit h_{Ph3} = 111,5 cm			Phase 4 mit h_{Ph4} = 67,5 cm		
	h_{Ph1}/d_s	Schichtanzahl	letzte Schicht h_{LS} [cm]	h_{Ph2}/d_s	Schichtanzahl	letzte Schicht h_{LS} [cm]	h_{Ph3}/d_s	Schichtanzahl	letzte Schicht h_{LS} [cm]	h_{Ph4}/d_s	Schichtanzahl	letzte Schicht h_{LS} [cm]
1,0	90,00	90	0,0	111,00	111	0,0	11,50	12	0,5	67,50	68	0,5
1,5	60,00	60	0,0	74,00	74	0,0	7,67	8	1,0	45,00	45	0,0
2,0	45,00	45	0,0	55,50	56	1,0	5,75	6	1,5	33,75	34	1,5
2,5	36,00	36	0,0	44,40	45	1,0	4,60	5	1,5	27,00	27	0,0
3,0	30,00	30	0,0	37,00	37	0,0	3,83	4	2,5	22,50	23	1,5
3,5	25,71	26	2,5	31,71	32	2,5	3,29	4	1,0	19,29	20	1,0
4,0	22,50	23	2,0	27,75	28	3,0	2,88	3	3,5	16,88	17	3,5
4,5	20,00	20	0,0	24,67	25	3,0	2,56	3	2,5	15,00	15	0,0
5,0	18,00	18	0,0	22,20	23	1,0	2,30	3	1,5	13,50	14	2,5
5,5	16,36	17	2,0	20,18	21	1,0	2,09	3	0,5	12,27	13	1,5
6,0	15,00	15	0,0	18,50	19	3,0	1,92	2	5,5	11,25	12	1,5
6,5	13,85	14	5,5	17,08	18	0,5	1,77	2	5,0	10,38	11	2,5
7,0	12,86	13	6,0	15,86	16	6,0	1,64	2	4,5	9,64	10	4,5
7,5	12,00	12	0,0	14,80	15	6,0	1,53	2	4,0	9,00	9	0,0
8,0	11,25	12	2,0	13,88	14	7,0	1,44	2	3,5	8,44	9	3,5
8,5	10,59	11	5,0	13,06	14	0,5	1,35	2	3,0	7,94	8	8,0
9,0	10,00	10	0,0	12,33	13	3,0	1,28	2	2,5	7,50	8	4,5
9,5	9,47	10	4,5	11,58	12	6,5	1,21	2	2,0	7,11	8	1,0
10,0	9,00	9	0,0	11,10	12	1,0	1,15	2	1,5	6,75	7	7,5
10,5	8,57	9	5,0	10,57	11	6,0	1,10	2	1,0	6,43	7	4,5
11,0	8,18	9	2,0	10,09	11	1,0	1,05	2	0,5	6,14	7	1,5
11,5	7,83	8	9,5	9,65	10	7,5	1,00	1	0,0	5,87	6	10,0
12,0	7,50	8	6,0	9,25	10	3,0	0,96	1	11,5	5,63	6	7,5
12,5	7,20	8	2,5	8,88	9	11,0	0,92	1	11,5	5,40	6	5,0
13,0	6,92	7	12,0	8,54	9	7,0	0,88	1	11,5	5,19	6	2,5
13,5	6,67	7	5,0	8,22	9	3,0	0,85	1	11,5	5,00	5	0,0
14,0	6,43	7	6,0	7,93	8	13,0	0,82	1	11,5	4,82	5	11,5
14,5	6,21	7	3,0	7,66	8	9,5	0,79	1	11,5	4,66	5	9,5
15,0	6,00	6	0,0	7,40	8	6,0	0,77	1	11,5	4,50	5	7,5

• Zeiten pro Schicht in Abhängigkeit von v_D, v_F und t_{ST} (vergleiche Abschnitt 7.4)

Gesamtzeit pro Schicht [min]

v_D [mm/s]	Phase 1b	Phase 2b	Phase 3b	Phase 4
10	127,35	112,73	104,88	133,65
20	69,39	63,80	59,39	71,16
30	50,09	47,50	44,25	50,34
40	40,44	39,36	36,68	39,94
50	34,66	34,49	32,15	33,70
60	30,82	31,25	29,14	29,55
70	28,07	28,94	26,99	26,58
80	26,02	27,22	25,39	24,37
90	24,43	25,88	24,14	22,64
100	23,16	24,82	23,15	21,27
110	22,12	23,95	22,34	20,15
120	21,26	23,23	21,67	19,21
130	20,54	22,63	21,11	18,42
140	19,92	22,11	20,63	17,75
150	19,39	21,67	20,22	17,17
160	18,92	21,28	19,86	16,66
170	18,51	20,95	19,54	16,22
180	18,15	20,65	19,27	15,82
190	17,83	20,39	19,02	15,47
200	17,54	20,15	18,80	15,16
210	17,29	19,94	18,60	14,87
220	17,05	19,75	18,43	14,61
230	16,84	19,58	18,27	14,38
240	16,65	19,43	18,12	14,17
250	16,48	19,29	17,99	13,97
260	16,32	19,16	17,87	13,80
270	16,17	19,05	17,76	13,63
280	16,03	18,94	17,66	13,48
290	15,91	18,84	17,57	13,34
300	15,79	18,75	17,48	13,21

Flugzeit pro Schicht [min]

v_F [mm/s]	Phase 1b	Phase 2b	Phase 3b	Phase 4
100	4,05	5,91	6,44	3,10
200	2,16	3,17	3,42	1,61
300	1,60	2,35	2,50	1,14
400	1,36	2,01	2,11	0,93
500	1,24	1,85	1,93	0,82

Zeit für Störstellen pro Schicht [s]

t_S [s]	Phase 1b	Phase 2b	Phase 3b	Phase 4
-50 %	4,61	5,81	5,22	3,51
-40 %	5,53	6,97	6,26	4,21
-30 %	6,45	8,13	7,30	4,91
-20 %	7,38	9,30	8,34	5,62
-10 %	8,30	10,46	9,39	6,32
realistisch	9,22	11,62	10,43	7,02
+10 %	10,14	12,78	11,47	7,72
+20 %	11,06	13,94	12,52	8,42
+30 %	11,99	15,11	13,56	9,13
+40 %	12,91	16,27	14,60	9,83
+50 %	13,83	17,43	15,65	10,53

Druckzeit pro Schicht [min]

v_D [mm/s]	Phase 1b	Phase 2b	Phase 3b	Phase 4
10	115,97	97,94	91,03	125,02
20	58,01	49,01	45,54	62,53
30	38,71	32,71	30,40	41,71
40	29,06	24,57	22,83	31,31
50	23,28	19,70	18,30	25,07
60	19,44	16,46	15,29	20,92
70	16,69	14,15	13,14	17,95
80	14,64	12,43	11,54	15,74
90	13,05	11,09	10,29	14,01
100	11,78	10,03	9,30	12,64
110	10,74	9,16	8,49	11,52
120	9,88	8,44	7,82	10,58
130	9,16	7,84	7,26	9,79
140	8,54	7,32	6,78	9,12
150	8,01	6,88	6,37	8,54
160	7,54	6,49	6,01	8,03
170	7,13	6,16	5,69	7,59
180	6,77	5,86	5,42	7,19
190	6,45	5,60	5,17	6,84
200	6,16	5,36	4,95	6,53
210	5,91	5,15	4,75	6,24
220	5,67	4,96	4,58	5,98
230	5,46	4,79	4,42	5,75
240	5,27	4,64	4,27	5,54
250	5,10	4,50	4,14	5,34
260	4,94	4,37	4,02	5,17
270	4,79	4,26	3,91	5,00
280	4,65	4,15	3,81	4,85
290	4,53	4,05	3,72	4,71
300	4,41	3,96	3,63	4,58

• Simulationsberechnungen für Abschnitt 7.4.3 – Teilung 1 DB I

Berechnung Dauer 3D-Betondruck
Phase 1
Teilung GR 1

max. Druckgeschwindigkeit
max. Fluggeschwindigkeit
max. Beschleunigung

v(D) =	**0,1** [m/s]
v(F) =	**0,2** [m/s]
a(max) =	**0,2** [m/s2]

s(B/R,D)=	0,025 [m]
s(B/R,F)=	0,100 [m]

Typ Richtungsänderung

12,0	[s]	F	Freies Wandende
27,5	[s]	E	Ecke
26,0	[s]	Tg	T-Verbindung gerade
29,0	[s]	Tr	T-Verbindung rechtwinklig
40,0	[s]	Kg	Kreuzung gerade
37,0	[s]	Kr	Kreuzung rechtwinklig
7,0	[s]	SW	Anschluss + Schichtwechsel

Summen:

Druck	394,75	[s]
	6,58	[min]
Flug	57,68	[s]
	0,96	[min]
Störstellen	279,00	[s]
	4,65	[min]

Weg Nr.	D(ruck)/F(lug)	Länge [m]	Strecke [m] Beschl.	Strecke [m] Max.	Strecke [m] Bremsen	Dauer [s] Beschl.	Dauer [s] Max.	Dauer [s] Bremsen	Dauer [s] Summe	Zusatz [s] Typ E(cke)/T]	Zusatz [s] Dauer	Dauer [s] gesamt
0	Start	-	-	-	-	-	-	-	-	F	12,0	12,000
1	D	2,190	0,025	2,140	0,025	0,500	21,400	0,375	22,275	Tg	26,0	48,275
2	D	3,600	0,025	3,550	0,025	0,375	35,500	0,500	36,375	E	27,5	63,875
3	D	5,510	0,035	5,460	0,025	0,500	54,600	0,375	55,475	Tg	26,0	81,475
4	D	5,290	0,035	5,240	0,025	0,375	52,400	0,500	53,275	E	27,5	80,775
5	D	5,265	0,025	5,215	0,025	0,500	52,150	0,375	53,025	Tg	26,0	79,025
6	D	2,245	0,025	2,195	0,025	0,375	21,950	0,500	22,825	F	12,0	34,825
7	F	2,245	0,100	2,045	0,100	1,000	10,225	1,000	12,225	-	0,0	12,225
8	D	5,290	0,025	5,240	0,025	0,500	52,400	0,500	53,400	Tr	29,0	82,400
9	D	0,530	0,025	0,480	0,025	0,500	4,300	1,000	5,800	F	12,0	17,800
10	F	0,530	0,100	0,330	0,025	1,000	1,650	1,000	3,650	-	0,0	3,650
11	D	0,300	0,025	0,250	0,025	0,500	2,500	0,500	3,500	F	12,0	15,500
12	F	0,885	0,100	0,685	0,100	1,000	3,425	1,000	5,425	F	12,0	17,425
13	D	0,480	0,025	0,430	0,025	0,375	4,300	0,500	5,175	Tg	26,0	31,175
14	D	3,600	0,025	3,550	0,025	0,500	35,500	0,500	36,375	-	0,0	36,375
15	F	3,600	0,100	3,400	0,100	1,000	17,000	1,000	19,000	-	0,0	19,000
16	D	0,300	0,025	0,250	0,025	0,500	2,500	0,500	3,500	F	12,0	15,500
17	F	0,885	0,100	0,685	0,025	1,000	3,425	1,000	5,425	F	12,0	17,425
18	D	4,325	0,025	4,275	0,025	0,500	42,750	0,500	43,750	-	0,0	43,750
19	F	2,190	0,100	1,990	0,100	1,000	9,953	1,000	11,950	SW	7,0	18,950

	731,43	[s]
	12,19	[min]

• Teilung 1 DB II

Berechnung Dauer 3D-Betondruck
Phase 2
Teilung GR 1

		max. Druckgeschwindigkeit	w(D) =	**0,1**	[m/s]
		max. Fluggeschwindigkeit	v(F) =	**0,2**	[m/s]
		max. Beschleunigung	a(max) =	**0,2**	[m/s2]

s(B/B,D)= **0,025** [m]
s(B/B,F)= **0,100** [m]

Weg Nr.	D(ruck)/F(lug)	Länge [m]	Strecke [m] Beschl.	Max.	Bremsen	Dauer [s] Beschl.	Max.	Bremsen	Summe	Zusatz [s] Typ E(cke)/T	Dauer	Dauer [s] gesamt
0	Start											12,000
1	D	2,190	0,025	2,140	0,025	0,500	21,600	0,375	22,275	F	12,0	48,275
2	D	3,600	0,025	3,550	0,025	0,375	35,500	0,500	36,375	Tg	26,0	63,875
3	D	0,910	0,025	0,860	0,025	0,500	8,600	0,500	9,600	E	27,5	21,600
4	F	2,200	0,100	2,000	0,100	1,000	10,000	1,000	12,000	F	12,0	24,000
5	D	2,400	0,025	2,350	0,025	0,500	23,500	0,375	24,375	Tg	26,0	50,375
6	F	1,540	0,025	1,490	0,025	0,375	14,900	0,500	15,775	F	12,0	27,775
7	D	2,200	0,100	2,000	0,100	1,000	10,000	1,000	12,000	F	12,0	24,000
8	D	1,550	0,025	1,500	0,025	0,500	15,000	0,500	16,000	F	12,0	43,500
9	D	1,700	0,025	1,650	0,025	0,500	16,500	0,500	17,500	E	27,5	29,500
10	F	2,200	0,100	2,000	0,100	1,000	10,000	1,000	12,000	F	12,0	24,000
11	D	1,365	0,025	1,315	0,025	0,375	13,150	0,500	14,025	Tg	26,0	40,025
12	D	2,245	0,025	2,195	0,025	1,000	21,950	0,500	22,825	F	12,0	34,825
13	F	2,245	0,100	2,045	0,100	0,500	10,225	1,000	12,225	-	0,0	12,225
14	D	5,290	0,025	5,240	0,025	1,000	52,600	0,500	53,400	Tr	29,0	82,400
15	F	0,530	0,100	0,480	0,025	0,500	4,800	0,500	5,800	F	12,0	17,800
16	D	0,530	0,100	0,330	0,100	1,000	1,650	1,000	3,650	-	0,0	3,650
17	D	0,300	0,100	0,250	0,025	1,000	2,500	0,500	3,500	F	12,0	15,500
18	F	0,885	0,100	0,685	0,100	1,000	3,425	1,000	5,425	F	12,0	17,425
19	D	0,480	0,025	0,430	0,025	0,500	4,300	0,375	5,175	Tg	26,0	31,175
20	D	3,600	0,100	3,550	0,025	0,375	35,500	0,500	36,375	-	0,0	36,375
21	F	3,600	0,025	3,400	0,100	1,000	17,000	1,000	19,000	-	0,0	19,000
22	D	0,300	0,100	0,250	0,025	0,500	2,500	0,500	3,500	F	12,0	15,500
23	F	0,885	0,100	0,685	0,100	1,000	3,425	1,000	5,425	F	12,0	17,425
24	D	4,325	0,025	4,275	0,025	0,500	42,750	0,500	43,750	-	0,0	43,750
25	F	2,190	0,100	1,990	0,100	1,000	9,950	1,000	11,950	SW	7,0	18,950

Typ Richtungsänderung

12,0	[s]	F	Freies Wandende
27,5	[s]	E	Ecke
26,0	[s]	Tg	T-Verbindung gerade
29,0	[s]	Tr	T-Verbindung rechtwinklig
40,0	[s]	Kg	Kreuzung gerade
37,0	[s]	Kr	Kreuzung rechtwinklig
7,0	[s]	SW	Anschluss + Schichtwechsel

Summen:

Druck	330,25	[s]	**5,50**	[min]
Flug	93,68	[s]	**1,56**	[min]
Störstellen	351,00	[s]	**5,85**	[min]

774,93 [s]
12,92 [min]

• Teilung 1 DB III

Berechnung Dauer: 3D-Betondruck
Phase 3
Teilung GR 1

max. Druckgeschwindigkeit $v(D)_i =$ **0,1** [m/s] $s(R/B,D) =$ 0,025 [m]
max. Fluggeschwindigkeit $v(F) =$ **0,2** [m/s] $s(R/B,F) =$ 0,100 [m]
max. Beschleunigung $a(max) =$ **0,2** [m/s2]

Typ	Richtungsänderung		
12,0	[s]	F	Freies Wandende
27,5	[s]	E	Ecke
26,0	[s]	Tg	T-Verbindung gerade
29,0	[s]	Tr	T-Verbindung rechtwinklig
40,0	[s]	Kg	Kreuzung gerade
37,0	[s]	Kr	Kreuzung rechtwinklig
7,0	[s]	SW	Anschluss + Schichtwechsel

Summen:

Druck	306,15	[s]	
	5,10	[min]	
Flug	93,02	[s]	
	1,55	[min]	
Störzeiten	299,50	[s]	
	4,99	[min]	

Weg Nr.	D(ruck)/ F(lug)	Länge [m]	Strecke [m] Bescht.	Strecke [m] Max.	Strecke [m] Bremsen	Bescal.	Dauer [s] Max	Dauer [s] Bremsen	Dauer [s] Summe	Zusatz [s] Typ E(cke)/T	Zusatz [s] Dauer	Dauer [s] gesamt
0	Start											
1	D	2,070	0,025	2,020	-	0,500	20,200	0,375	21,075	F	12,0	12,000
2	D	3,600	0,025	3,550	0,025	0,375	35,500	0,500	36,375	Tg	26,0	47,075
3	D	0,760	0,025	0,710	0,025	0,500	7,100	0,500	8,100	E	27,5	63,875
4	F	2,500	0,100	2,300	0,100	1,000	11,500	1,000	13,500	F	12,0	20,100
5	D	2,250	0,025	2,200	0,025	0,500	22,000	0,375	22,875	Tg	26,0	25,500
6	D	1,390	0,025	1,340	0,025	0,375	13,400	0,500	14,275	F	12,0	48,875
7	F	2,500	0,100	2,300	0,100	1,000	11,500	0,500	13,500	F	12,0	26,275
8	D	1,400	0,100	1,350	0,025	0,500	13,900	0,500	14,500	F	12,0	25,500
9	D	1,550	0,025	1,500	0,025	1,000	15,000	1,000	16,200	F	27,5	42,000
10	F	2,500	0,100	2,300	0,100	0,500	11,500	0,500	13,500	E	12,0	28,000
11	D	1,215	0,025	1,165	0,025	0,500	11,550	0,375	12,325	Tg	26,0	25,500
12	F	2,095	0,025	2,045	0,025	0,375	20,450	0,500	21,325	F	12,0	38,525
13	F	2,095	0,100	1,895	0,100	1,000	9,475	1,000	11,475	-	0,0	33,325
14	D	5,290	0,025	5,240	0,025	0,500	52,400	0,500	53,400	E	27,5	11,475
15	D	0,345	0,025	0,295	0,025	0,500	2,950	0,500	3,950	F	12,0	80,900
16	F	1,695	0,100	1,495	0,100	1,000	7,475	1,000	9,475	F	12,0	15,950
17	D	3,915	0,025	3,865	0,025	0,500	38,650	0,500	39,650	-	0,0	21,475
18	F	3,845	0,100	3,645	0,100	1,000	18,224	1,000	20,224	-	12,0	39,650
19	D	4,160	0,025	4,110	0,025	1,000	41,100	0,500	42,100	-	0,0	32,224
20	F	2,070	0,100	1,870	0,100	1,000	9,350	1,000	11,350	SW	7,0	18,350

698,67 [s]
11,64 [min]

• Teilung 1 DB IV

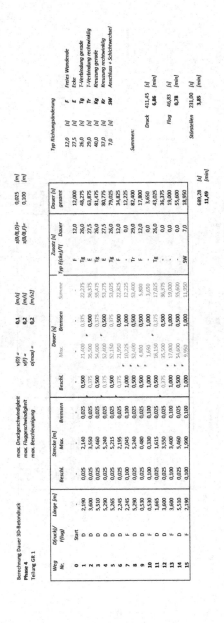

Berechnung Dauer 3D-Betondruck
Phase 4
Teilung GR 1

			max. Druckgeschwindigkeit	$v(D) =$	0,1	[m/s]	
			max. Fluggeschwindigkeit	$v(f) =$	0,2	[m/s]	
			max. Beschleunigung	$a(max) =$	0,2	[m/s2]	

$s(B/B,D)=$ 0,025 [m]
$s(B/B,F)=$ 0,100 [m]

Weg Nr.	D(ruck)/ F(lug)	Länge [m]	Strecke [m] Beschl.	Strecke [m] Max.	Strecke [m] Bremsen	Dauer [s] Beschl.	Dauer [s] Max.	Dauer [s] Bremsen	Summe	Typ E(cke)/T[]	Zusatz [s] Dauer	Dauer [s] gesamt
0	Start	-	-	-	-	-	-	-	-	F	12,0	12,000
1	D	2,190	0,025	2,140	0,025	0,500	21,400	0,375	22,275	Tg	26,0	48,275
2	D	3,600	0,025	3,550	0,025	0,375	35,500	0,500	36,375	E	27,5	63,875
3	D	5,510	0,025	5,460	0,025	0,500	54,600	0,375	55,475	Tg	26,0	81,475
4	D	5,290	0,025	5,240	0,025	0,500	52,400	0,375	53,275	E	27,5	80,775
5	D	5,265	0,025	5,215	0,025	0,500	52,150	0,375	53,025	Tg	26,0	79,025
6	D	2,245	0,025	2,195	0,025	0,375	21,950	0,500	22,825	F	12,0	34,825
7	F	2,245	0,100	2,045	0,100	1,000	10,225	1,000	12,225	-	0,0	12,225
8	D	5,290	0,025	5,240	0,025	0,500	52,400	0,500	53,400	Tr	29,0	82,400
9	D	0,530	0,025	0,480	0,025	0,500	4,800	0,500	5,800	F	12,0	17,800
10	F	0,530	0,100	0,330	0,100	1,000	1,650	1,000	3,650	-	0,0	3,650
11	D	1,665	0,025	1,615	0,025	0,500	16,150	0,375	17,025	Tg	26,0	43,025
12	D	3,600	0,025	3,550	0,025	0,375	35,500	0,500	36,375	-	0,0	36,375
13	F	3,600	0,100	3,400	0,100	1,000	17,000	1,000	19,000	-	0,0	19,000
14	D	5,510	0,025	5,460	0,025	0,500	54,600	0,500	55,600	-	0,0	55,600
15	F	2,190	0,100	1,990	0,100	1,000	9,950	1,000	11,950	SW	7,0	18,950

Typ Richtungsänderung

12,0	[s]	F	Freies Wandende
27,5	[s]	E	Ecke
26,0	[s]	Tg	T-Verbindung gerade
29,0	[s]	Tr	T-Verbindung rechtwinklig
40,0	[s]	Kg	Kreuzung gerade
37,0	[s]	Kr	Kreuzung rechtwinklig
7,0	[s]	SW	Anschluss + Schichtwechsel

Summen:

Druck	411,45	[s]	
	6,86	[min]	
Flug	46,83	[s]	
	0,78	[min]	
Störstellen	231,00	[s]	
	3,85	[min]	
	689,28	[s]	
	11,49	[min]	

• Teilung 2 DB I

Berechnung Dauer 3D-Betondruck
Phase 1
Teilung GR 2

max. Druckgeschwindigkeit $v(D) =$ 0,1 [m/s]
max. Fluggeschwindigkeit $v(F) =$ 0,2 [m/s]
max. Beschleunigung $a(max) =$ 0,2 [m/s2]

$s(B/B,D) =$ 0,025 [m]
$s(B/B,F) =$ 0,100 [m]

Typ Richtungsänderung

Typ			
F	12,0	[s]	Freies Wandernde
E	27,5	[s]	Ecke
Tg	26,0	[s]	T-Verbindung gerade
Tr	29,0	[s]	T-Verbindung rechtwinklig
Kg	40,0	[s]	Kreuzung gerade
Kr	37,0	[s]	Kreuzung rechtwinklig
SW	7,0	[s]	Anschluss + Schichtwechsel

Summen:

Druck	312,70	[s]	
	5,21	[min]	
Flug	75,03	[s]	
	1,25	[min]	
Störstellen	305,00	[s]	
	5,08	[min]	
	692,73	[s]	
	11,55	[min]	

Weg Nr.	D(ruck)/ F(lug)	Länge [m]	Strecke [m] Beschl.	Strecke [m] Max.	Strecke [m] Bremser	Dauer [s] Beschl.	Dauer [s] Max.	Dauer [s] Bremsen	Summe	Zusatz [s] Typ E(cke)/T(r)	Zusatz [s] Dauer	Dauer [s] gesamt
0	Start											
1	D	0,500	0,025	0,450	0,025	0,500	4,500	0,375	5,375	F	12,0	12,000
2	D	3,500	0,025	3,450	0,025	0,375	34,500	0,500	35,375	Tg	26,0	31,375
3	D	1,820	0,025	1,770	0,025	0,500	17,700	0,375	18,575	E	27,5	62,875
4	D	3,690	0,025	3,640	0,025	0,375	36,380	0,375	37,150	Tg	26,0	44,575
5	D	5,290	0,025	5,240	0,025	0,375	52,490	0,500	53,275	E	27,5	80,775
6	D	3,295	0,025	3,245	0,025	0,500	32,450	0,500	33,450	F	12,0	63,150
7	F	4,105	0,100	3,905	0,100	1,000	19,525	1,000	21,525	F	12,0	45,450
8	D	1,190	0,025	1,140	0,025	0,500	11,400	0,500	12,400	Kg	40,0	33,525
9	D	2,505	0,025	2,455	0,025	0,500	24,550	0,500	25,550	F	12,0	52,400
10	F	0,885	0,100	0,685	0,100	1,000	3,425	1,000	5,425	F	12,0	37,550
11	D	0,300	0,025	0,250	0,025	0,500	2,598	0,500	3,590	Tr	29,0	17,425
12	D	3,500	0,025	3,450	0,025	0,500	34,500	0,500	35,500	-	0,0	32,500
13	F	3,690	0,100	3,490	0,100	1,000	17,450	1,000	19,450	-	0,0	35,500
14	D	3,500	0,025	3,450	0,025	0,500	34,500	0,500	35,500	-	0,0	19,450
15	D	0,620	0,025	0,570	0,025	0,500	5,700	0,500	6,700	F	12,0	35,500
16	F	3,742	0,100	3,542	0,100	1,000	17,709	1,000	19,709	-	0,0	18,700
17	D	0,635	0,025	0,585	0,025	0,500	5,850	0,500	6,850	F	12,0	19,709
18	F	0,885	0,100	0,685	0,100	1,000	3,425	1,000	5,425	-	12,0	18,850
19	D	0,300	0,025	0,250	0,025	0,500	2,500	0,500	3,500	-	12,0	17,425
20	F	0,5	0,100	0,300	0,100	1,000	1,500	1,000	3,500	SW	7,0	10,500

• Teilung 2 DB II

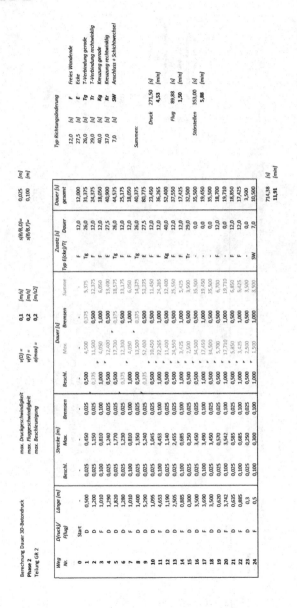

Berechnung Dauer 3D-Betondruck
Phase 2
Teilung GR 2

	max. Druckgeschwindigkeit	$w(D) =$	**0,1**	[m/s]			$s(B/B,D)=$	**0,025**	[m]
	max. Fluggeschwindigkeit	$v(F) =$	**0,2**	[m/s]			$s(B/B,F)=$	**0,100**	[m]
	max. Beschleunigung	$a(max) =$	**0,2**	[m/s2]					

Weg Nr.	D(ruck)/ F(lug)	Länge [m]	Strecke [m] Beschl.	Max.	Bremsen	Dauer [s] Beschl.	Max.	Bremsen	Summe	Zusatz [s] Typ E(cke)/T	Dauer	Dauer [s] gesamt
0	Start											
1	D	0,500	0,025	0,450	0,025	0,500	4,500	0,375	5,375	F	12,0	12,000
2	D	1,200	0,025	1,150	0,025	0,375	11,500	0,500	12,375	Tg	26,0	31,375
3	D	1,010	0,100	0,810	0,100	1,000	4,050	1,000	6,050	F	12,0	24,375
4	F	1,290	0,025	1,240	0,025	0,500	12,600	0,500	13,600	E	27,5	18,050
5	D	1,820	0,025	1,770	0,025	0,500	17,700	0,375	18,575	Tg	26,0	40,900
6	D	1,280	0,025	1,230	0,025	0,375	12,300	0,500	13,175	F	12,0	44,575
7	F	1,010	0,100	0,810	0,100	1,000	4,050	1,000	6,050	F	12,0	18,050
8	D	1,400	0,025	1,350	0,025	0,500	13,500	0,375	14,375	Tg	26,0	40,375
9	D	5,290	0,025	5,240	0,025	0,375	52,400	0,500	53,275	E	27,5	80,775
10	D	1,095	0,025	1,045	0,025	0,500	10,450	0,500	11,450	F	12,0	23,450
11	F	4,653	0,100	4,453	0,100	1,000	22,265	1,000	24,265	F	12,0	36,265
12	D	1,190	0,025	1,140	0,025	0,500	11,400	0,500	12,400	Kg	40,0	52,400
13	D	2,505	0,025	2,455	0,025	0,500	24,550	0,500	25,550	F	12,0	37,550
14	F	0,885	0,100	0,685	0,100	1,000	3,425	1,000	5,425	F	12,0	17,425
15	D	0,300	0,025	0,250	0,025	0,500	2,500	0,500	3,500	Tr	29,0	32,500
16	D	3,500	0,025	3,490	0,025	0,500	34,500	0,500	35,500	-	0,0	35,500
17	F	3,690	0,100	3,490	0,100	1,000	17,450	1,000	19,450	-	0,0	19,450
18	D	3,500	0,025	3,450	0,025	0,500	34,500	0,500	35,500	-	0,0	35,500
19	D	0,620	0,025	0,570	0,025	0,500	5,700	0,500	6,700	F	12,0	18,700
20	F	3,742	0,100	3,542	0,100	1,000	17,710	1,000	19,710	-	0,0	19,710
21	D	0,635	0,025	0,585	0,025	0,500	5,850	0,500	6,850	F	12,0	18,850
22	F	0,885	0,100	0,685	0,100	1,000	3,425	1,000	5,425	F	12,0	17,425
23	D	0,3	0,025	0,250	0,025	1,000	2,500	0,500	3,500	-	12,0	3,500
24	F	0,5	0,100	0,300	0,100	1,000	1,500	1,000	3,500	SW	7,0	10,500

Typ Richtungsänderung

12,0	[s]	F	Freies Wandende
27,5	[s]	E	Ecke
26,0	[s]	Tg	T-Verbindung gerade
29,0	[s]	Tr	T-Verbindung rechtwinklig
40,0	[s]	Kg	Kreuzung gerade
37,0	[s]	Kr	Kreuzung rechtwinklig
7,0	[s]	SW	Anschluss + Schichtwechsel

Summen:

Druck	271,50	[s]	4,53	[min]
Flug	89,88	[s]	1,50	[min]
Störstellen	353,00	[s]	5,88	[min]

714,38 [s]
11,91 [min]

• Teilung 2 DB III

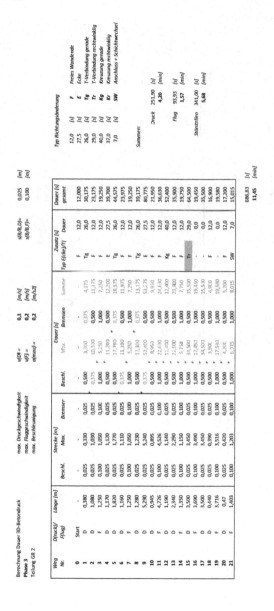

Berechnung Dauer 3D-Betondruck
Phase 3
Teilung GR 2

max. Druckgeschwindigkeit   v(Dr) = **0,1** [m/s]   s(B/B,Dr)= **0,025** [m]
max. Fluggeschwindigkeit   v(F) = **0,2** [m/s]   s(B/B,F)= **0,100** [m]
max. Beschleunigung   a(max) = **0,2** [m/s2]

Typ Richtungsänderung

12,0	[s]	F	Freies Wändende
27,5	[s]	E	Ecke
26,0	[s]	Tg	T-Verbindung gerade
29,0	[s]	Tr	T-Verbindung rechtwinklig
40,0	[s]	Kg	Kreuzung gerade
37,0	[s]	Kr	Kreuzung rechtwinklig
7,0	[s]	SW	Anschluss + Schichtwechsel

Summen:

Druck	251,90	[s]
	4,20	[min]
Flug	93,93	[s]
	1,57	[min]
Störstellen	341,00	[s]
	5,68	[min]

Weg Nr.	D(ruck)/F(lug)	Länge [m]	Strecke [m] Beschl.	Strecke [m] Max.	Strecke [m] Bremser	Dauer [s] Beschl.	Dauer [s] Max.	Dauer [s] Bremsen	Dauer [s] Summe	Zusatz Typ Ecke/T	Zusatz Dauer	Dauer gesamt
0	Start											
1	D	0,380	0,025	0,330	0,025	0,500	3,300	0,375	4,175	F	12,0	12,000
2	D	1,080	0,025	1,030	0,025	0,375	10,330	0,500	11,175	Tg	26,0	30,175
3	F	1,250	0,100	1,050	0,100	1,000	5,250	1,000	7,250	F	12,0	23,175
4	D	1,170	0,025	1,120	0,025	0,500	11,200	0,500	12,200	E	27,5	19,250
5	D	1,820	0,025	1,770	0,025	0,375	17,700	0,375	18,575	Tg	26,0	39,700
6	D	1,160	0,025	1,110	0,025	0,500	11,100	0,500	11,975	F	12,0	44,575
7	F	1,250	0,100	1,050	0,100	0,375	5,250	0,375	7,250	Tg	26,0	23,975
8	D	1,280	0,025	1,230	0,025	0,500	13,200	0,375	13,175	E	27,5	19,250
9	D	5,290	0,025	5,240	0,025	0,500	52,400	0,500	53,275	F	12,0	39,175
10	D	0,945	0,025	0,895	0,025	0,375	8,950	0,500	9,950	Kg	40,0	80,775
11	F	4,726	0,100	4,526	0,100	1,000	22,630	1,000	24,630	F	12,0	21,950
12	D	1,190	0,025	1,140	0,025	0,500	11,400	0,500	12,400	Kg	40,0	36,630
13	D	2,340	0,025	2,290	0,025	0,500	22,900	0,500	23,900	F	12,0	52,400
14	F	1,350	0,100	1,150	0,100	1,000	5,750	1,000	7,750	F	12,0	35,900
15	D	3,500	0,025	3,450	0,025	0,500	34,500	0,500	35,520	Tr	29,0	19,750
16	D	3,690	0,100	3,490	0,100	0,500	17,850	1,000	19,750		0,0	64,500
17	D	3,500	0,025	3,450	0,025	0,500	34,500	1,000	35,530		0,0	19,450
18	D	0,440	0,025	0,390	0,025	0,500	3,900	0,500	4,900	F	12,0	35,500
19	D	3,716	0,100	3,516	0,100	1,000	17,540	1,000	19,580		0,0	16,900
20	D	0,47	0,025	0,420	0,025	0,500	4,200	0,500	5,200		0,0	19,580
21	F	1,403	0,100	1,203	0,100	1,000	6,015	1,000	8,015	SW	7,0	17,200
												15,015

686,83 [s]
11,45 [min]

• Teilung 2 DB IV

Berechnung Dauer 3D-Betondruck
Phase 4
Teilung GR 2

			max. Druckgeschwindigkeit	w(D) =	0,1	[m/s]
			max. Fluggeschwindigkeit	w(F) =	0,2	[m/s]
			max. Beschleunigung	a(max) =	0,2	[m/s2]
			s(B/B,D)=	0,025	[m]	
			s(B/B,F)=	0,100	[m]	

Weg Nr.	D(ruck)/ F(lug)	Länge [m]	Strecke [m] Beschl.	Strecke [m] Max.	Strecke [m] Bremsen	Dauer [s] Beschl.	Dauer [s] Max.	Dauer [s] Bremsen	Summe	Zusatz [s] Typ E(cke)/T	Zusatz [s] Dauer	Dauer [s] gesamt
0	Start	-	-	-	-	-	-	-	-	F	12,0	12,000
1	D	1,510	0,025	1,460	0,025	0,500	14,600	0,375	15,475	Tg	26,0	41,475
2	D	3,500	0,025	3,450	0,025	0,375	34,500	0,500	35,375	E	27,5	62,875
3	D	1,820	0,025	1,770	0,025	0,500	17,700	0,375	18,575	Tg	26,0	44,575
4	D	3,690	0,025	3,640	0,025	0,375	36,400	0,500	37,150	Tg	26,0	63,150
5	D	5,290	0,025	5,240	0,025	0,500	52,600	0,500	53,275	E	27,5	80,775
6	D	3,295	0,025	3,245	0,025	1,000	32,450	1,000	33,450	F	12,0	45,450
7	F	4,105	0,100	3,905	0,100	0,500	19,525	0,500	21,525	F	12,0	33,525
8	D	1,190	0,025	1,140	0,025	0,500	11,400	0,500	12,400	Kg	40,0	52,400
9	D	3,690	0,025	3,640	0,025	0,500	36,400	0,500	37,400	Tr	29,0	66,400
10	D	3,500	0,025	3,450	0,025	0,500	34,500	0,500	35,500	-	0,0	35,500
11	D	3,690	0,025	3,640	0,025	0,500	36,400	0,500	37,400	-	0,0	37,400
12	D	3,500	0,025	3,450	0,025	0,500	34,500	0,500	35,500	-	0,0	35,500
13	D	1,505	0,025	1,455	0,025	0,500	14,550	0,500	15,550	F	12,0	27,550
14	F	3,985	0,100	3,785	0,100	1,000	18,925	1,000	20,925	-	0,0	20,925
15	D	1,820	0,025	1,770	0,025	0,500	17,700	0,500	18,700	SW	0,0	18,700
16	F	1,510	0,100	1,310	0,100	1,000	6,550	1,000	8,550		7,0	15,550

Typ Richtungsänderung				
F	12,0	[s]	F	Freies Wandende
E	27,5	[s]	E	Ecke
Tg	26,0	[s]	Tg	T-Verbindung gerade
Tr	29,0	[s]	Tr	T-Verbindung rechtwinklig
Kg	40,0	[s]	Kg	Kreuzung gerade
Kr	37,0	[s]	Kr	Kreuzung rechtwinklig
SW	7,0	[s]	SW	Anschluss + Schichtwechsel

Summen:				
	Druck	385,75	[s]	
		6,43	[min]	
	Flug	51,00	[s]	
		0,85	[min]	
	Störstellen	257,00	[s]	

		693,75	[s]
		11,56	[min]

Anlage 8: Grundrisse, Druckstrategie und Berechnungen gemäß (Abschnitt 7.4.6)

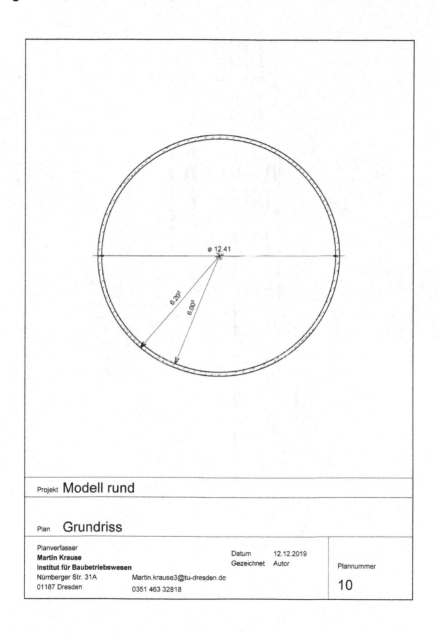

Projekt **Modell rund**

Plan **Grundriss**

Planverfasser			
Martin Krause	Datum	12.12.2019	
Institut für Baubetriebswesen	Gezeichnet	Autor	Plannummer
Nürnberger Str. 31A Martin.krause3@tu-dresden.de			
01187 Dresden 0351 463 32818			**10**

• Simulation Referenzgebäude „störungsfrei"

Berechnung Dauer 3D-Betondruck
Modell „rund"

max. Druckgeschwindigkeit	$v(D) =$ 0,1	[m/s]
max. Fluggeschwindigkeit	$v(F) =$ 0,2	[m/s]
max. Beschleunigung	$a(max) =$ 0,2	[m/s2]
$s(B/B,D) =$ 0,025	[m]	
$s(B/B,F) =$ 0,100	[m]	

Typ Richtungsänderung

F	12,0	[s]	Freies Wandende
E	27,5	[s]	Ecke
Tg	26,0	[s]	T-Verbindung gerade
Tr	29,0	[s]	T-Verbindung rechtwinklig
Kg	40,0	[s]	Kreuzung gerade
Kr	37,0	[s]	Kreuzung rechtwinklig
AS	10,0	[s]	Anschluss + Schichtwechsel

Weg Nr.	D(ruck)/ F(lug)	Länge [m]	Strecke [m] Beschl.	Max.	Bremsen	Dauer [s] Beschl.	Max.	Bremsen	Summe	Zusatz [s] Typ Ec(ke)/T|	Dauer	Dauer [s] gesamt
0	Start	-	-	-	-	-	-	-				
1	D	38,360	0,025	38,310	0,025	0,500	38,100	0,500	384,100	F	12,0	12,000
2	F	0,500	0,100	0,300	0,100	1,000	1,500	1,000	3,500	AS	10,0	394,100
										-	0,0	3,500
												409,60 [s]
												6,83 [min]

Umfang = 38,36 [m]
Höhe = 2,80 [m]
Wandfläche gesamt = 107,41 [m2]

Gesamtzeit = Schichtzeit x 56 Schichten = 382,29 [min]
6,37 [h]

Gesamtzeit / Wandfläche = 0,059 [h/m2]

Summen:

D	384,10	[s]	93,77
	6,40	[min]	
F	3,50	[s]	0,85
	0,06	[min]	
Störstellen	22,00	[s]	5,37
	0,37	[min]	

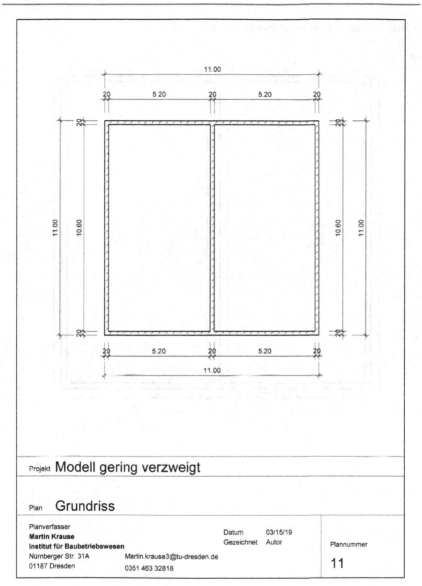

Projekt **Modell gering verzweigt**

Plan **Grundriss**

Planverfasser
Martin Krause
Institut für Baubetriebswesen
Nürnberger Str. 31A   Martin.krause3@tu-dresden.de
01187 Dresden   0351 463 32818

Datum   03/15/19
Gezeichnet   Autor

Plannummer

11

• Druckstrategie Referenzgebäude „gering verzweigt"

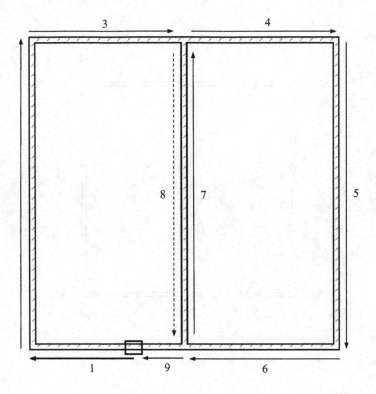

• Simulationsberechnung Referenzgebäude „gering verzweigt"

Berechnung Dauer 3D-Betondruck
Modell "gering verzweigt"

max. Druckgeschwindigkeit
max. Fluggeschwindigkeit
max. Beschleunigung

v(□)=	**0,1**	[m/s]
v(E)=	**0,2**	[m/s]
a(max) =	**0,2**	[m/s2]

s(B/B,D)=	0,025	[m]
s(B/B,F)=	0,100	[m]

Typ Richtungsänderung

12,0	[s]	**F**	F	Freies Wandende
27,5	[s]	**E**	E	Ecke
26,0	[s]	**Tg**	Tg	T-Verbindung gerade
29,0	[s]	**Tr**	Tr	T-Verbindung rechtwinklig
40,0	[s]	**Kg**	Kg	Kreuzung gerade
37,0	[s]	**Kr**	Kr	Kreuzung rechtwinklig
10,0	[s]	**AS**	AS	Anschluss + Schichtwechsel

Summen: **9,03** [min]
F **57,50** [s]
0,96 [min]
Stösstellen 187,00 [s]
3,12 [min]

Weg Nr.	D(ruck)/ F(lug)	Länge [m]	Beschl.	Strecke [m] Max.	Bremsen	Bescal.	Dauer [s] v(□)ax	Bremsen	Summe	Zusatz [s] Typ Es(Ke)/T(	Dauer	Dauer [s] gesamt
0	Start	-	-	-	-	-	-	-	-	F	12,0	12,000
1	D	5,000	0,025	4,950	0,025	0,500	49,500	0,500	49,500	E	27,5	78,000
2	D	10,800	0,025	10,750	0,025	0,500	107,500	0,500	108,500	E	27,5	136,000
3	D	5,400	0,025	5,350	0,025	0,500	53,500	0,375	54,375	Tg	26,0	80,375
4	D	5,400	0,025	5,350	0,025	0,375	53,00	0,500	54,375	E	27,5	81,875
5	D	10,800	0,025	10,750	0,025	0,500	107,500	0,500	103,500	E	27,5	136,000
6	D	5,400	0,025	5,350	0,025	0,500	53,500	0,500	54,500	Tr	29,0	83,500
7	D	10,600	0,025	10,550	0,025	0,500	105,500	0,500	106,500	-	0,0	106,500
8	F	10,600	0,100	10,400	0,100	1,00	52,000	1,000	54,000	-	0,0	106,500
9	D	0,400	0,025	0,350	0,025	0,500	3,500	0,500	4,500	AS	10,0	54,000
												14,500

786,25 [s]
13,10 [min]

Länge Wände =	53,8	[m]
Höhe =	2,80	[m]
Wandfläche gesamt =	150,64	[m2]

Gesamtzeit = Schichtzeit x 56 Schichten = **733,83** [min]
12,23 [h]

Gesamtzeit / Wandfläche = **0,081** [h/m2]

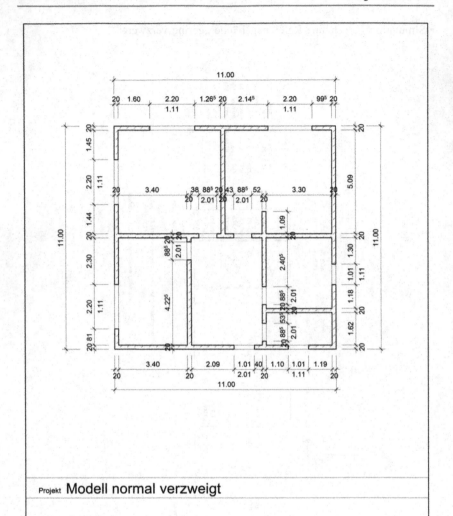

Projekt Modell normal verzweigt

Plan Grundriss

Planverfasser		
Martin Krause	Datum	28.02.2019
Institut für Baubetriebswesen	Gezeichnet	Martin Krause
Nürnberger Str. 31A	Martin.krause3@tu-dresden.de	
01187 Dresden	0351 463 32818	

Plannummer

01

• Druckstrategie Referenzgebäude „normal verzweigt"

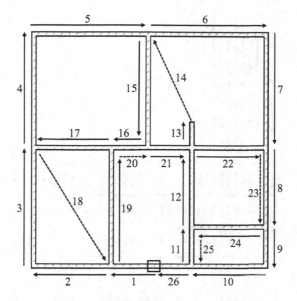

• Simulationsberechnung Referenzgebäude „gering verzweigt"

Berechnung Dauer 3D-Betondruck
Modell "Promotion"

max. Druckgeschwindigkeit   v(D) = **0,1** [m/s]
max. Fluggeschwindigkeit   v(F) = **0,2** [m/s]
max. Beschleunigung   a(max) = **0,2** [m/s2]

s(B/B_D)= **0,025** [m]
s(B/B_F)= **0,100** [m]

Weg Nr.	D(ruck)/F(lug)	Länge [m]	Strecke [m] Beschl.	Strecke [m] Max.	Strecke [m] Bremsen	Dauer [s] Beschl.	Dauer [s] Max.	Dauer [s] Bremsen	Dauer [s] Summe	Zusatz [s] Typ Ecke/T	Zusatz [s] Dauer	Dauer [s] gesamt
0	Start									F	12,0	12,000
1	D	2,190	0,025	2,140	0,025	0,500	21,400	0,375	22,275	Tg	26,0	48,275
2	D	3,600	0,025	3,550	0,025	0,375	35,500	0,500	36,375	E	27,5	63,875
3	D	5,510	0,025	5,460	0,025	0,500	54,600	0,375	55,475	Tg	26,0	81,475
4	D	5,290	0,025	5,240	0,025	0,375	52,400	0,500	53,275	E	27,5	80,775
5	D	5,265	0,025	5,215	0,025	0,500	52,150	0,375	53,035	Tg	26,0	79,025
6	D	5,540	0,025	5,490	0,025	0,375	54,900	0,500	55,775	E	27,5	83,275
7	D	5,290	0,025	5,240	0,025	0,500	52,400	0,375	53,275	Tg	26,0	79,275
8	D	3,690	0,025	3,640	0,025	0,375	36,400	0,375	37,150	Tg	26,0	63,150
9	D	1,820	0,025	1,770	0,025	0,375	17,700	0,500	18,575	E	27,5	46,075
10	D	3,500	0,025	3,450	0,025	0,500	34,500	0,500	35,500	Tr	29,0	64,500
11	D	1,820	0,025	1,770	0,025	0,375	17,700	0,375	18,575	E	26,0	44,575
12	D	3,690	0,025	3,640	0,025	0,500	36,400	0,375	37,150	Kg	40,0	77,150
13	D	1,190	0,100	1,140	0,100	0,375	11,400	0,500	12,275	F	12,0	24,275
14	F	4,577	0,025	4,377	0,025	1,000	21,885	1,000	23,885	-	0,0	23,885
15	D	5,290	0,025	5,240	0,025	0,500	52,400	0,500	53,400	Tr	29,0	82,400
16	D	1,665	0,025	1,615	0,025	0,500	16,150	0,375	17,025	Tg	26,0	43,025
17	D	3,600	0,025	3,550	0,025	0,375	35,500	0,500	36,375	-	0,0	36,375
18	F	6,582	0,100	5,460	0,100	1,000	31,910	1,000	33,910	-	0,0	33,910
19	D	5,510	0,025	6,382	0,025	0,500	54,650	0,500	55,600	-	0,0	55,600
20	F	1,665	0,100	1,465	0,100	1,000	7,325	1,000	9,325	-	0,0	9,325
21	D	2,035	0,025	1,985	0,025	1,000	19,850	0,500	20,850	-	0,0	20,850
22	D	3,500	0,025	3,450	0,025	0,500	34,500	0,500	35,500	-	0,0	35,500
23	F	3,690	0,100	3,490	0,100	1,000	17,450	0,500	19,450	-	0,0	19,450
24	D	3,500	0,025	3,450	0,025	0,500	34,500	1,000	35,500	-	0,0	35,500
25	F	1,820	0,100	1,620	0,100	1,000	8,100	1,000	10,100	-	0,0	10,100
26	D	1,510	0,025	1,460	0,025	0,500	14,600	0,500	15,600	AS	7,0	22,600

Typ Richtungsänderung

F	12,0	[s]	Freies Wandende
E	27,5	[s]	Ecke
Tg	26,0	[s]	T-Verbindung gerade
Tr	29,0	[s]	T-Verbindung rechtwinklig
Kg	40,0	[s]	Kreuzung gerade
Kr	37,0	[s]	Kreuzung rechtwinklig
AS	10,0	[s]	Anschluss + Schichtwechsel

Summen:

D	758,55	[s]	12,64	[min]
F	96,67	[s]	1,61	[min]
Störstellen	421,00	[s]	7,02	[min]
	1276,22	[s]	21,27	[min]

Gesamtes Gebäude = Schichtzeit x 56 Schichten = **1.191,14** [min]   **19,85** [h]

Gesamtzeit / Wandfläche = **0,095** [h/m2]

Länge Wände = 75,005 [m]
Höhe = 2,80 [m]
Wandfläche gesamt = 210,01 [m2]

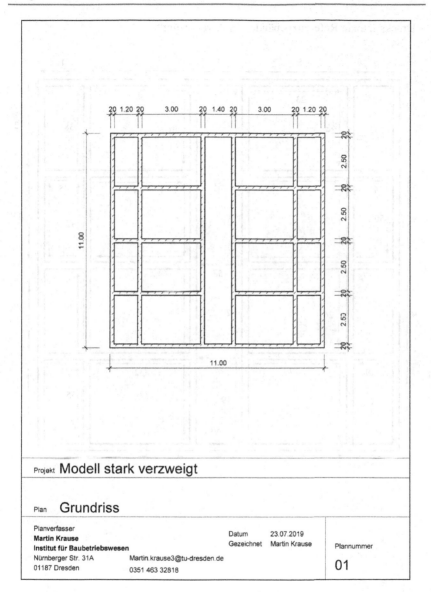

Projekt **Modell stark verzweigt**

Plan **Grundriss**

Planverfasser
Martin Krause
Institut für Baubetriebswesen
Nürnberger Str. 31A   Martin.krause3@tu-dresden.de
01187 Dresden   0351 463 32818

Datum   23.07.2019
Gezeichnet   Martin Krause

Plannummer

01

• Druckstrategie Referenzgebäude „stark verzweigt"

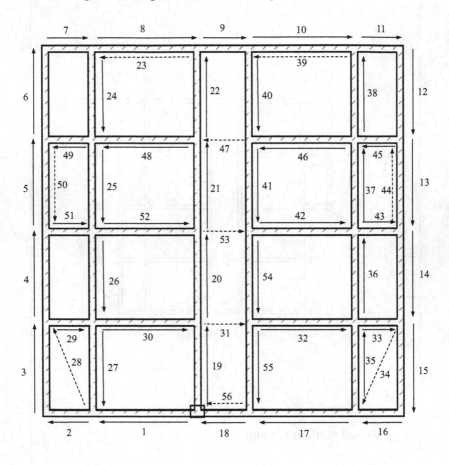

- Simulationsberechnung Referenzgebäude „stark verzweigt"

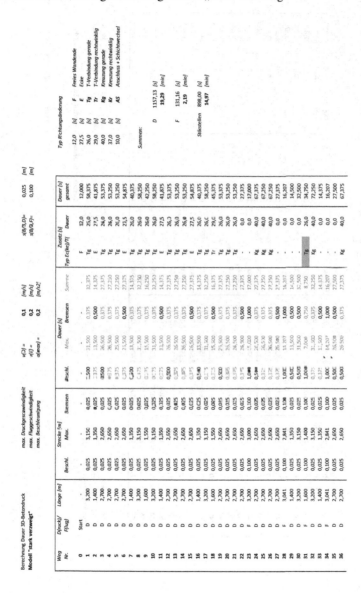

#												
36	D	2,700	0,025	2,650	0,025	0,500	26,500	0,375	27,375	Kg	40,0	67,375
37	D	2,700	0,025	2,650	0,025	0,375	26,500	0,375	27,250	Kg	40,0	67,250
38	D	2,700	0,025	2,650	0,025	0,375	26,500	0,500	27,375	-	0,0	27,375
39	F	3,200	0,100	3,000	0,100	1,000	15,000	1,000	17,000	Tg	0,0	17,000
40	D	2,700	0,025	2,650	0,025	0,500	26,500	0,375	27,375	Tr	26,0	53,375
41	D	2,700	0,025	2,650	0,025	0,375	26,500	0,500	27,375	-	29,0	56,375
42	D	3,200	0,025	3,150	0,025	0,500	31,500	0,500	32,500	-	0,0	32,500
43	D	1,400	0,100	1,350	0,025	0,500	13,500	1,000	14,500	-	0,0	14,500
44	F	2,700	0,100	2,500	0,100	1,000	12,500	0,500	14,500	-	0,0	14,500
45	D	1,400	0,025	1,350	0,025	0,500	13,500	0,500	14,500	-	0,0	14,500
46	D	3,200	0,025	3,150	0,025	0,500	31,500	0,500	32,500	-	0,0	32,500
47	F	1,600	0,100	1,400	0,100	1,000	7,000	1,000	9,000	-	0,0	9,000
48	D	3,200	0,025	3,150	0,025	0,500	31,500	0,500	32,500	-	0,0	32,500
49	D	1,400	0,100	1,350	0,025	0,500	13,500	1,000	14,500	-	0,0	14,500
50	F	2,700	0,100	2,500	0,100	1,000	12,500	0,500	14,500	-	0,0	14,500
51	D	1,400	0,025	1,350	0,025	0,500	13,500	0,500	14,500	-	0,0	14,500
52	D	3,200	0,025	3,150	0,025	0,500	31,500	1,000	32,500	-	0,0	32,500
53	F	1,600	0,100	1,400	0,100	1,000	7,000	1,000	9,000	-	0,0	9,000
54	D	2,700	0,025	2,650	0,025	0,500	26,500	0,500	27,500	-	0,0	27,500
55	D	2,700	0,025	2,650	0,025	0,500	26,500	0,500	27,500	-	0,0	27,500
56	F	1,600	0,100	1,400	0,100	1,000	7,000	1,000	9,000	AS	10,0	19,000

Länge Wände = 114 [m]
Höhe = 2,80 [m]
Wandfläche gesamt = 319,20 [m2]

2186,29 [s]
36,44 [min]

Gesamtes Gebäude = Schichtzeit x 56 Schichten = 2.040,54 [min]
34,01 [h]

Gesamtzeit / Wandfläche = 0,107 [h/m2]

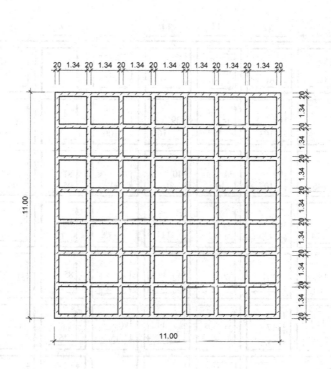

Projekt **Modell maximal verzweigt**

Plan **Grundriss maximal verzweigt (nicht praxisnah)**

Planverfasser
Martin Krause
Institut für Baubetriebswesen
Nürnberger Str. 31A
01187 Dresden

Datum   12.12.2019
Gezeichnet   Autor

Martin.krause3@tu-dresden.de
0351 463 32818

Plannummer

10

• Druckstrategie Referenzgebäude „maximal verzweigt"

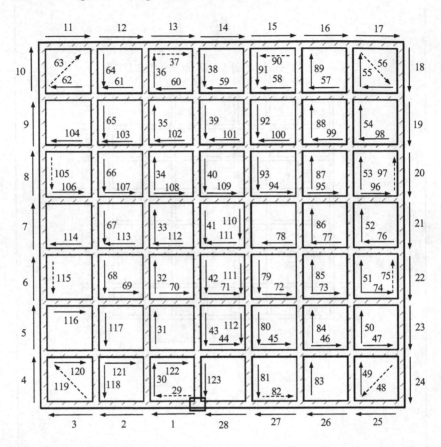

• Simulationsberechnung Referenzgebäude „maximal verzweigt"

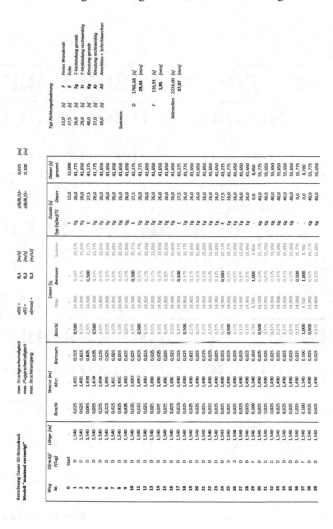

Nr.												
40	D	1,540	0,025	1,490	0,025	0,375	14,900	0,375	15,650	Kg	40,0	55,650
41	D	1,540	0,025	1,490	0,025	0,375	14,900	0,375	15,650	Kg	40,0	55,650
42	D	1,540	0,025	1,490	0,025	0,375	14,900	0,375	15,650	Kg	40,0	55,650
43	D	1,540	0,025	1,490	0,025	0,500	14,900	0,500	15,775	Kr	37,0	52,775
44	D	1,540	0,025	1,490	0,025	0,375	14,900	0,375	15,775	Kg	40,0	55,775
45	D	1,540	0,025	1,490	0,025	0,375	14,900	0,375	15,650	Kg	40,0	55,650
46	D	1,540	0,025	1,490	0,025	0,375	14,900	0,375	15,650	Kg	40,0	55,650
47	D	1,540	0,025	1,490	0,025	0,500	14,900	0,500	15,775	-	0,0	15,775
48	F	2,178	0,100	1,978	0,100	1,000	9,889	1,000	11,889	-	0,0	11,889
49	D	1,540	0,025	1,490	0,025	0,500	14,900	0,500	15,900	-	0,0	15,900
50	D	1,540	0,025	1,490	0,025	0,375	14,900	0,375	15,775	Kg	40,0	55,775
51	D	1,540	0,025	1,490	0,025	0,375	14,900	0,375	15,650	Kg	40,0	55,650
52	D	1,540	0,025	1,490	0,025	0,375	14,900	0,375	15,650	Kg	40,0	55,650
53	D	1,540	0,025	1,490	0,025	0,375	14,900	0,375	15,650	Kg	40,0	55,650
54	D	1,540	0,025	1,490	0,025	0,500	14,900	0,500	15,775	-	0,0	15,775
55	F	2,178	0,100	1,978	0,100	1,000	9,889	1,000	11,889	-	0,0	11,889
56	D	1,540	0,025	1,490	0,025	0,500	14,900	0,500	15,900	-	0,0	15,900
57	D	1,540	0,025	1,490	0,025	0,375	14,900	0,375	15,775	Kg	40,0	55,775
58	D	1,540	0,025	1,490	0,025	0,375	14,900	0,375	15,650	Kg	40,0	55,650
59	D	1,540	0,025	1,490	0,025	0,500	14,900	0,500	15,775	-	0,0	15,775
60	D	1,540	0,025	1,490	0,025	0,500	14,900	0,500	15,900	-	0,0	15,900
61	D	1,540	0,025	1,490	0,025	0,375	14,900	0,375	15,775	Kg	40,0	55,775
62	D	1,540	0,025	1,490	0,025	0,500	14,900	0,500	15,775	-	0,0	15,775
63	F	2,178	0,100	1,978	0,100	1,000	9,889	1,000	11,889	-	0,0	11,889
64	D	1,540	0,025	1,490	0,025	0,500	14,900	0,500	15,900	-	0,0	15,900
65	D	1,540	0,025	1,490	0,025	0,375	14,900	0,375	15,775	Kg	40,0	55,775
66	D	1,540	0,025	1,490	0,025	0,375	14,900	0,375	15,650	Kg	40,0	55,650
67	D	1,540	0,025	1,490	0,025	0,500	14,900	0,500	15,775	-	0,0	15,775
68	D	1,540	0,025	1,490	0,025	0,500	14,900	0,500	15,900	-	0,0	15,900
69	D	1,540	0,025	1,490	0,025	0,500	14,900	0,500	15,900	-	0,0	15,900
70	D	1,540	0,025	1,490	0,025	0,375	14,900	0,375	15,775	Kg	40,0	55,775
71	D	1,540	0,025	1,490	0,025	0,375	14,900	0,375	15,650	Kg	40,0	55,650
72	D	1,540	0,025	1,490	0,025	0,500	14,900	0,500	15,775	Kr	37,0	52,775
73	D	1,540	0,025	1,490	0,025	0,500	14,900	0,500	15,900	-	0,0	15,900
74	D	1,540	0,025	1,490	0,025	0,500	14,900	0,500	15,900	-	0,0	15,900
75	D	1,540	0,025	1,490	0,025	0,375	14,900	0,375	15,775	Kg	40,0	55,775
76	D	1,540	0,025	1,490	0,025	0,500	14,900	0,500	15,900	-	0,0	15,900
77	F	1,340	0,100	1,340	0,100	1,000	6,700	1,000	8,700	-	0,0	8,700
78	D	1,540	0,025	1,490	0,025	0,500	14,900	0,500	15,900	-	0,0	15,900
79	D	1,540	0,025	1,490	0,025	0,375	14,900	0,375	15,775	-	0,0	15,775
80	D	1,540	0,025	1,490	0,025	0,375	14,900	0,375	15,775	Kg	40,0	55,775
81	D	1,540	0,025	1,490	0,025	0,375	14,900	0,375	15,775	-	0,0	15,775
82	D	1,540	0,025	1,490	0,025	0,500	14,900	0,500	15,775	Kg	40,0	55,775
83	D	1,540	0,025	1,490	0,025	0,500	14,900	0,500	15,775	Kr	37,0	52,775
84	F	1,340	0,100	1,340	0,100	1,000	6,700	1,000	8,700	-	0,0	8,700
85	D	1,540	0,025	1,490	0,025	0,500	14,900	0,500	15,900	-	0,0	15,900
86	D	1,540	0,025	1,490	0,025	0,500	14,900	0,500	15,900	-	0,0	15,900

87	D	1,540	0,025	1,490	0,025	0,500	14,900		0,375	15,775	kg	40,0	55,775
88	D	1,540	0,025	1,490	0,025	0,375	14,900		0,375	15,650	kg	40,0	55,650
89	D	1,540	0,025	1,490	0,025	0,375	14,900		0,500	15,775	-	0,0	15,775
90	D	1,540	0,025	1,490	0,025	0,500	14,900		0,500	15,900	-	0,0	15,900
91	F	1,540	0,100	1,340	0,100	1,000	6,700		1,000	8,700		0,0	8,700
92	D	1,540	0,025	1,490	0,025	0,500	14,900		0,500	15,900	kg	40,0	15,900
93	D	1,540	0,025	1,490	0,025	0,500	14,900		0,375	15,775	kr	37,0	55,775
94	D	1,540	0,025	1,490	0,025	0,500	14,900		0,500	15,775		0,0	52,775
95	D	1,540	0,025	1,490	0,025	0,500	14,900		0,500	15,900		0,0	15,900
96	D	1,540	0,025	1,490	0,025	0,500	14,900		0,500	15,900		0,0	15,900
97	D	1,540	0,025	1,490	0,025	0,500	14,900		0,500	15,900		0,0	15,900
98	F	1,540	0,100	1,340	0,100	1,000	6,700		1,000	8,700		0,0	8,700
99	D	1,540	0,025	1,490	0,025	0,500	14,900		0,500	15,900		0,0	15,900
100	D	1,540	0,100	1,490	0,025	0,500	14,900		0,500	15,900		0,0	15,900
101	D	1,540	0,025	1,490	0,025	0,500	14,900		0,500	15,900		0,0	15,900
102	D	1,540	0,025	1,490	0,025	0,500	14,900		0,500	15,900		0,0	15,900
103	D	1,540	0,025	1,490	0,025	0,500	14,900		0,500	15,900		0,0	15,900
104	D	1,540	0,025	1,490	0,025	0,500	14,900		0,500	15,900		0,0	15,900
105	D	1,540	0,025	1,490	0,025	0,500	14,900		0,500	15,900		0,0	15,900
106	F	1,540	0,100	1,340	0,100	1,000	6,700		1,000	8,700		0,0	8,700
107	D	1,340	0,025	1,490	0,025	0,500	14,900		0,500	15,900		0,0	15,900
108	D	1,540	0,025	1,490	0,025	0,500	14,900		0,500	15,900		0,0	15,900
109	D	1,540	0,025	1,490	0,025	0,500	14,900		0,500	15,900		0,0	15,900
110	D	1,540	0,025	1,490	0,025	0,500	14,900		0,500	15,900		0,0	15,900
111	D	1,540	0,025	1,490	0,025	0,500	14,900		0,500	15,900		0,0	15,900
112	D	1,540	0,025	1,490	0,025	0,500	14,900		0,500	15,900		0,0	15,900
113	D	1,540	0,025	1,490	0,025	0,500	14,900		0,500	15,900		0,0	15,900
114	D	1,540	0,025	1,490	0,025	0,500	14,900		0,500	15,900		0,0	15,900
115	D	1,540	0,025	1,490	0,025	0,500	14,900		0,500	15,900		0,0	15,900
116	F	1,540	0,100	1,340	0,100	1,000	6,700		1,000	8,700		0,0	8,700
117	D	1,540	0,025	1,490	0,025	0,500	14,900		0,500	15,900	Kg	0,0	15,900
118	D	1,540	0,025	1,490	0,025	0,500	14,900		0,375	15,775		40,0	55,775
119	F	1,540	0,025	1,490	0,025	0,500	14,900		0,500	15,775		0,0	15,775
120	F	2,173	0,100	1,978	0,100	1,000	9,889		1,000	11,889		0,0	11,889
121	D	1,540	0,025	1,490	0,025	0,500	14,900		0,500	15,900		0,0	15,900
122	D	1,540	0,025	1,490	0,025	0,500	14,900		0,500	15,900		0,0	15,900
123	D	1,540	0,025	1,490	0,025	0,500	14,900		0,500	15,900		0,0	15,900
124	D	1,540	0,025	1,490	0,025	0,500	14,900		0,500	15,900	AS	10,0	25,900

Länge Wände = 172,48 [m]
Höhe = 2,80 [m]
Wandfläche gesamt = 482,94 [m2]

4107,58 [s]
68,46 [min]

Gesamtes Gebäude = Schichten x 56 Schichten = 3.833,74 [min]
63,90 [h]

Gesamtzeit / Wandfläche = 0,132 [h/m2]

Anlage 9: Simulationsberechnungen für das digiCON²-Beispielgebäude

• Druckstrategie (hier für DB IV dargestellt)

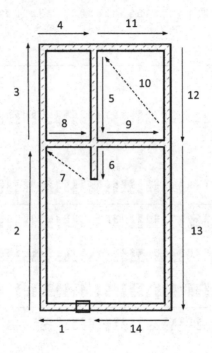

• Simulationsberechnungen DB I

Berechnung Dauer 3D-Betondruck
Phase 1

max. Druckgeschwindigkeit $v(d) =$ **0,1** [m/s] $s(B/B,3)=$ 0,025 [m]
max. Fluggeschwindigkeit $v(f) =$ **0,2** [m/s] $s(B/B,?)=$ 0,100 [m]
max. Beschleunigung $a(max) =$ **0,2** [m/s2]

Weg Nr.	D(ruck)/ F(lug)	Länge [m]	Strecke [m] Beschl.	Max.	Bremsen	Dauer [s] Beschl.	Vmax	Bremsen	Summe	Zusatz [s] Typ Ecke/T(?)	Dauer	Dauer [s] gesamt
0	Start	-	-	-	-	-	-	-	-	F	12,0	12,000
1	D	0,985	0,025	0,935	0,025	0,500	9,350	0,500	10,350	E	27,5	37,850
2	D	3,690	0,025	3,640	0,025	0,500	36,400	0,375	37,275	Tg	26,0	63,275
3	D	2,160	0,025	2,110	0,025	0,275	21,100	0,500	21,975	E	27,5	49,475
4	D	1,175	0,025	1,125	0,025	0,500	11,250	0,500	12,250	Tr	29,0	41,250
5	D	0,775	0,025	0,725	0,025	0,500	7,250	0,500	8,250	F	12,0	20,250
6	F	0,635	0,100	0,435	0,100	1,000	2,175	1,000	4,175	F	12,0	16,175
7	D	0,750	0,025	0,700	0,025	0,500	7,000	0,375	7,875	Kg	40,0	47,875
8	D	0,800	0,025	0,750	0,025	0,375	7,500	0,500	8,375	F	12,0	20,375
9	F	1,421	0,100	1,221	0,100	1,000	6,105	1,000	8,105	-	0,0	8,105
10	D	1,175	0,025	1,125	0,025	0,500	11,250	0,500	12,250	F	12,0	12,250
11	D	0,395	0,025	0,345	0,025	0,500	3,450	0,500	4,450	F	12,0	16,450
12	F	0,885	0,100	0,685	0,100	1,000	3,425	1,000	5,425	-	0,0	17,425
13	D	0,395	0,025	0,345	0,025	0,500	3,450	0,500	4,450	-	0,0	4,450
14	D	2,733	0,100	2,533	0,100	1,000	12,665	1,000	14,665	-	0,0	14,665
15	D	1,675	0,025	1,625	0,025	0,500	16,250	0,500	17,250	E	27,5	44,750
16	D	2,160	0,025	2,110	0,025	0,500	21,400	0,375	22,975	Tg	26,0	47,975
17	D	3,690	0,025	3,640	0,025	0,500	36,400	0,500	37,275	E	27,5	64,775
18	D	0,985	0,025	0,935	0,025	0,500	9,350	0,500	11,350	F	12,0	22,350
19	F	0,885	0,100	0,685	0,100	1,000	3,425	1,000	5,425	SW	7,0	12,425

574,15 [s]
9,57 [min]

Typ Richtungsänderung

12,0	[s]	F	Freies Wandende
27,5	[s]	E	Ecke
26,0	[s]	Tg	T-Verbindung gerade
40,0	[s]	Tr	T-Verbindung rechtwinklig
37,0	[s]	Kg	Kreuzung gerade
7,0	[s]	Kr	Kreuzung rechtwinklig
		SW	Schichtwechsel

Summen:

Druck   214,35 [s]
   3,57 [min]

Flug   37,80 [s]
   0,63 [min]

Starstellen   322,00 [s]
   5,37 [min]

• Simulationsberechnungen DB II

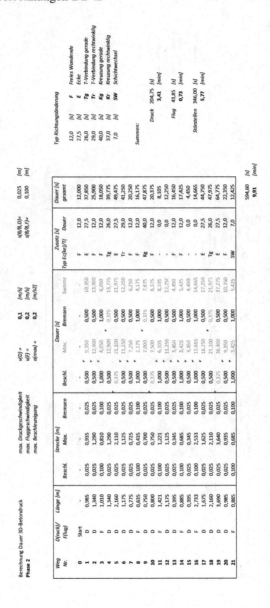

Berechnung Dauer 3D-Betondruck
Phase 2

max. Druckgeschwindigkeit   v(D) = 0,1 [m/s]
max. Fluggeschwindigkeit   v(F) = 0,2 [m/s]
max. Beschleunigung   a(max) = 0,2 [m/s2]

s(B,D)= 0,025 [m]
s(B,F)= 0,100 [m]

Weg Nr.	D(ruck)/ F(lug)	Länge [m]	Strecke [m] Beschl.	Strecke [m] Max.	Strecke [m] Bremsen	Dauer [s] Beschl.	Dauer [s] Max.	Dauer [s] Bremsen	Summe	Zusatz [s] Typ Ec(ke)/T	Zusatz [s] Dauer	Dauer [s] gesamt
0	Start	-	-	-	-	-	-	-	-			
1	D	0,985	0,025	0,935	0,025	0,500	9,350	0,500	10,350	F	12,0	12,000
2	D	1,340	0,025	1,290	0,025	0,500	12,900	0,500	13,900	E	27,5	37,850
3	F	1,010	0,100	0,810	0,100	1,000	4,050	1,000	6,050	F	12,0	25,900
4	D	1,340	0,025	1,290	0,025	0,500	12,900	0,375	13,775	Tg	26,0	18,050
5	D	2,160	0,025	2,110	0,025	0,375	21,100	0,500	21,975	E	27,5	39,775
6	D	1,175	0,025	1,125	0,025	0,500	11,250	0,500	12,250	Tr	29,0	49,475
7	D	0,775	0,025	0,725	0,025	0,500	7,250	0,500	8,250	F	12,0	41,250
8	F	0,635	0,100	0,435	0,100	1,000	2,175	1,000	4,175	F	12,0	20,250
9	D	0,750	0,025	0,700	0,025	0,500	7,000	0,375	7,875	F	12,0	16,175
10	D	0,800	0,025	0,750	0,025	0,375	7,500	0,500	8,375	Kg	40,0	20,375
11	F	1,421	0,100	1,221	0,100	1,000	6,105	1,000	8,105	F	12,0	47,875
12	D	1,175	0,025	1,125	0,025	0,500	11,250	0,500	12,250	-	0,0	12,250
13	D	0,395	0,025	0,345	0,025	0,500	3,450	0,500	4,450	-	0,0	16,450
14	F	0,885	0,100	0,685	0,100	1,000	3,425	1,000	5,425	-	0,0	17,425
15	D	0,395	0,025	0,345	0,025	0,500	3,450	0,500	4,450	-	0,0	4,450
16	F	2,733	0,100	2,533	0,100	1,000	12,665	1,000	14,665	-	0,0	14,665
17	D	1,675	0,025	1,625	0,025	0,500	16,250	0,500	17,250	Tg	27,5	44,750
18	D	2,160	0,025	2,110	0,025	0,500	21,100	0,375	21,975	E	26,0	47,975
19	D	3,690	0,025	3,640	0,025	0,375	36,400	0,500	37,275	E	27,5	64,775
20	D	0,985	0,025	0,935	0,025	0,500	9,350	0,500	10,350	F	12,0	22,350
21	F	0,885	0,100	0,685	0,100	1,000	3,425	1,000	5,425	SW	7,0	12,425

594,60 [s]
9,91 [min]

Typ Richtungsänderung

12,0 [s]	F	-	Freies Wandende
27,5 [s]	E	-	Ecke
26,0 [s]	Tg	-	T-Verbindung gerade
29,0 [s]	Tr	-	T-Verbindung rechtwinklig
40,0 [s]	Kg	-	Kreuzung gerade
37,0 [s]	Kr	-	Kreuzung rechtwinklig
7,0 [s]	SW	-	Schichtwechsel

Summen:

Druck 204,75 [s] / 3,41 [min]

Flug 43,85 [s] / 0,73 [min]

Störstellen 346,00 [s] / 5,77 [min]

• Simulationsberechnungen DB III

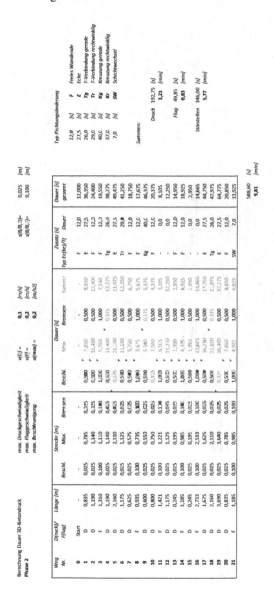

Berechnung Dauer 3D-Betondruck
Phase 2

max. Druckgeschwindigkeit $w(D) =$ **0,1** [m/s]
max. Fluggeschwindigkeit $w(F) =$ **0,2** [m/s]
max. Beschleunigung $a(max) =$ **0,2** [m/s2]

$s(B/B,D) =$ 0,025 [m]
$s(B/B,F) =$ 0,100 [m]

Weg Nr.	D(ruck)/F(lug)	Länge [m]	Strecke [m] Beschl.	Strecke [m] Max.	Strecke [m] Bremsen	Dauer [s] Beschl.	Dauer [s] Wmax	Dauer [s] Bremsen	Dauer [s] Summe	Zusatz [s] Typ Ec(ke)/T(t)	Zusatz [s] Dauer	Dauer [s] gesamt
0	Start	-	-	-	-	-	-	-	-	-	-	12,000
1	D	0,835	0,025	0,785	0,025	0,500	7,850	0,500	8,850	F	12,0	36,350
2	D	1,190	0,025	1,140	0,025	0,500	11,300	0,500	12,400	E	27,5	24,400
3	F	1,310	0,100	1,110	0,100	1,000	5,550	1,000	7,550	F	12,0	19,550
4	D	1,190	0,025	1,140	0,025	0,500	11,400	0,375	12,275	Tg	26,0	38,275
5	D	2,160	0,025	2,110	0,025	0,375	21,000	0,500	21,975	E	27,5	49,475
6	D	1,175	0,025	1,125	0,025	0,500	11,250	0,500	12,250	Tr	29,0	41,250
7	F	0,625	0,025	0,575	0,025	0,500	5,750	0,500	6,750	F	12,0	18,750
8	F	0,935	0,100	0,735	0,100	1,000	3,675	1,000	5,675	F	12,0	17,675
9	D	0,600	0,025	0,550	0,025	0,500	5,500	0,375	5,375	Kg	40,0	46,375
10	D	0,800	0,025	0,750	0,025	0,375	7,500	0,500	8,375	F	12,0	20,375
11	D	1,421	0,100	1,221	0,100	1,000	6,105	1,000	8,105	-	0,0	8,105
12	D	1,175	0,025	1,125	0,025	0,500	11,250	0,500	12,250	-	0,0	12,250
13	F	0,245	0,025	0,195	0,025	0,500	1,950	0,500	2,950	F	12,0	14,950
14	F	1,185	0,100	0,985	0,100	1,000	4,375	1,000	6,925	F	12,0	18,925
15	D	0,245	0,025	0,195	0,025	0,500	1,950	0,500	2,950	-	0,0	2,950
16	D	2,733	0,100	2,533	0,100	1,000	12,665	1,000	14,665	-	0,0	44,750
17	D	1,675	0,025	1,625	0,100	0,500	16,250	0,500	17,250	E	27,5	14,665
18	D	2,160	0,025	2,110	0,025	0,500	21,100	0,375	21,975	Tg	26,0	47,975
19	D	3,690	0,025	3,640	0,025	0,375	36,400	0,500	37,275	F	12,0	64,775
20	D	0,835	0,025	0,785	0,025	0,500	7,850	0,500	8,850	E	27,5	20,850
21	F	1,185	0,100	0,985	0,100	1,000	4,925	1,000	6,925	SW	7,0	13,925

588,60 [s]
9,81 [min]

Typ Richtungsänderung

12,0	[s]	F	Freies Wandende
27,5	[s]	E	Ecke
26,0	[s]	Tg	T-Verbindung gerade
29,0	[s]	Tr	T-Verbindung rechtwinklig
40,0	[s]	Kg	Kreuzung gerade
37,0	[s]	Kr	Kreuzung rechtwinklig
7,0	[s]	SW	Schichtwechsel

Summen:

Druck 192,75 [s]
3,21 [min]

Flug 49,85 [s]
0,83 [min]

Störstellen 346,00 [s]
5,77 [min]

• Simulationsberechnungen DB IV

Berechnung Dauer 3D-Betondruck
Phase 4

			max. Druckgeschwindigkeit	v(D) =	0,1	[m/s]
			max. Fluggeschwindigkeit	v(F) =	0,2	[m/s]
			max. Beschleunigung	a(max) =	0,2	[m/s2]
				s(B/R,D)=	0,025	[m]
				s(B/R,F)=	0,100	[m]

Weg Nr.	D(ruck)/ F(lug)	Länge [m]	Strecke [m] Beschl.	Max.	Bremsen	Dauer [s] Beschl.	Max.	Bremsen	Summe	Zusatz [s] Typ Ec(ke)/T	Dauer	Dauer [s] gesamt
0	Start	-	-	-	-	-	-	-	-	F	12,0	12,000
1	D	0,985	0,025	0,935	0,025	0,500	9,350	0,500	10,350	E	27,5	37,850
2	D	3,690	0,025	3,640	0,025	0,500	36,400	0,375	37,275	Tg	26,0	63,275
3	D	2,160	0,025	2,110	0,025	0,375	21,100	0,500	21,975	E	27,5	49,475
4	D	1,175	0,025	1,125	0,025	0,500	11,250	0,500	12,250	Tr	29,0	41,250
5	D	2,160	0,025	2,110	0,025	0,500	21,100	0,375	21,975	Kg	40,0	61,975
6	D	0,800	0,025	0,750	0,025	0,375	7,500	0,500	8,375	F	12,0	20,375
7	F	1,421	0,100	1,221	0,100	1,000	6,105	1,000	8,105	-	0,0	8,105
8	D	1,175	0,025	1,125	0,025	0,500	11,250	0,500	12,250	-	0,0	12,250
9	D	1,675	0,025	1,625	0,025	0,500	16,250	0,500	17,250	-	0,0	17,250
10	F	2,733	0,100	2,533	0,100	1,000	12,665	1,000	14,665	-	0,0	14,665
11	D	1,675	0,025	1,625	0,025	0,500	16,250	0,500	17,250	E	27,5	44,750
12	D	2,160	0,025	2,110	0,025	0,500	21,100	0,375	21,975	Tg	26,0	47,975
13	D	3,690	0,025	3,640	0,025	0,375	36,400	0,500	37,275	E	27,5	64,775
14	D	1,870	0,025	1,820	0,025	0,500	18,200	0,500	19,200	SW	7,0	26,200
												522,17 [s]
												8,70 [min]

Typ Richtungsänderung

F	12,0	[s]	Freies Wandende
E	27,5	[s]	Ecke
Tg	26,0	[s]	T-Verbindung gerade
Tr	29,0	[s]	T-Verbindung rechtwinklig
Kg	40,0	[s]	Kreuzung gerade
Kr	37,0	[s]	Kreuzung rechtwinklig
SW	7,0	[s]	Schichtwechsel

Summen:

Druck	237,40	[s]	
	3,96	[min]	
Flug	22,77	[s]	
	0,38	[min]	
Störstellen	262,00	[s]	
	4,37	[min]	

• Schichtanzahl und Zeiten je Schicht und Druckbereich

Schichtanzahl

d_s [cm]	Phase 1 mit h_{ph1} = 90,0 cm			Phase 2 mit h_{ph2} = 11,0 cm			Phase 3 mit h_{ph3} = 11,5 cm			Phase 4 mit h_{ph4} = 57,5 cm		
	h_{ph1}/d_s	Schichtanzahl	letzte Schicht h_{LS} [cm]	h_{ph2}/d_s	Schichtanzahl	letzte Schicht h_{LS} [cm]	h_{ph3}/d_s	Schichtanzahl	letzte Schicht h_{LS} [cm]	h_{ph4}/d_s	Schichtanzahl	letzte Schicht h_{LS} [cm]
3,0	30,00	30	0,0	37,00	37	0,0	3,83	4	2,5	19,17	20	0,5
4,0	22,50	23	2,0	27,75	28	3,0	2,88	3	3,5	14,38	15	1,5
5,0	18,00	18	0,0	22,20	23	1,0	2,30	3	1,5	11,50	12	2,5
6,0	15,00	15	0,0	18,50	19	3,0	1,92	2	5,5	9,58	10	3,5
7,0	12,86	13	6,0	15,86	16	6,0	1,64	2	4,5	8,21	9	1,5
8,0	11,25	12	2,0	13,88	14	7,0	1,44	2	3,5	7,19	8	1,5
9,0	10,00	10	0,0	12,33	13	3,0	1,28	2	2,5	6,39	7	3,5
10,0	9,00	9	0,0	11,10	12	1,0	1,15	2	1,5	5,75	6	7,5

vF [mm/s]	Flugzeit pro Schicht [s]			
	Phase 1b	Phase 2b	Phase 3b	Phase 4
200	37,80	43,85	49,85	22,77
300				
400				
500				

Zeit für Sortierstellen

[s]	Phase 1b	Phase 2b	Phase 3b	Phase 4
-50 %	161,00	161,00	161,00	161,00
-40 %	193,20	193,20	193,20	193,20
-30 %	225,40	225,40	225,40	225,40
-20 %	257,50	257,60	257,60	257,60
-10 %	289,30	289,80	289,80	289,80
realistisch	322,00	346,00	346,00	262,00
+10 %	354,20	380,60	380,60	288,20
+20 %	386,40	415,20	415,20	314,40
+30 %	418,60	449,80	449,80	340,60
+40 %	450,80	484,40	484,40	366,80
+50 %	483,00	519,00	519,00	393,00

vD [mm/s]	Druckzeit pro Schicht [s]			
	Phase 1b	Phase 2b	Phase 3b	Phase 4
50	419,33	399,39	375,38	466,93
75	282,15	269,06	253,06	313,47
100	214,35	204,75	192,75	237,40
125	174,29	166,84	157,24	192,28
150	148,11	142,13	134,13	162,64
175	129,85	124,96	118,10	141,84
200	116,55	112,50	106,50	126,58

• Gesamtdruckzeit [min]

Druckgeschwindigkeit [mm/s]	50	75	100	125	150	175	200
Schichtdicke [mm]							
30	1.178	970	867	806	766	739	719
40	893	736	658	611	581	560	545
50	725	597	534	497	472	455	443
60	596	490	438	408	388	374	363
70	518	426	381	354	337	324	316
80	466	384	343	319	303	292	284
90	414	341	305	284	270	260	253
100	376	310	277	258	245	236	230

Druckdauer [min]

Literaturverzeichnis

3ders (2014): Loughborough University teams up with Skanska to build commerical 3D concrete printing robot. Online verfügbar unter https://www.3ders.org/articles/20141121-loughborough-university-skanska-to-build-commerical-3d-concrete-printing-robot.html, zuletzt geprüft am 11.06.2020.

3ders (2016): Meet the CyBe RC 3Dp, a concrete 3D printer that moves around on caterpillar tracks. Online verfügbar unter https://www.3ders.org/articles/20161216-meet-the-cybe-rc-3dp-a-concrete-3d-printer-that-moves-around-on-caterpillar-tracks.html, zuletzt geprüft am 11.06.2020.

3ders (2018): Is Emerging Objects' Cabin of Curiosities the most beautiful 3D printed building ever. Online verfügbar unter https://www.3ders.org/articles/20180313-is-emerging-objects-cabin-of-curiosities-the-most-beautiful-3d-printed-building-ever.html, zuletzt geprüft am 11.06.2020.

3d-grenzenlos (2018): Batiprint 3D. Online verfügbar unter https://www.3d-grenzenlos.de/wp/wp-content/uploads/2017/04/Wandkonstruktion-3d-gedrucktes-haus.jpg, zuletzt geprüft am 11.06.2020.

3d-grenzenlos (2019a): Einspritzdüse des Vulcain-Triebwerks aus dem 3D-Drucker. Online verfügbar unter https://www.3d-grenzenlos.de/magazin/zukunft-visionen/ariane-6-rakete-mit-teilen-aus-3d-drucker-27385923/, zuletzt geprüft am 11.06.2020.

3d-grenzenlos (2019b): MX3D stellt weltweit erste Stahlbrücke aus einem 3D-Drucker vor. Online verfügbar unter https://www.3d-grenzenlos.de/magazin/3d-objekte/weltweit-erste-stahlbruecke-aus-3d-drucker-mx3d-27448113/, zuletzt geprüft am 11.06.2020.

3dhousing05 (2018): Technology meets Humanity. Online verfügbar unter https://www.3dhousing05.com/, zuletzt geprüft am 11.06.2020.

3dprint (2014): Architect Plans to 3D Print a 2-story Home in Minnesota Using a Homemade Cement Printer. Online verfügbar unter https://3dprint.com/2471/3d-printed-home-in-minnesota/, zuletzt geprüft am 11.06.2020.

3dprint (2015): Russia's Spetsavia To Show Off 3D Printed Home Building Tech at 3D Print Expo Moscow. Online verfügbar unter https://3dprint.com/89749/spetsavia-3d-print-homes/, zuletzt geprüft am 11.06.2020.

3dprintcanalhouse (2019): 3Dprintcanalhouse. Online verfügbar unter https://3dprintcanalhouse.com/, zuletzt geprüft am 11.06.2020.

© Der/die Herausgeber bzw. der/die Autor(en), exklusiv lizenziert durch Springer Fachmedien Wiesbaden GmbH, ein Teil von Springer Nature 2021
M. Krause, *Baubetriebliche Optimierung des vollwandigen Beton-3D-Drucks*, Baubetriebswesen und Bauverfahrenstechnik,
https://doi.org/10.1007/978-3-658-33417-8

3dprinting.com (2012): 3D Concrete Printing Project (3DCP). Online verfügbar unter https://3dprinting.com/3dprinters/3d-concrete-printing-project-3dcp/, zuletzt geprüft am 11.06.2020.

3druck (2017): Russischer Hersteller apis cor druckt Haus in 24 Stunden. Online verfügbar unter https://3druck.com/objects/apis-cor-der-wohl-am-professionellsten-aussehende-ver such-haeuser-zu-drucken-1355122/, zuletzt geprüft am 11.06.2020.

3druck.com (2019): 3D-Druck mit Beton: Baustoffhersteller Baumit setzt auf 3D-Druck. Online verfügbar unter https://3druck.com/case-studies/3d-druck-mit-beton-baustoffhers teller-baumit-setzt-auf-3d-druck-4279841/, zuletzt geprüft am 11.06.2020.

3ds.com (2017): 3D-Druck: Leichtbau bringt die Luftfahrt voran. Online verfügbar unter https://blogs.3ds.com/germany/3d-druck-leichtbau-bringt-die-luftfahrt-voran/, zuletzt geprüft am 11.06.2020.

3dwasp (2018): Big delta WASP. Online verfügbar unter https://www.3dwasp.com/en/giant-3d-printer-bigdelta-wasp-12mt/, zuletzt geprüft am 11.06.2020.

3iPRINT (2018): 3iprint: individualize – integrate – innovate. Online verfügbar unter https://www.3iprint.de/, zuletzt geprüft am 11.06.2020.

Al Jassmi, H.; Al Najjar, F.; Mourad, A.-H. I. (2018): Large-Scale 3D Printing. The Way Forward. In: IOP Conf. Ser.: Mater. Sci. Eng. 324, S. 12088. DOI: 10.1088/1757-899X/324/1/012088.

Alfani, R.; Guerrini, L. (2005): Rheological test methods for the characterization of extrudable cement-based materials - A review. In: Mater. Struct. 38 (276), S. 239 bis 247. DOI: 10.1617/14191.

all3dp (2017): VW Caddy Fitted With 3D Printed Front-End Structure for 3i-PRINT Project. Online verfügbar unter https://all3dp.com/volkswagen-caddy-fitted-with-3d-printed-front-end-structure-for-3i-print-collaboration/, zuletzt geprüft am 11.06.2020.

An, C. (2018): Beton-3D-Druck: Funktionalität mit Building Information Modeling (BIM). Diplomarbeit. Technische Universität Dresden, Dresden. Institut für Baubetriebswesen, 2018.

Apis Cor (2019): robotics in construction. Online verfügbar unter https://www.apis-cor.com/, zuletzt geprüft am 11.06.2020.

Awiszus, B.; Bast, J.; Dürr, H.; Mayr, P. (2016): Grundlagen der Fertigungstechnik. 6., aktualisierte Auflage. Carl Hanser Verlag, Leipzig, 2016.

Bauhaus-Universität Weimar (Hg.) (2010): Modellierung von Prozessen zur Fertigung von Unikaten. Forschungsworkshop zur Simulation von Bauprozessen. Architektur und Bauen 2.0 im Fokus von Simulationsuntersuchungen. Unter Mitarbeit von Prof. Dr.-Ing. Thomas Wiedemann. Tag des Baubetriebs. Weimar. Hochschule für Technik und Wirtschaft Dresden (FH), Fakultät Informatik / Mathematik, Weimar.

bauindustrie (2018): Bauwirtschaft im Zahlenbild. Hg. v. Hauptverband der Deutschen Bauindustrie e. V. Geschäftsbereich Wirtschaft und Recht. Berlin. Online verfügbar unter https://www.bauindustrie.de/media/documents/BW_Zahlenbild_2017_final.pdf, zuletzt geprüft am 11.06.2020.

bauindustrie (2019): Lehrlingsquote im Deutschen Bauhauptgewerbe nach Betriebsgrößenklassen 2018. Hg. v. Hauptverband der Deutschen Bauindustrie e. V. Online verfügbar unter https://www.bauindustrie.de/zahlen-fakten/statistik-anschaulich/arbeitsmarkt/studenten-und-auszubildende/, zuletzt geprüft am 11.06.2020.

Berner, F.; Kochendörfer, B.; Schach, R. (2014): Grundlagen der Baubetriebslehre – 2. Baubetriebsplanung. 2. Auflage, Springer Vieweg, Wiesbaden, 2014.

betabram (2019): Join the Future of Construction. Online verfügbar unter https://betabram. com/, zuletzt geprüft am 11.06.2020.

bi-medien (2018): 3D-Druck mit Beton macht Fortschritte. Online verfügbar unter https://www.bi-medien.de/artikel-23002-bm-3d-druck-mit-beton.bi, zuletzt geprüft am 11.06.2020.

BKI Baukosteninformationszentrum (Hg.) (2019): Baukosten Positionen Neubau Teil 3. Statistische Kostenkennwerte. Deutsche Architektenkammer GmbH, Stuttgart, 2019.

Borgwardt, K. H. (2001): Optimierung Operations Research Spieltheorie. Mathematische Grundlagen. Basel, s.l.: Birkhäuser Basel. Online verfügbar unter https://doi.org/10.1007/978-3-0348-8252-1, zuletzt geprüft am 11.06.2020.

Bos, F.; Wolfs, R.; Ahmed, Z.; Salet, T. (2016): Additive manufacturing of concrete in construction. Potentials and challenges of 3D concrete printing. In: Virtual and Physical Prototyping 11 (3), S. 209 bis S. 225. DOI: https://doi.org/10.1080/17452759.2016.120 9867.

Bosscher, P.; Williams, R.; Bryson, L. S.; Castro-Lacouture, D. (2007): Cable-suspended robotic contour crafting system. In: Automation in construction 17 (1), S. 45 bis S. 55.

Bundesverband der Deutschen Luft- und Raumfahrtindustrie e. V. (2019): 3D-Druck geht in Serie. Online verfügbar unter https://www.bdli.de/innovation-der-woche/3d-druck-geht-serie, zuletzt geprüft am 11.06.2020.

Bundesverband der Kalksandsteinindustrie (2014): Kalksandstein. Die Maurerfibel. 8. Auflage: Bau + Technik GmbH. Online verfügbar unter https://www.ks-original.de/de/dow nloads/ks-maurerfibel, zuletzt geprüft am 11.06.2020.

Büsing, C. (2010): Graphen- und Netzwerkoptimierung. Spektrum Akademischer Verlag, Heidelberg, 2010.

Buswell, R. A.; Leal de Silva, W. R.; Jones, S. Z.; Dirrenberger, J. (2018): 3D printing using concrete extrusion. A roadmap for research. In: Cement and concrete research 112, Artikel 106068, 2020. DOI: https://doi.org/10.1016/j.cemconres.2018.05.006.

Buswell, R. A.; Leal de Silva, W. R.; Bos, F. P.; Schipper, H. R.; Lowke, D.; Hack, N.; Kloft, H.; Mechtcherine, V.; Wangler, T.; Roussel, N.: A process classification framework for defining and describing Digital Fabrication with Concrete. In: Cement and concrete research 114, S. 37 bis S. 49. DOI: https://doi.org/10.1016/j.cemconres.2020.106068.

Cesaretti, G.; Dini, E.; Kestelier, X. de; Colla, V.; Pambaguian, L. (2014): Building components for an outpost on the Lunar soil by means of a novel 3D printing technology. In: Acta Astronautica 93, S. 430 bis S. 450. DOI: https://doi.org/10.1016/j.actaastro.2013. 07.034.

Clark, J.; Holton, D. A. (1994): Graphentheorie. Grundlagen und Anwendungen. Spektrum Akademischer Verlag GmbH, Berlin, 1994.

cobod (2019): The Bod. Online verfügbar unter https://cobod.com, zuletzt geprüft am 11.06.2020.

Colla, V.; Dini, E.: Large scale 3D printing: from deep sea to the moon. In: Canessa, E., Fonda, C., Zennaro, M. Eds. Low-Cost 3D Priniting for Science, Education and Sustainable Development, S. 127 bis S. 132.

constructions-3d (2019): L'imprimante 3D de batiments. Online verfügbar unter https://www. constructions-3d.com/, zuletzt geprüft am 11.06.2020.

contourcrafting (2018): Offering Automated Construction of Various Types of Structures. Online verfügbar unter https://contourcrafting.com/building-construction/, zuletzt geprüft am 11.06.2020.

Cotteleer, M.; Joyce, J. (2014): 3D Opportunity: Additive manufacturing paths to performance, innovation and growth. In: Deloitte Review. Online verfügbar unter https://www2.deloitte.com/insights/us/en/deloitte-review/issue-14/dr14-3d-opportunity.html#endnote-sup-6, zuletzt geprüft am 11.06.2020.

cybe (2018): The first mobile 3D Concrete Printer. Online verfügbar unter https://cybe.eu/, zuletzt geprüft am 11.06.2020.

dbfl (2019): Digital Building Fabrication Laboratory – DBFL Robotergesteuerte Fertigung von großformatigen Bauteilen und Elementen im Bauwesen. Online verfügbar unter https://www.tu-braunschweig.de/ite/forschung/dbfl, zuletzt geprüft am 11.06.2020.

designboom (2012): stone spray robot produces architecture from soil. Online verfügbar unter https://www.designboom.com/design/stone-spray-robot-produces-architecture-from-soil/, zuletzt geprüft am 11.06.2020.

devicemed (2019): Schneller und kostengünstiger Zahnersatz aus dem 3D-Drucker. Online verfügbar unter https://www.devicemed.de/schneller-und-kostenguenstiger-zahnersatz-aus-dem-3d-drucker-a-821112/, zuletzt geprüft am 11.06.2020.

dezeen (2011): The Solar Sinter by Markus Kayser. Online verfügbar unter https://www.dezeen.com/2011/06/28/the-solar-sinter-by-markus-kayser/, zuletzt geprüft am 11.06.2020.

dezeen (2012): Stone Spray Robot by Anna Kulik, Inder Shergill and Petr Novikov. Online verfügbar unter https://www.dezeen.com/2012/08/22/stone-spray-robot-by-anna-kulik-inder-shergill-and-petr-novikov/, zuletzt geprüft am 11.06.2020.

dezeen (2016): DUS Architects builds 3D-printed micro home in Amsterdam. Online verfügbar unter https://www.dezeen.com/2016/08/30/dus-architects-3d-printed-micro-home-amsterdam-cabin-bathtub/, zuletzt geprüft am 11.06.2020.

dfab (2018): Mesh Mould. Online verfügbar unter https://dfabhouse.ch/de/mesh_mould/, zuletzt geprüft am 11.06.2020.

dfab (2019): DFAB House. Online verfügbar unter https://www.dfab.ch/, zuletzt geprüft am 11.06.2020.

DGUV (2018): Meldepflichtige Arbeitsunfälle je 1.000 Vollarbeiter 2017. DGUV. Online verfügbar unter https://www.dguv.de/de/zahlen-fakten/au-wu-geschehen/au-1000-vollarbeiter/index.jsp, zuletzt geprüft am 11.06.2020.

DIN 277-1, Januar 2016: Grundflächen und Rauminhalte im Bauwesen – Teil 1: Hochbau, Deutsches Institut für Normung e. V., Beuth Verlag GmbH, Berlin, ICS 91.040.01.

DIN 1045-3, März 2012: Tragwerke aus Beton, Stahlbeton und Spannbeton – Teil 3: Bauausführung - Anwendungsregeln zu DIN EN 13670, Deutsches Institut für Normung e. V., Beuth Verlag GmbH, Berlin, ICS 91.080.40.

DIN 8580, Januar 2020: Fertigungsverfahren Begriffe, Einteilung, Deutsches Institut für Normung e. V., Beuth Verlag GmbH, Berlin, ICS 01.040.25.

DIN 16739, April 2017: Industry Foundation Classes (IFC) für den Datenaustausch in der Bauindustrie und im Anlagenmanagement, Deutsches Institut für Normung e. V., Beuth Verlag GmbH, Berlin, ICS 35.240.67.

DIN 18202, Juli 2019: DIN 18202:2019–07 Toleranzen im Hochbau – Bauwerke, Deutsches Institut für Normung e. V., Beuth Verlag GmbH, Berlin, ICS 91.010.30.

d-shape (2019): D-Shape 3D-Printers. Online verfügbar unter https://d-shape.com/3d-pri nters/, zuletzt geprüft am 26.08.2019.

Dubai Future Foundation (2019): Global 3D Printing Market. Online verfügbar unter https:// www.dubaifuture.gov.ae/our-initiatives/dubai-3d-printing-strategy/, zuletzt geprüft am 26.08.2019.

ediweekly (2014): Wonder Bench. Online verfügbar unter https://www.ediweekly.com/wp-content/uploads/2014/12/Skanska-Foster-Partners-Loughborough-technology-concrete-3D-printing-manufacturing-construction-architecture-EDIWeekly.jpg, zuletzt geprüft am 11.06.2020.

Edmonds, J.; Johnson, E. (1973): Matching, Euler tours and the Chinese postman. In: Mathematical Programming 5, 1973, S. 88 bis S. 124.

emerging objects (2016a): Seed Stitch. Online verfügbar unter https://www.emergingobjects. com/project/seed-stitch/, zuletzt geprüft am 11.06.2020.

emergingobjects (2016b): Quake Column. Online verfügbar unter https://www.emergingobje cts.com/project/quake-column/, zuletzt geprüft am 11.06.2020.

engineering.com (2017): From Prototyping to Manufacturing: What's 3D Printing Used For? Online verfügbar unter https://www.engineering.com/3DPrinting/3DPrintingArticles/Art icleID/14162/From-Prototyping-to-Manufacturing-Whats-3D-Printing-Used-For.aspx, zuletzt geprüft am 11.06.2020.

equipmentjournal (2017): 3D printing robot tackles low-rise building construction. Online verfügbar unter https://www.equipmentjournal.com/tech-news/3d-printing-robot-tackles-construction/, zuletzt geprüft am 11.06.2020.

esa (2017): ESA testet 3D-Drucker für den Bau einer Mondbasis. Online verfüg-bar unter https://www.esa.int/ger/ESA_in_your_country/Germany/ESA_testet_3D-Dru cker_fuer_den_Bau_einer_Mondbasis, zuletzt geprüft am 11.06.2020

Evers, M. (2004): Häuser aus dem Drucker. In: Der Spiegel (8/2004), S. 124 bis S.125.

fbr (2019): fastbrick. Online verfügbar unter https://www.fbr.com.au/, zuletzt geprüft am 11.06.2020.

Fenner, J. (Hg.) (2018): Festschrift zum 60. Geburtstag von Univ.-Prof. Dr.-Ing. Christoph Motzko. Institut für Baubetrieb der Technischen Universität Darmstadt, Eigenverlag, Darmstadt, 2018.

Flatt, R. J.; Gramazio, F.; Reiter, L.; Kohler, M.; Wangler, T.; Lloret Fritschi, E. (2017): Smart Dynamic Casting: Slipforming with Flexible Formwork - Inline Measurement and Control. In: Proceedings of the Second Concrete Innovation Conference (2nd CIC), Tromsø 6–8 March 2017, paper no. 27.

Fok, K.-Y.; Ganganath, N.; Cheng, C.-T.; Tse, C.: A 3D printing path optimizer based on Christofides algorithm, In: Proceedings of the International Conference on Consumer Electronics-Taiwan (ICCE-TW), 2016, S. 1 bis S. 2.

Fromm, A. (2014): 3-D-Printing zementgebundener Formteile. Grundlagen, Entwicklung und Verwendung. Dissertation. Universität Kassel, Kassel, 2014.

Ganganath, N.; Cheng, C.-T.; Fok, K.-Y.; Tse, Chi K.: Trajectory Planning for 3D Printing: A Revisit to Traveling Salesman Problem. The 2nd International Conference on Con-trol, Automation and Robotics. April 28–30, 2016, Hong Kong. In: ICCAR 2016: 2nd International Conference on Control, Automation and Robotics, 2016.

Gebhardt, A. (2016): Additive Fertigungsverfahren. Additive Manufacturing und 3D-Drucken für Prototyping – Tooling – Produktion. 5. Aufl. München: Carl Hanser Verlag GmbH & Co. KG, München, 2016.

GfbW Schalung (Hg.) (2017): Kassel-Darmstädter Baubetriebsseminar. Schalungstechnik. Kassel, 24.11.2017. Gesellschaft b. R. für baubetriebliche Weiterbildung - Arbeitskreis Schalung. Eigenverlag, Darmstadt, 2017.

Gibney, E. (2018): How to build a moon base. Researcher are ramping up plans for living on the Moon. In: Nature (562), S. 474 bis S. 478.

Gosselin, C.; Duballet, R.; Roux, Ph.; Gaudillière, N.; Dirrenberger, J.; Morel, Ph. (2016): Large-scale 3D printing of ultra-high performance concrete – a new p rocessing route for architects and builders. In: Materials & Design 100, S. 102 bis S. 109. DOI: https://doi.org/10.1016/j.matdes.2016.03.097.

Greif, H.; Limper, A.; Fattmann, G. (2018): Technologie der Extrusion. Lern- und Arbeitsbuch für die Aus- und Weiterbildung. 2., aktualisierte und neu bearbeitete Auflage, Carl Hanser Verlag GmbH & Co. KG, München, 2018.

Gritzmann, P. (2013): Grundlagen der mathematischen Optimierung. Diskrete Strukturen, Komplexitätstheorie, Konvexitätstheorie, lineare Optimierung, Simplex-Algorithmus, Dualität. Springer Spektrum (Aufbaukurs Mathematik Lehrbuch), Wiesbaden, 2013.

Grundmann, W. (2003): Operations Research. Formeln und Methoden. Springer Fachmedien GmbH, Wiesbaden, 2003, ISBN: 978-3-59-00421-9.

Hack, N.: Mesh Mould. A robotically fabricated structural stay-in-place formwork system. Dissertation. ETH Zürich, Institute of Technology in Architecture, Architecture and Digital Fabrication, April 2018.

Hackbarth, D. (2019): Baustellenprozesse und Logistik bei Beton-3D-Druckverfahren. Diplomarbeit. Technische Universität Dresden. Institut für Baubetriebswesen, Dresden, 2019.

Hager, I.; Golonka, A.; Putanowicz, R. (2016): 3D Printing of Buildings and Building Components as the Future of Sustainable Construction? In: Procedia Engineering 151, S. 292 bis S. 299. DOI: https://doi.org/10.1016/j.proeng.2016.07.357.

Haghsheno, S.; Binninger, M.; Dlouhy, J. (2016): Wertschöpfungsorientierte Planung und Realisierung von Bauvorhaben durch Lean Construction. In: Bauingenieur Jahresausgabe VDI Bautechnik 2015/2016, S. 140 bis S. 145.

Hambach, M.; Volkmer, D. (2017): Properties of 3D-printed fiber-reinforced Portland cement paste. In: Cement and Concrete Composites 79, S. 62 bis S. 70. DOI: https://doi.org/10.1016/j.cemconcomp.2017.02.001.

hausjournal (2019): Die Maße eines Betonsturzes. Online verfügbar unter https://www.hausjournal.net/betonsturz-masse, zuletzt geprüft am 11.06.2020.

healthcare-in-europe (2018): 3D-Druck in der Medizin: Von der Vision zur Realität. Online verfügbar unter https://healthcare-in-europe.com/de/news/3d-druck-in-der-medizin-von-der-vision-zur-realitaet.html, zuletzt geprüft am 11.06.2020.

Helsgaun, K. (2000): An Effective Implementation of the Lin-Kernighan Traveling Salesman Heuristic. Forschungsbericht. Roskilde University, Denmark, Roskilde, Department of Computer Science, Roskilde, 2000.

Henke, K.: Additive Fertigung im Bauwesen. Verfahren der additiven Baufertigung. In: Tagungsband 19. Augsburger Seminar für additive Fertigung - Prozessketten und digitale Werkzeuge, Bd. 113.

Henke, K. (2016): Additive Baufertigung durch Extrusion von Holzleichtbeton. Dissertation. Technische Universität München, München. Lehrstuhl für Holzbau und Baukonstruktion, 2016.

Herrmann, M. (2015): Gradientenbeton – Untersuchungen zur Gewichtsoptimierung einachsigerbiege- und querkraftbeanspruchter Bauteile. Dissertation. Universität Stuttgart, Stuttgart. Institut für Leichtbau Entwerfen und Konstruieren, 2015.

Hußmann, S.; Lutz-Westphal, B. (Hg.) (2007): Kombinatorische Optimierung erleben. In Studium und Unterricht. Vieweg (Mathematik erleben), Wiesbaden, 2007, ISBN 978-3-8348-9120-4.

Hwang, D.; Khoshnevis, B. (Hg.) (2004): Concrete Wall Fabrication by Contour Crafting. ISARC 2004 21st International Symposium on Automation and Robotics in Construction. Jeju Island (Korea, Republik): in-house publishing, 2004, DOI: https://doi.org/10.22260/ISARC2004/0057.

Hwang, D.; Khoshnevis, B. (Hg.) (2005): An Innovative Construction Process-Contour Crafting (CC). 22nd International Symposium on Automation and Robotics in Construction ISARC 2005, 2005, DOI: https://doi.org/10.22260/ISARC2005/0004.

iaac (2017): Small robots printing big structures. Online verfügbar unter https://robots.iaac.net/, zuletzt geprüft am 11.06.2020.

icon (2019): The future of human shelter. Online verfügbar unter https://www.iconbuild.com/, zuletzt geprüft am 11.06.2020.

inhabitat (2014): Huge 3D Printer Can Print an Entire Two-Story House in Under a Day. Online verfügbar unter https://inhabitat.com/large-3d-printer-can-print-an-entire-two-story-house-in-under-a-day/3d-house-printer-contour-crafting-3/, zuletzt geprüft am 11.06.2020.

inhabitat (2017): World's first 3D-printed pedestrian bridge pops up in Madrid. Online verfügbar unter https://inhabitat.com/worlds-first-3d-printed-pedestrian-bridge-pops-up-in-madrid/, zuletzt geprüft am 11.06.2020.

itc (2017): 3D printing bridge opened in the Netherlands. Online verfügbar unter https://itc.ua/blogs/v-niderlandah-otkryili-most-napechatannyiy-na-3d-printere/, zuletzt geprüft am 26.08.2019.

Käfer, S. (2018): Automatisierte Produktionslinie für die Additive Fertigung. Next-Gen-AM. Online verfügbar unter https://www.maschinenmarkt.vogel.de/automatisierte-produktionslinie-fuer-die-additive-fertigung-a-749864/, zuletzt geprüft am 11.06.2020.

Kassel, H. (Hg.) (2016): Arbeitszeit-Richtwerte Hochbau. ARH. Neu-Isenburg: Zeittechnik-Verlag GmbH (Arbeitszeit-Richtwerte Hochbau, ARH, [mit Handbuch Arbeitsorganisation Bau] / Zentralverband des Deutschen Baugewerbes e.V., Handbuch-Herausgeber: Institut für Zeitwirtschaft und Betriebsberatung Bau, Redaktion: Heinz Kassel], 2016).

Keating, S. J.; Leland, J. C.; Cai, L.; Oxman, N. (2017): Toward site-specific and self-sufficient robotic fabrication on architectural scales. In: Sci. Robot. 2 (5), S. 86 bis S. 89, DOI: https://doi.org/10.1126/scirobotics.aam8986.

Kepler, J. (2013): Dateiformate: .AMF das neue.STL? (Update). 3druck.com. Online verfügbar unter https://3druck.com/programme/dateiformate-amf-das-neue-stl-305703/, zuletzt aktualisiert am 22.07.2013, zuletzt geprüft am 11.06.2020.

Khoshnevis, B. (Hg.) (2003): Toward Total Automation of On-Site Construction - An Integrated Approach based on Contour Crafting. 20th International Symposium on Automation and Robotics in Construction ISARC 2003. The Future Site. Eindhoven (Niederlande): Technische Universiteit Eindhoven (Proceedings), 2003.

Khoshnevis, B. (2004a): Automated construction by contour crafting-related robotics and information technologies v.13 no.1, 2004.

Khoshnevis, B. (2004b): Automated construction by contour crafting—related robotics and information technologies. In: The best of ISARC 2002 13 (1), 2004, S. 5 bis S. 19, DOI: https://doi.org/10.1016/j.autcon.2003.08.012.

Khoshnevis, B.; Hwang, D.; Yao, K. T.; Yeh, Z. (2006): Mega-scale fabrication by Contour Crafting. In: IJISE 1 (3), 2006, S. 301. DOI: https://doi.org/10.1504/IJISE.2006.009791.

Kim, H.-C. (2010): Optimum tool path generation for 2.5D direction-parallel milling with incomplete mesh model. In: J Mech Sci Technol 24 (5), 2010, S. 1019 bis S. 1027. DOI: https://doi.org/10.1007/s12206-010-0306-7.

Klocke, F. (2015): Fertigungsverfahren 5. Gießen, Pulvermetallurgie, Additive Manufacturing. 4. Auflag,: Springer Vieweg, Wiesbaden, 2015, DOI: https://doi.org/10.1007/978-3-540-69512-7.

Knabel, J. (2015): Was bedeutet ein neues Dateiformat für die 3D Druck Industrie? 3druck.com. Online verfügbar unter https://3druck.com/programme/teil-1-3mf-was-bedeutet-ein-neues-dateiformat-fuer-die-3d-druck-industrie-4533918/, zuletzt aktualisiert am 08.09.2015, zuletzt geprüft am 11.06.2020.

Kohl, J. (2017): Holz-Komposite als Stützmaterial für 3D-gedruckte Häuser? Institut für Holztechnologie Dresden. Presseinformation, Online verfügbar unter https://www.ihd-dresden.de/fileadmin/user_upload/pdf/IHD/wissensportal/Pressemitteilungen/2017/PI_BioConSupport.pdf, zuletzt geprüft am 11.06.2020.

Krause, M.; Otto, J.; Bulgakow, A.; Sayfeddine, D. (2018): Strategic optimization of 3D concrete printing using the method of CONPrint3D®. In: Proceedings of the 35th International Symposium on Automation and Robotics in Construction (ISARC 2018), International Association for Automation and Robotics in Construction (IAARC), 20.07. –25.07.2018, Berlin, DOI: https://doi.org/10.22260/ISARC2018/0002.

Krause, M.; Otto, J. (2019): Digitales Prozessmodell beim Beton-3D-Druck. In: Bauingenieur Jg. 94, Heft 5, VDI Fachmedien, Düsseldorf, 2019, S. 171 bis S. 178, ISSN: 0005-6650.

Krumke, S. O.; Noltemeier, H. (2005): Graphentheoretische Konzepte und Algorithmen. 1. Auflage, Teubner (Leitfäden der Informatik), Wiesbaden, 2005, Online verfügbar unter https://doi.org/10.1007/978-3-322-92112-3.

Kunze, G.; Näther, M.; Mechtcherine, V.; Nerella, V. N.; Schach, R.; Krause, M. (2017): Machbarkeitsuntersuchungen zu kontinuierlichen und schalungsfreien Bauverfahren durch 3D-Formung von Frischbeton. Projekt Beton-3D-Druck Abschlussbericht. Hg. v. Forschungsinitiative Zukunft Bau. TU Dresden. Dresden.

Kurbel, K. (1990): Programmentwicklung. 5., vollständig überarbeitete und erweiterte Auflage, Gabler Verlag, Wiesbaden, 1990, Online verfügbar unter https://doi.org/10.1007/978-3-322-861573.

Labonnote, N.; Rønnquist, A.; Manum, Be.; Rüther, P. (2016): Additive construction. State-of-the-art, challenges and opportunities. In: Automation in construction 72, S. 347 bis S. 366. DOI: https://doi.org/10.1016/j.autcon.2016.08.026.

Lachmayer, R.; Lippert, R. B.; Fahlbusch, T. (2016): 3D-Druck beleuchtet. Additive Manufacturing auf dem Weg in die Anwendung. Springer, Berlin, Heidelberg, 2016, ISBN 978-3-662-49056-3.

Law, A. M. (2007): Simulation modeling and analysis. 4. ed. Boston, Mass.: McGraw-Hill (McGraw-Hill series in industrial engineering and management science). Online verfügbar unter https://www.loc.gov/catdir/enhancements/fy0702/2006010073-d.html., zuletzt geprüft am 11.06.2020.

Le, T.; Austin, S. A.; Lim, S.; Buswell, R. A.; Gibb, A. G. F.; Thorpe, T. (2012a): Mix design and fresh properties for high-performance printing concrete. In: *Materials and structures* 45 (8), S. 1221 bis S. 1232.

Le, T.; Austin, S. A.; Lim, S.; Buswell, R. A.; LAW, R.; Gibb, A. G. F.; Thorpe, T. (2012b): Hardened properties of high-performance printing concrete. In: Cement and concrete research 42 (3), S. 558 bis S. 566.

Leitzbach, O. (2017): 3D-Druck für Sonderschalungen zur Herstellung komplexer Ortbetonbauteile. In: GfbW Schalung (Hg.): Kassel-Darmstädter Baubetriebsseminar. Schalungstechnik. Kassel, 24.11.2017. Gesellschaft b. R. für baubetriebliche Weiterbildung – Arbeitskreis Schalung. Darmstadt: Eigenverlag, S. B 4–1 bis B 4–18.

Liang, F.; Liang, Y. (2014): Study on the Status Quo and Problems of 3D Printed Buildings in China. In: Global Journal of human social science: H Interdisciplinary (Volume 14 Issue 5), S. 7 bis S. 10.

liebherr (2017): Technologien für die Zukunft. Online verfügbar unter https://www.lie bherr.com/de/deu/produkte/aerospace-und-verkehrstechnik/aerospace/technologien-f% C3%BCr-die-zukunft/technologien-f%C3%BCr-die-zukunft.html#!/lightbox/accordion-stretch-the-limits=accordion-3d-printing+next-generation-aircraft, zuletzt geprüft am 11.06.2020.

Lim, S.; Buswell, R.; Le, T.; Wackrow, R.; Austin, S.; Gibb, A.; Thorpe, T. (Hg.) (2011): Development of a viable concrete printing process. Proceedings of the 28th International Symposium on Automation and Robotics in Construction (ISARC 2011) 29 June–2 July 2011, Seoul, Korea. Seoul (Korea, Republik): IAARC (Proceedings of IAARC).

Lim, S.; Buswell, R. A.; Le, T. T.; Austin, S. A.; Gibb, A. G. F.; Thorpe, T. (2012): Developments in construction-scale additive manufacturing processes. In: Automation in construction 21 (1), S. 262 bis S. 268.

Lowke D. et al (2015): 3D Drucken von Betonbauteilen durch selektives Binden mit calciumsilikatbasierten Zementen – Erste Ergebnisse zu betontechnologischen und verfahrenstechnischen Einflüssen. Hg. v. TU München. Pressemitteilung, München, 2015.

Lu, Y. (2017): Beton-3D-Druck: Untersuchungen zu Datenstrukturen und zum Datenmanagement. Diplomarbeit. Technische Universität Dresden. Institut für Baubetriebswesen, Dresden, 2017.

madridiario.es (2016): Así es el primer puente impreso en 3D del mundo. Online verfügbar unter https://www.madridiario.es/album/9442/asi-es-el-primer-puente-impreso-en-3d-del-mundo/4/imagen.html, zuletzt geprüft am 11.06.2020.

Marchment, T.; Xia, M., Dodd, E., Sanjayan, J.; Nematollahi, B. (Hg.) (2017): Effect of Delay Time on the Mechanical Properties of Extrusion-based 3D Printed Concrete. 34th International Symposium on Automation and Robotics in Construction. ISARC 2017, 2017.

März, L.; Krug, W.; Rose, O.; Weigert, G. (2011): Simulation und Optimierung in Produktion und Logistik. Praxisorientierter Leitfaden mit Fallbeispielen. Springer, Berlin, Heidelberg (VDI-Buch), ISBN 978-3-642-14536-0.

Mechtcherine, V.; Grafe, J.; Nerella, V. N.; Spaniol, E.; Hertel, M.; Füssel, U. (2018): 3D-printed steel reinforcement for digital concrete construction – Manufacture, mechanical properties and bond behaviour. In: Construction and Building Materials 179, S. 125 bis S. 137. DOI: https://doi.org/10.1016/j.conbuildmat.2018.05.202.

Mechtcherine, V.; Markin, V.; Schröfl, C.; Nerella, V. N.; Otto, J.; Krause, M. et al. (2019a): CONPrint3D-Ultralight – Herstellung monolithischer, tragender Wandkonstruktionen mit sehr hoher Wärmedämmung durch schalungsfreie Formung von Schaumbeton. Abschlussbericht. Forschungsinitiative Zukunft Bau, 2019.

Mechtcherine, V.; Markin, V.; Will, F.; Näther, M.; Otto, J.; Krause, M., Nerella, V. N.; Schröfl, C. (2019b): CONPrint3D Ultralight – Herstellung monolithischer, tragender, wärmedämmender Wandkonstruktionen durch additive Fertigung mit Schaumbeton. In: Bauingenieur 94 (11), S. 405 bis S. 415.

Mechtcherine, V.; Michel, A.; Liebscher, M.; Schneider, K.; Großmann, C. (2020): Mineral-impregnated carbon fiber composites as novel reinforcement for concrete construction. Material and automation perspectives. In: Automation in construction 110, 2020, S. 103002. DOI: https://doi.org/10.1016/j.autcon.2019.103002.

Mechtcherine, V.; Nerella, V. N. (2018a): 3-D-Druck mit Beton: Sachstand, Entwicklungstendenzen, Herausforderungen. In: Bautechnik 2018 (Volume 95, Issue 4), 2018, S. 275 bis S. 287.

Mechtcherine, V.; Nerella, V. N. (2018b): Integration der Bewehrung beim 3D-Druck mit Beton. In: Beton- und Stahlbetonbau 100 (1), S. 102 bis 107, 2018, DOI: https://doi.org/10.1002/best.201800003.

Mechtcherine, V.; Nerella, V. N.; Kasten, K. (2014): Testing pumpability of concrete using Sliding Pipe Rheometer. In: Construction and Building Materials 53, 2014, S. 312 bis S. 323. DOI: https://doi.org/10.1016/j.conbuildmat.2013.11.037.

Mechtcherine, V.; Nerella, V. N.; Will, F.; Näther, M.; Otto, J.; Krause, M. (2019c): Large-scale digital concrete construction – CONPrint3D concept for on-site, monolithic 3D-printing. In: Automation in construction 107, 2019, S. 102933, DOI: https://doi.org/10.1016/j.autcon.2019.102933.

medium.com (2018): 3D-Printing in o-p. Online verfügbar unter https://medium.com/3d-printing-in-o-p/iv-slicing-72a9515f44bc, zuletzt geprüft am 11.06.2020.

Medizin und Technik (2019): Knochen und Gefäße aus dem 3D-Drucker. Online verfügbar unter https://medizin-und-technik.industrie.de/3d-druck/bioprinting/knochen-und-gefaesse-aus-dem-im-3d-drucker/, zuletzt geprüft am 11.06.2020.

Meindl, M. (2006): Beitrag zur Entwicklung generativer Fertigungsverfahren für das Rapid Manufacturing. Utz (Forschungsberichte IWB, Band 187), München, 2006.

mudbots.com (2019): 3D Concrete Printing. The future of concrete. Online verfügbar unter https://www.mudbots.com/, zuletzt geprüft am 11.06.2020.

Nemathollahi, B.; Xia, M.; Sanjavan, J.: Current Progress of 3D Concrete Printing Technologies. In: ISARC 2017 34th International Symposium on Automation and Robotics in Construction, S. 260 bis S. 267.

neontommy (2015): From Earth to the Moon, Technology Makes Automatic House Construction Possible. Online verfügbar unter https://www.neontommy.com/news/2014/12/earth-moon-technology-makes-automatic-house-construction-possible.html, zuletzt geprüft am 11.06.2020.

Nerella, V. N. (2019): Development and characterisation of cement-based materials for extrusion-based 3D-printing. Schriftenreihe des Institutes für Baustoffe. 2019/1: Eigenverlag TU Dresden, Dresden, 2019.

Nerella, V. N.; Hempel, S.; Mechtcherine, V. (2019): Effects of Layer-Interface Properties on Mechanical Performance of Concrete Elements Produced by Extrusion-Based 3D-Printing. In: Construction and Building Materials (205), 2019, S. 586 bis S. 601. DOI: https://doi.org/10.20944/preprints201810.0067.v1.

Nerella, V. N.; Krause, M.; Mechtcherine, V. (2020): Direct printing test for buildability of 3D-printable concrete considering economic viability. In: Automation in construction 109 (102986), 2020, S. 1 bis S. 16. DOI: https://doi.org/10.1016/j.autcon.2019.102986.

Nerella, V. N.; Krause, M.; Näther, M.; Mechtcherine, V. (2016): Studying printability of fresh concrete for formwork free Concrete on-site 3D Printing technology (CONPrint3D). In: 25th Conference on Rheology of Building Materials. Regensburg, 2016, S. 236 bis S. 246.

Nerella, V., N.; Hempel, S., Mechtcherine, V. (2017): Micro- and macroscopic investigations on the interface between layers of 3D-printed cementitious elements, In: Proceedings of the International Conference on Advances in Construction Materials and Systems, Chennai, 2017, S. 557 bis S. 565.

Nickel, S.; Stein, O.; Waldmann, K.-H. (2014): Operations research. 2., korrigierte und aktualisierte Auflage. Springer-Verlag (Springer-Lehrbuch), Berlin, 2014, ISBN 978–3–642–54367–8.

Nitzsche, M. (2004): Graphen für Einsteiger. Rund um das Haus vom Nikolaus. Vieweg+Teubner Verlag, Wiesbaden, 2004, DOI: https://doi.org/10.1007/978-3-322-928 79-5.

Olesen, G. (2006): Kahbau. Rohbau, Erdarbeiten, Rohrleitungen, Außenanlagen. 12., überarb. Aufl. Schiele & Schön (Kalkulation im Bauwesen, 2), Berlin, 2006, ISBN: 3–7949–0741–8.

Otto, J.; Kortmann, J.; Krause, M. (2020): Wirtschaftliche Perspektiven von Beton-3D Druckverfahren. In: Beton- und Stahlbetonbau 115, Heft 8, 2020, ISSN: 0005–9900, in press, DOI: https://doi.org/10.1002/best.201900087.

Otto, J.; Krause, M. (2018): CONPrint3D: 3D-Druck als Innovation im Betonbau. In: J. Fenner (Hg.): Festschrift zum 60. Geburtstag von Univ.-Prof. Dr.-Ing. Christoph Motzko. Darmstadt: Eigenverlag, S. 571 bis S. 586.

Park, S. (2003): Tool-path generation for Z-constant contour machining. In: Computer-Aided Design (35), 2003, S. 27 bis S. 36.

Pearson, D.; Bryant, V. (2005): Decision maths. 2nd edition, updated to match the 2004 specification. Edinburgh: Heinemann (Advancing maths for AQA), 2005.

Pegna, J. (1995): Application of Cementitious Bulk materials to Site Processed Solid Freeform Construction. In: Proceedings of the 6th Solid Freeform Fabrication (SFF) Symposium, Austin, 1995, S. 39 bis S. 45.

Perrot, A.; Rangeard, D.; Pierre, A. (2016): Structural built-up of cement-based materials used for 3D-printing extrusion techniques. In: Mater Struct 49 (4), 2016, S. 1213 bis S. 1220. DOI: https://doi.org/10.1617/s11527-015-0571-0.

Peters, S. (2015): Additive Fertigung. Der Weg zur individuellen Produktion. Schriftenreihe der Technologielinie Hessen-Nanotech. Hg. v. Hessen Trade & Invest GmbH. Hessisches Ministerium für Wirtschaft, Energie, Verkehr und Landesentwicklung. Band 25, Wiesbaden, 2015.

phys (2017): The world's first 3-D printed reinforced concrete bridge starts to take shape. Online verfügbar unter https://phys.org/news/2017-06-world-d-concrete-bridge. html, zuletzt geprüft am 11.06.2020.

Pillkahn, U. (2012): Innovationen zwischen Planung und Zufall. Bausteine einer Theorie der bewussten Irritation. Norderstedt: Books on Demand, 2012.

printer-care (2019). Online verfügbar unter https:/www.printer-care.de/de/drucker-ratgeber/ bioprinting, zuletzt geprüft am 11.06.2020.

proDente e. V. (2018): Zahnersatz aus dem 3D-Drucker? Online verfügbar unter https:// www.prodente.de/zahnersatz/einzelansicht/zahntechnik/zahnersatz-aus-dem-3d-drucker. html, zuletzt geprüft am 11.06.2020.

Putzmeister (2019): Die Betonpumpe: Innovativ und zuverlässig. Online verfügbar unter https://www.putzmeister.com/de/web/europe/, zuletzt geprüft am 11.06.2020.

Raghavachari, B.; Veerasamy, J.: Approximation Algorithms for the Mixed Postman Problem, Bd. 1412, S. 169 bis S. 179.

ramlab (2019): Metal parts on demand. Online verfügbar unter https://ramlab.com/, zuletzt geprüft am 11.06.2020.

realestate (2016): Totally 3D printed house created in China over 45 days. Online verfügbar unter https://www.realestate.com.au/news/totally-3d-printed-house-created-in-china-over-45-days/, zuletzt geprüft am 11.06.2020.

Sakin, M.; Kiroglu, Y. C. (2017): 3D Printing of Buildings. Construction of the Sustainable Houses of the Future by BIM. In: Energy Procedia 134, S. 702 bis S. 711. DOI: https:// doi.org/10.1016/j.egypro.2017.09.562.

Schach, R.; Krause, M.; Näther, M.; Nerella, V. N. (2017): CONPrint3D: Beton-3D-Druck als Eratz für den Mauerwerksbau, In: Bauingenieur, Jahrgang 92, Heft 9, 2017, S. 355 bis S. 363.

Schach, R.; Otto, J. (2017): Baustelleneinrichtung. Grundlagen – Planung – Praxishinweise – Vorschriften und Regeln. 3. aktualisierte Auflage, Springer Vieweg, Wiesbaden, 2017, ISBN: 978-3-658-16065-4.

Schmitt, R. (2001): Die Schalungstechnik. Systeme, Einsatz und Logistik. Verlag Ernst & Sohn, Berlin, 2001, ISBN: 978-3433013465.

Schober K.-S.; Hoff, P.; Sold, K. (2016): Think Act: Digitalisierung der Bauwirtschaft. Der europäische Weg zu „Construction 4.0". Hg. v. Roland Berger GmbH. München. Online verfügbar unter https://www.rolandberger.com/publications/publication_pdf/roland_ber ger_digitalisierung_bauwirtschaft_final.pdf, zuletzt geprüft am 11.06.2020.

Schulz, B. (2017a): Mit gesicherter Qualität zur Serienfertigung. In: VDI Nachrichten, 10.11.2017 (Nr. 45, Exklusivteil), 2017, S. 8 bis S. 9.

Schulz, B. (2017b): Mit vereinten Kräften in die Zukunft. Additive Fertigung. In: VDI Nachrichten, 10.11.2017, (Nr. 45, Exklusivteil), S. 2 bis S. 3.

Schutter, G. de; Lesage, K.; Mechtcherine, V.; Nerella, V. N.; Habert, G.; Agusti-Juan, I. (2018): Vision of 3D printing with concrete –Technical, economic and environmental potentials. In: Cement and concrete research 112, S. 25 bis S. 36. DOI: https://doi.org/10. 1016/j.cemconres.2018.06.001.

solariglooproject (2012): Solar Igloo Project. Online verfügbar unter https://solariglooproject. org/, zuletzt geprüft am 15.06.2020.

specavia (2019): Specavia Homepage. Online verfügbar unter https://specavia.pro/, zuletzt geprüft am 15.06.2020.

sq4d.com (2019): Changing the way the world is built. Online verfügbar unter https://www. sq4d.com/, zuletzt geprüft am 15.06.2020.

Suhl, L.; Mellouli, T. (2013): Optimierungssysteme. Modelle, Verfahren, Software, Anwendungen. 3., korrigierte und aktualisierte Auflage, Verlag Springer Gabler, Heidelberg, 2013, ISBN: 978–3–642–38937–5.

technabob (2015): 3D Printed 6-story Building: Ink Different. Online verfügbar unter https:// technabob.com/blog/2015/01/20/3d-printed-building/, zuletzt geprüft am 15.06.2020.

Teizer, J.; Blickle, A.; King, T.; Leitzbach, O.; Guenther, D.: Large Scale 3D Printing of Complex Geometric Shapes in Construction. In: Proceedings of the 33th International Symposium on Automation and Robotics in Construction (ISARC 2016), DOI: https:// doi.org/10.22260/ISARC2016/0114.

Thompson, B.; Hwan-Sik, Y. (2014): Efficient Path Planning Algorithm for Additive Manufacturing Systems. In: IEEE Trans. Compon., Packag. Manufacturing Technology 4 (9), S. 1555 bis S. 1563. DOI: https://doi.org/10.1109/TCPMT.2014.2338791.

Tittmann, P. (2011): Graphentheorie. Eine anwendungsorientierte Einführung. 2., aktualisierte Auflage, Hanser Verlag (Mathematik-Studienhilfen), München, 2011, ISBN: 978–3–446–46052–2.

totalkustom (2016): 3D Concrete House Printer. Online verfügbar unter https://www.totalk ustom.com/, zuletzt geprüft am 15.06.2020.

van Treeck, C.; Elixmann, R.; Rudat, R.; Hiller, S.; Herkel, S.; Berger, M. (2016): Gebäude. Technik. Digital. Building Information Modeling. Springer Vieweg, Berlin, Heidelberg, 2016, ISBN: 978-3-662-52825-9.

VDI 3633: 2018–05: Simulation von Logistik , Materialfluss- und Produktionssystemen. Herausgeber VDI-Gesellschaft Produktion und Logistik, Düsseldorf, 2018.

VDI 3405: 2014–12: Additive Fertigungsverfahren - Grundlagen, Begriffe, Verfahrens-beschreibungen. Herausgeber VDI-Gesellschaft Produktion und Logistik, Düsseldorf, 2014.

VDI Statusreport (2014): Statusreport Additive Fertigung. VDI Verein Deutscher Ingenieure e.V. Online verfügbar unter https://www.vdi.de/ueber-uns/presse/publikationen/det ails/3-d-druckverfahren-sind-realitaet-in-der-industriellen-fertigung, zuletzt geprüft am 15.06.2020.

Wangler, T.; Lloret, E.; Reiter, L.; Hack, N.; Gramazio, F.; Kohler, M. et al. (2016): Digital Concrete. Opportunities and Challenges. In: RILEM Tech Lett 1, S. 67. DOI: https://doi. org/10.21809/rilemtechlett.2016.16.

Weber, T. (2018): CONPrint3D - Optimierung der 3D-Druckstrategien durch Methoden des Operations Research. Diplomarbeit. TU Dresden, Dresden. Institut für Baubetriebswesen, 2018.

Weger, D.; Lowke, D.; Gehlen, C. (2016): 3D-Druck von Betonbauteilen durch selektives Binden. 13. Münchner Baustoffseminar. Centrum Baustoffe und Materialprüfung. München, 15.03.2016.

welt (2017): So baut ein Roboter ein ganzes Haus für 9500 Euro. Online verfügbar unter https://www.welt.de/finanzen/immobilien/article162704364/So-baut-ein-Rob
oter-ein-ganzes-Haus-fuer-9500-Euro.html, zuletzt geprüft am 15.06.2020.

wonderfulengineering (2014): Loughborough University Plans To Commercialize 3D Concrete Printing. Online verfügbar unter https://wonderfulengineering.com/loughborough-
university-plans-to-commercialize-3d-concrete-printing/, zuletzt geprüft am 15.06.2020.

xtreeE (2016): Krypton, un poteau à Aix-en-Provence. Online verfügbar unter https://xtreee.
com/project/krypton/, zuletzt geprüft am 15.06.2020.

youtube (2017): Apis Cor: first residential house has been printed! Online verfügbar unter
https://www.youtube.com/watch?v=xktwDfasPGQ, zuletzt geprüft am 15.06.2020.

Zeyn, H. (Hg.) (2017): Industrialisierung der Additiven Fertigung. Digitalisierte Prozesskette
- von der Entwicklung bis zum einsetzbaren Artikel. 1. Auflage. Beuth Verlag GmbH;
VDE Verlag GmbH (Industrie 4.0), Berlin, Wien, Zürich, Berlin, Offenbach, 2017, ISBN:
978-3-8007-4267-7.

Zhang, J.; Khoshnevis, B. (Hg.) (2009): Contour Crafting Process Planning and Optimization. In: Proceedings of the International Symposium on Automation and Robotics in
Construction, ISARC, 2009.

Zhang, J.; Khoshnevis, B. (2013): Optimal machine operation planning for construction by
Contour Crafting. In: Automation in construction, S. 50 bis S. 67, DOI: https://doi.org/
10.1016/j.autcon.2012.0

Printed in the United States
by Baker & Taylor Publisher Services